严寒村镇水净化技术

孙 楠 张 颖 刘 靳等 著

时文歆 主审

科 学 出 版 社

北 京

内 容 简 介

本书针对严寒地区特有气候条件下村镇高铁锰地下水、嗅味地表水、生活污水及内分泌干扰物畜禽养殖废水等污染问题，以建设节能环保村镇为目标，制备碳化稻壳、改性凹凸棒土，培养活性污泥、浮萍-藻类，并以其为载体，研发高铁锰地下水净化技术、高有机物高氨氮地表水净化技术、嗅味地表水净化技术、生活污水净化技术、内分泌干扰物畜禽养殖废水净化技术等。通过设计组合工艺，考察系统低温除污效能及其影响因素，优化运行参数，揭示反应机理。本书完善了严寒村镇水处理技术理论体系，突破了低温限制瓶颈，具有重要学术价值。

本书适合从事水处理科研、设计与运行管理的人员学习，也可供高等院校市政工程、环境工程、农业水土工程及其他相关专业师生参考。

图书在版编目(CIP)数据

严寒村镇水净化技术 / 孙楠等著. —北京：科学出版社，2023.12
ISBN 978-7-03-069578-9

Ⅰ. ①严… Ⅱ. ①孙… Ⅲ. ①寒冷地区－农村给水－饮用水－净化－中国 Ⅳ. ①S277.7

中国版本图书馆 CIP 数据核字（2021）第 164361 号

责任编辑：孟莹莹　狄源硕 / 责任校对：邹慧卿
责任印制：徐晓晨 / 封面设计：无极书装

科学出版社 出版
北京东黄城根北街 16 号
邮政编码：100717
http://www.sciencep.com
北京厚诚则铭印刷科技有限公司 印刷
科学出版社发行　各地新华书店经销
*
2023 年 12 月第　一　版　开本：720×1000　1/16
2023 年 12 月第一次印刷　印张：15
字数：302 000

定价：136.00 元

（如有印装质量问题，我社负责调换）

前　　言

“十三五”期间，村镇水污染问题被列为我国面临的八大“水问题”之一。由于独特的自然条件，严寒地区难以借鉴已有的水净化技术，严重制约了严寒村镇水环境的综合整治，因此严寒村镇水净化技术及其相关机制研究具有重要的理论与现实意义。高铁锰地下水净化技术、高有机物高氨氮地表水净化技术、嗅味地表水净化技术、生活污水净化技术、内分泌干扰物畜禽养殖废水净化技术的研发将为解决严寒村镇水污染治理难题提供技术支持，并为建立严寒村镇水处理技术标准提供理论支撑。本书可为稻壳、凹凸棒土、浮萍-藻类的应用拓展提供新方向，将有效带动严寒村镇净水装置的集成开发，最终实现绿色村镇构建与社会经济发展的双赢。

内蒙古自治区东北部、辽宁省与吉林省西部、黑龙江省大部等严寒村镇近65%的生活用水取自地下。2014 年，作者课题组针对黑龙江省 18 个村镇分散地下水水源的水质进行监测，发现受原生地质环境与地层锰矿物影响，冬季村镇地下水 Fe^{2+}、Mn^{2+}浓度范围分别为 0.44～20.4mg/L、0.65～2.55mg/L，属于典型的高铁锰地下水。按照《地下水质量标准》（GB/T 14848—2017）中Ⅲ类水标准进行评价，Fe^{2+}、Mn^{2+}浓度超标严重，最大超标倍数分别达 68 倍和 25.5 倍，严重威胁村镇经济发展与人民群众身体健康，故研发严寒村镇高铁锰饮用水净化技术具有重要的现实意义。严寒村镇仍有 35%的生活用水取自地表，受地理位置、气候、地形、水文、土壤类型（黑土地富含有机质）、经济发展等因素影响，水质呈现高有机物高氨氮以及嗅味次生代谢污染物严重的明显特征，现有技术低温净化效果不佳成为亟待解决的难点。

严寒村镇污水主要来源于农村生活污水排放。以黑龙江省为例，根据 2020 年公布的《黑龙江省第二次全国污染源普查公报》，全省农业污水年排放量达 711.7 万 t，其中化学需氧量为 69.15 万 t，氨氮为 2.32 万 t，普遍面临污水排放量大及污染物总量大等问题。严寒村镇畜禽养殖废水内分泌干扰物浓度介于 32.9～7265ng/L，对环境产生严重危害，该污染物的净化技术尚不成熟，有待突破。

我国是世界上稻谷生产第一大国，近年年产量均超 2 亿 t。其中，稻壳约占稻谷重量的 20%。“十二五”期间，“千亿斤粮食”工程的推进使稻壳年产量剧增，大量稻壳农业废弃物已对环境造成严重污染。因此，如何利用这一丰富的可再生资源已成为迫切需要解决的难题之一。目前，稻壳在农业、化工、食品、建材方面均有广泛用途，但稻壳用于农村地下水 Fe^{2+}、Mn^{2+}低温吸附的研究鲜有报道。此外，矿物凹凸棒土具有分子筛作用、比表面积高于其他黏土矿物、吸附脱色性较好、选择性吸附突出、安全-卫生-无毒性、灭菌-除臭-去毒-杀虫性和再生（加热或化学剂）工艺简单等优势，其在净水领域的应用拓展亟待研发，但相关研究少有报道。稻壳、凹凸棒土的改性应用对探索“以废治废，就地取材”的治污新思路具有重要学术价值。

本书介绍严寒村镇水净化技术的最新研究成果，共 9 章。第 1 章介绍严寒村镇污染水源水（包括高铁锰地下水、高有机物高氨氮地表水和嗅味地表水）与严寒村镇污废水（包括生活污水以及畜禽养殖废水）的特征与危害，及相关水净化技术的研发进展、存在问题以及发展趋势。第 2 章明确技术研发所需的材料与试剂、测试项目与方法、仪器与设备、优势菌种筛选与菌悬液制备、试验装置与运行参数、污泥驯化与试验用水以及数据模型等内容。第 3 章优选 600℃碳化稻壳（CRH600），表征剖析 CRH600 吸附地下水 Fe^{2+}、Mn^{2+}机理，采用吸附等温线-动力学-热力学理论揭示 CRH600 低温吸附性能，考察 CRH600 低温再生能力，研究 Fe^{2+}、Mn^{2+}的动态吸附行为，确定穿透曲线的拟合模型。第 4 章介绍自主研发碳化稻壳吸附-优势铁锰氧化菌生物氧化-活性炭除菌耦合工艺净化严寒村镇高铁锰地下水，探究生物滤柱低温快速启动方法，研究生物滤层除铁锰机制，明确生物滤柱运行参数影响，考察特定进水 Mn^{2+}浓度梯度下进水总 Fe 浓度对生物除铁锰影响效应，评估系统产生的经济效益及社会效益。第 5 章研究将高浓度纯化凹凸棒土（high concentration of purified attapulgite, HCPA）投加至超滤-生物膜反应器（ultrafiltration-membrane bio-reactor, UF-MBR）中，分析高浓度纯化凹凸棒土-超滤-生物膜反应器（high concentration of purified attapulgite-ultrafiltration-membrane bio-reactor，HCPA-UF-MBR）和 UF-MBR 两平行系统对低温高有机物高氨氮水源水的除污效果、反应器内活性污泥性能及膜污染情况，考察 HCPA 的作用机理与效能，评估系统产生的经济效益及社会效益。第 6 章明确基于傅里叶红外光谱、比表面积及孔隙测试以及 X 射线衍射技术表征凹凸棒土化学组成、内部结构及其理化性质特征，分别考察凹凸棒土种类及投加量、溶液 pH、温度、水力条件、物质间竞争吸附等因素对热改性凹凸棒土吸附地表水中嗅味物质 2-甲基异冰片（2-methglisoborned, 2-MIB）和土臭素（geosmin, GSM）效果的影响，并采用线性回归拟合方程优选吸附等温模型和吸附动力学模型，计算吸附容量与吸附速率，进而明确热改性凹凸棒土吸附性能。第 7 章明确基于可编程逻辑控制器（programmable logic controller, PLC）自控试验设计，通过优化凹凸棒土-稳定塘工艺运行参数，考察水力停留时间、曝气时间和 pH 等因素对污染物去除效果的影响，并利用平行对比试验揭示凹凸棒土作为载体填料对低温生活污水中化学需氧量、氨氮和总磷处理效果的影响。第 8 章研究生态塘污水处理系统中雌酮（estrone，E1）、17β-雌二醇（estradiol，E2）和 17α-乙炔雌二醇（ethinylestradiol，EE2）等雌激素类内分泌干扰物的去除途径与机制。采用静态吸附试验、动态吸附试验和连续流试验，分别研究藻类塘和浮萍塘中内分泌干扰物的降解与吸附特性。通过静态吸附试验的质量平衡计算和酶联免疫法测定上述三种物质的质量浓度，并对藻类塘和浮萍塘中 E1、E2 和 EE2 的降解去除情况进行研究与评价。第 9 章深入总结本书所论述的严寒村镇水净化技术要点。本书第 1 章和第 9 章由刘靳撰写，第 2、4、5、7 章由孙楠撰写，第 3 章由张颖撰写，第 6 章由祁博伟撰写，第 8 章由王梓健撰写，时文歆负责主审。

本书得以完成，首先感谢本人导师东北农业大学张颖教授多年来的教诲与鞭策，同时感谢同济大学于水利教授、重庆大学时文歆教授、东北农业大学付强教授与李春艳教授的鼓励与悉心指导，感谢东北农业大学姜昭老师与孟庆娟老师在仪器使用、试验安排、试验条件准备方面给予的无私帮助，感谢田伟伟、宋秋霞、鲁岩等研究生的试验辅助。在本书的撰写过程中，作者参阅、借鉴和引用了许多关于稻壳、凹凸棒土改性、藻类-浮萍塘以及低温水净化技术的论文、专著、教材和其他相关资料，尤其要感谢韩珊珊、马聪等人所提供的参考资料，使作者从中获得了很大教益与启发，在此向各位学者谨致以诚挚的谢意。

本书的相关研究工作得到了国家“十二五”科技支撑计划项目（项目编号：2013BAJ12B01）、黑龙江省博士后科学基金项目（项目编号：LBH-Z13025）、哈尔滨市科技创新人才研究专项资金——青年后备人才基金项目（项目编号：2016RQQXJ092）的联合资助。

本书是作者近五年相关研究工作的总结，是对严寒村镇水净化技术研究的一次大胆尝试。由于作者水平有限，书中难免存在疏漏与片面之处，恳请读者批评指正。

孙　楠

2023 年 5 月于哈尔滨

目　录

第1章　绪　　论

1.1　严寒村镇水净化技术的研究目的与意义

国内外学术界尚未对严寒地区做出明确定义，通常从季节温度、降雪到霜冻时间、纬度、植被等角度界定。基于水源水的温度在空间分布上与气温大体一致，采用《民用建筑热工设计规范》（GB 50176—2016）中气候区划的结果，将气候特征为累年最冷月平均温度≤-10℃或日平均温度≤5℃的天数≥145d 的区域定义为严寒地区，主要包括东北三省、内蒙古和新疆北部、西藏北部、青海等地，严寒村镇即气候划分属于严寒地区的建制镇、集镇及居民点。深入探究严寒村镇水净化技术迫在眉睫。

（1）严寒村镇饮用水安全问题亟待解决。“十一五”期间，《全国农村饮水安全工程“十一五”规划》（2007 年）提出要解决 1.6 亿农村人口饮水安全问题的目标，凸显我国在解决村镇饮水安全问题领域所面临的巨大压力；“十二五”期间，《国民经济和社会发展第十二个五年规划纲要》（2011 年）再次强调“加强农村饮用水水源地保护和水污染综合治理”，表明农村饮水安全工程建设任务依然繁重；“十三五”和“十四五”时期，国务院先后发布了《国民经济和社会发展第十三个五年规划纲要》（2016 年）和《国民经济和社会发展第十四个五年规划纲要》（2021 年），对进一步提升农村饮水安全保障技术水平提出了更严格的要求。鉴于严寒地区漫长冰封期的低温条件限制了现有技术与设备的实施与运行，研发具有针对性的生态环保低温净化药剂与技术，进行高效集成，是保障严寒村镇饮用水水质达到标准的关键。

（2）严寒村镇水源水净化技术研究迫在眉睫。黑龙江省大部、吉林省西部、辽宁省西部和内蒙古自治区的东北部等严寒地区是我国第二大地下水富集区，因地下水埋藏浅且分布稳定，开采潜力大，村镇近65%的生活用水取自地下。作者课题组针对哈尔滨、齐齐哈尔、佳木斯、大庆、鸡西、双鸭山、伊春、绥化地区18个村镇分散地下取水点的水质进行监测，发现受原生地质环境与地层锰矿物影响，村镇地下水体 Fe^{2+}、Mn^{2+}浓度超标严重，Fe^{2+}、Mn^{2+}浓度范围分别为 0.44～20.4mg/L、0.65～2.55mg/L，最大超标倍数分别达 67 倍和 24.5 倍［按《地下水质量标准》（GB/T 14848—2017）中Ⅲ类水标准进行评价］，呈现高铁锰特征。同时，严寒村镇水源水中的嗅味物质浓度范围介于 22.78～58.82ng/L，对比我国《生活饮用水卫生标准》（GB 5749—2022）中明确规定的嗅味物质 10ng/L 限值，超标最大浓度近 6 倍，污染严重。综上，研发适用于严寒村镇且经济高效的水源水净化技术，并进行工程示范与推广已成为迫切需求。

（3）严寒村镇污废水问题备受关注。“十一五”期间，原环境保护部发布了《农村生活污染控制技术规范》（HJ 574—2010）和《农村生活污染防治技术政策》（2010年），为农村生活污染防治提供了发展导向与政策依据；“十二五”期间，《国民经济和社会发展第十二个五年规划纲要》（2011 年）明确了水污染综合治理新要求，促使更多行业专家深入研究农村污废水治理新技术；“十三五”和“十四五”期间，《农业农村污染治理攻坚战行动方案》（2018 年）以及《农业农村污染治理攻坚战行动方案（2021—2025 年）》（2022 年）的先后提出，进一步强化了农村污废水治理力度。

（4）严寒村镇污废水净化技术研究亟待突破。严寒村镇污水主要来源于农村生活污水排放，以黑龙江省为例，根据 2020 年公布的《黑龙江省第二次全国污染源普查公报》，全省农业污水年排放量达 711.7 万 t，其中化学需氧量为 69.15 万 t，氨氮为 2.32 万 t，普遍面临污水排放量大及污染物总量大等问题。此外，严寒村镇废水主要来源于畜禽养殖所产生的废弃物。据统计，在1980～2020年期间，我国畜禽养殖业产值已占农业生产总值的1/3，畜禽养殖数量日益增长，致使畜禽养殖废水排放总量大，其中内分泌干扰物浓度介于32.9～7265ng/L，呈现快速增长趋势，对生态环境产生严重损害。综上，严寒村镇污废水净化技术研究亟待突破。

1.2 严寒村镇污染水源水特征与危害

1. 低温高铁锰地下水特征与危害

由于含水层岩石中铁锰金属氧化物的碳酸中和溶解作用，铁、锰均以二价还原状态共存于地下水中。铁、锰虽是人体内重要的微量元素，但过量的铁、锰将严重影响人体健康与正常的生产、生活：①人体每天正常铁摄入量为20mg，若超过其10～50倍，就会出现铁中毒现象；锰摄入量过多易引发精神分裂、支气管炎、记忆力减退、震颤性麻痹、佝偻病等病症。②当地下水铁浓度为0.5mg/L时，色度即超过30度，当铁浓度达到1mg/L或锰浓度超过0.3mg/L时，就会有明显的金属味；在清洗衣物、器具时，水中过量的铁、锰易使衣物发黄、器具染色并且留下锰斑。③在纺织、印染、造纸等工业中铁锰会对产品的色度与光泽、设备的正常运行产生影响；管道中含有溶解氧（dissolved oxygen, DO）时易导致铁锰细菌及与铁锰细菌共生的硫酸盐还原菌大量繁殖，从而堵塞、腐蚀管道，降低其输水能力；铁锰易使锅炉结垢，导致锅炉受热不均匀而引发爆炸；铁、锰易在电渗析交换膜上发生沉淀，使膜电阻增大，危害性极大[1,2]。

2. 低温高有机物高氨氮地表水特征与危害

严寒村镇地表水受地理位置、气候、地形、水文、土壤类型、经济发展等因素影响，水质呈现出低温低浊高有机物高氨氮的明显特征：①冬季寒冷漫长，一般为4～6个月，自然气温低于0℃，江河水温0～1℃，浊度5～30NTU（浊度的单位），水库底部水温2～4℃，浊度5～10NTU。②严寒村镇土壤多为黑土、黑钙土和草垫土（即广义黑土，其富含有机腐殖质）。地表径流常穿梭于山区与丘陵地区，侵蚀程度高，易造成流域泥沙与面源污染。寒地水库及河流汇水区多分布在农牧业重点省份，广大村镇的生活垃圾、畜禽粪便、作物秸秆等固体废弃物，以及生活污水、化肥农药、水土流失等因素使寒地面源污染日趋严重，大量有机物与氨氮进入水体，其浓度高出一般水体3～6倍。③面源污染冬季蓄积、春季释放。在冰封枯水期，河流流量明显减少，有机物降解速度缓慢、蓄积与迁移时间延长，同时冰层覆盖使有机物的光解能力明显降低，水体中溶解氧少，水生植物及低等的浮游生物尸体腐烂不能及时降解而又形成新的腐殖质，致使水体有机物浓度更加突出；冬季冰封水体底部缺氧形成还原环境，水体沉积物中的有机物在微生物作用下被还原为氨氮并释放至水中，从而使氨氮污染范围与强度不断增加。

《地表水环境质量标准》（GB 3838—2002）规定，当地表水体超出Ⅲ类标准时不适于作饮用水源水。在本书中将高锰酸盐指数＞4mg/L、氨氮浓度＞1.0mg/L的水源水定义为高有机物高氨氮水源水，其危害主要表现如下。

（1）有机物中腐殖酸的环境效应与健康效应。腐殖酸含量过高时会影响水体的色度、气味、口感；腐殖酸易与水中常规金属离子发生络合而降低水体的矿化度，不利于对人体必要元素Ca、Mg、Mn等的吸附；腐殖酸易与液氯、漂白粉、次氯酸钠等消毒剂反应产生消毒副产物，对人类健康具有致癌、致畸、致突变的潜在危害性；腐殖酸干扰人体对无机元素的吸收与代谢平衡，是大骨节病、黑脚病、克山病的诱因；在工艺运行过程中，腐殖酸易吸附在胶体与悬浮物（黏土、细菌、病毒、藻类等）的表面，增强颗粒物的负电性、稳定性和分散性，增加混凝剂用量。而当上述情况发生时，混凝液所形成的矾花密度小、强度低（蓬松、

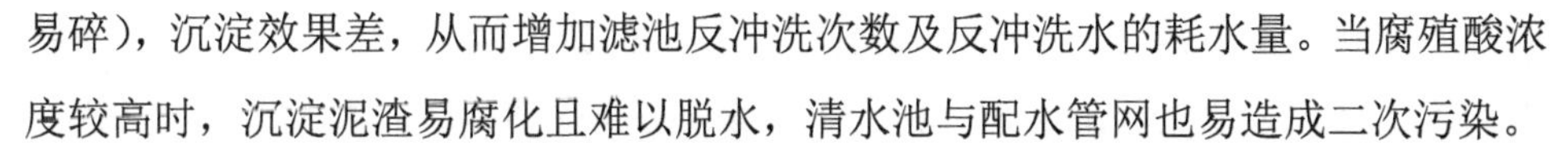

易碎），沉淀效果差，从而增加滤池反冲洗次数及反冲洗水的耗水量。当腐殖酸浓度较高时，沉淀泥渣易腐化且难以脱水，清水池与配水管网也易造成二次污染。

（2）氨氮的环境效应与健康效应。水体中通常以无机氮为主，包括氨氮（游离态 NH_3-N、铵盐态 NH_4^+-N）与硝态氮（NO_2^--N、NO_3^--N），其中 NO_2^--N 不稳定，易被还原为氨氮或氧化成硝酸盐氮，由环境中溶解氧确定。氨氮危害的表现如下：①氨氮进入水体后，容易成为生物的营养物质而诱发“富营养化”[3]，造成水生态系统的紊乱，危害鱼类及其他水生生物生存。②NH_3-N 与 NH_4^+-N 之间存在化学平衡关系，随着温度与 pH 的上升，平衡向 NH_3-N 形式转移并以游离氮的形式存在，有刺激性气味，而且对鱼类及其他水生生物产生毒害作用[4]。③氨氮在微生物的作用下发生硝化反应生成亚硝酸盐与硝酸盐，易使人体内正常的血红蛋白氧化成高铁血红蛋白，失去输送氧的能力，导致人缺氧甚至窒息；亚硝酸盐及其衍生物亚硝胺对人体有强致癌作用，并能导致畸胎。④氨与氯气作用生成氯胺，影响氯化消毒处理的效果并增加水处理成本，氨也会与设备中的铜组分反应导致相关设备被腐蚀。

在《生活饮用水卫生标准》（GB 5749—2022）中，规定饮用水中铁浓度≤0.3mg/L，锰浓度≤0.1mg/L，高锰酸盐指数＜3mg/L，氨（以 N 计）浓度＜0.5mg/L。

3. 嗅味地表水特征与危害

随着人们对饮用水质量要求的日益严格，地表水中的嗅味问题也逐渐成为全球关注的热点问题[5-7]。地表水的嗅味问题主要由水体富营养化产生的嗅味次生代谢物导致。在严寒地区，嗅味物质浓度随季节变化明显。在非冰冻期，气温的升高有利于藻类繁殖；而在融冻期，随着温度升高，底泥释放作用逐渐增强，藻类首先被释放，进而外部营养物质也随冰雪融化进入水体，导致蓝藻等藻类大量繁殖，进一步加剧水体富营养化现象，引起了地表水中的嗅味问题[8]。

地表水中所存在的嗅味物质不仅使人们产生感官厌恶，更会对人体健康造成威胁。据现有文献报道，嗅味物质对人体的危害主要有以下几点[9-12]：①影响呼吸系统。当水中嗅味物质浓度过高，会对感官造成强烈刺激，对人体呼吸造成严重影响，阻碍人体循环。②水中嗅味物质易挥发，被人体吸入后，进入血液中会阻碍氧气运输，对人体许多生理机能造成破坏。③危害消化系统。接触嗅味物质浓度过大或时间过长可能会使人产生恶心、呕吐、厌食等不良反应，严重时还会导致消化衰退。一些嗅味有机物同时还具有干扰人体内分泌系统的危害，导致人体内某些内分泌腺或细胞分泌激素异常，进而造成人体内分泌紊乱。④影响神经系统。长期与嗅味物质接触，会对神经系统产生不利影响，进而引发神经系统功能性衰竭。⑤伤害人体器官。长期与醛类、硫醚类等嗅味物质接触，会腐蚀皮肤，也会对眼部造成巨大伤害，使人视力下降，患上病毒性白内障等疾病。⑥部分嗅味物质具有毒性，人体接触后会中毒、癌变甚至死亡。

目前，嗅味物质以 2-甲基异冰片（2-MIB）和土臭素（GSM）为地表水中的典型代表，几乎存在于所有的浮游藻类的代谢产物中[13]。二者具有双环叔醇结构，GSM 为两相连的六角萘环结构，属于稳定的椅式结构；2-MIB 则为类五角环结构。2-MIB 和 GSM 的相对分子量较低，疏水性和溶解度适中，这两种物质在室温下均呈半挥发性，人体嗅觉对这两种嗅味物质极为敏感，只需达到 ng/L 级别的浓度便会被人们感知。因对人体健康有毒有害，2-MIB 和 GSM 等嗅味物质已成为国内外研究学者关注的重点水体嗅味污染物[14-17]。

在《生活饮用水卫生标准》（GB 5749—2022）中，规定生活饮用水中应无异嗅和异味。而在东北部分地区的地表水中，嗅味物质平均浓度在 22.78～58.82ng/L，均超出了《生活饮用水卫生标准》（GB 5749—2022）中的标准规定限值，污染程度较为严重，问题亟待解决。

1.3 严寒村镇污废水特征与危害

1. 生活污水污染物特征与危害

严寒村镇污水来源较为固定，通常以生活污水为主，主要来自冲厕、洗衣、餐厨等日常生活[18,19]。其中，化学需氧量（chemical oxygen demand, COD）、氨氮（ammonia nitrogen，NH_3-N）和总磷（total phosphorus, TP）为主要污染物。未经处理的生活污水通过地表径流汇至河流、湖泊、池塘等地表水体，从而造成严重的水环境污染[20]，具体有以下几点影响。

（1）生活污水对人体健康影响。农村生活污水的大量排放会影响人们的生活质量水平，干扰休息和睡眠，影响工作效率，损伤听觉、视觉等器官。据统计，我国七大江河水系均受到不同程度的生活污水污染，普遍面临大肠杆菌含量超标以及有害物质污染威胁[21,22]。

（2）生活污水对土壤环境质量影响。土壤环境质量是指在一个具体的环境内，土壤环境对人群和其他生物的生存繁衍以及社会经济发展的适宜程度，其对植物和人类的健康都至关重要。但随着生活污水的大量排放，其中过高的养分含量与大量的有毒有害成分造成土壤环境恶化，导致农作物减产和农产品品质降低，进而危害植物生长与人体健康[23]。

（3）生活污水对水环境质量影响。水环境质量是指水环境对人类的生存和繁衍以及社会经济发展的适宜程度，通常指水环境遭受污染的程度。大量村镇生活污水的排放，会加剧水体中病原微生物的繁殖，且通过微生物的生化作用，进一步加剧水中溶解氧的消耗，易造成污染物在缺氧条件下发生腐败分解，进而恶化水质，造成严重的水体营养化污染[24]。同时还伴随水中有机物浓度超标，酸、碱、盐等物质浓度失衡以及有毒物质增多，严重损害正常的水生生态[25, 26]。

综上，针对农村生活污水中所存在的污染物进行削减与处理迫在眉睫。全国各个省份均对污水中的污染物浓度制定了详细的排放标准，以黑龙江省为例，黑龙江省生态环境保护厅发布的《农村生活污水处理设施水污染物排放标准》（DB 23/2456—2019）规定 COD 排放一级标准、二级标准和三级标准分别为 60mg/L、100mg/L、120mg/L，TP 排放一级标准、二级标准和三级标准分别为 1mg/L、3mg/L、5mg/L，TN 排放一级标准、二级标准和三级标准分别为 20mg/L、35mg/L、35mg/L。

2. 畜禽养殖废水内分泌干扰物特征与危害

畜禽养殖废水作为严寒村镇废水中不可忽视的主要来源，其中蕴含了大量环境中存在的具有干扰畜禽动物内分泌系统的外源性化学物质，即内分泌干扰物，也叫内分泌干扰化学物质（endocrine disrupting chemicals, EDCs）[27]。它们通过摄入、积累等各种途径调控生物体雌激素分泌行为，进而对生物的生长和生殖产生负面作用。即使在浓度水平较低的情况下，也能造成生物体内分泌失衡，导致物种出现发育畸形等异常现象。严重时甚至可造成人类和动物体内分泌紊乱，导致生殖障碍、认知缺陷、代谢紊乱以及癌症等致命损害[28, 29]。

在我国水环境污染物中存在两种典型 EDCs：第一类是雌激素物质，包括合成激素 17α-乙炔雌二醇（EE2）、天然激素雌酮（E1）以及 17β-雌二醇（E2）等[30]；第二类是内分泌干扰酚类化合物，如壬基酚（nonylphenol, NP）、双酚 A（bisphenol A, BPA）等[31, 32]。由于雌激素比内分泌干扰酚类化合物的生理危害作用更强，故在本书中重点论述。当含有雌激素的物质被大量添加进牲畜饲料，或直接被牲畜食用，继而通过尿液、粪便等排出体外时，这些牲畜代谢产物与饲料残渣、清洁冲刷水等最终汇聚成为畜禽养殖废水。由于村镇地区条件受限，畜禽养殖废水中所包含的内分泌干扰物并不能被有效去除，继而经简单处理后便排入水体环境，致使水环境严重污染。

目前，我国针对雌激素等化合物的水环境污染浓度并未出台相关标准，但在以东北地区为代表的严寒村镇水环境中相继检测出了雌激素类物质的存在。侯炳江等[33]的调查研究显示，在受纳畜牧业废水的松花江流域中，已检测出 E1、E2、EE2 的最高浓度分别为 25.5ng/L、9ng/L、8.7ng/L，其潜在的生态风险不容忽视，故严寒村镇畜禽养殖废水内分泌干扰物的净化技术亟待研究。

1.4 严寒村镇污染水源水与污废水处理技术研发进展

1.4.1 地下水高铁锰处理技术研发进展

国外对地下水除铁、锰的研究始于一百多年前。最早的大型除铁装置于 1868 年在荷兰建成，最早的除铁锰水厂于 1874 年在德国建成。国外除铁锰工艺技术主要包括化学药剂氧化除锰技术、臭氧处理技术、臭氧加活性炭处理工艺、地层除铁锰工艺、微生物处理法等[34]。

自 20 世纪 50 年代以来，我国一些科研工作者对地下水除铁锰技术进行了一系列广泛而深入的研究和实践。60 年代初，我国成功试验了天然锰砂接触氧化除铁工艺；70 年代初，李圭白院士在我国确立了接触氧化和自然氧化除铁工艺和接触氧化除锰工艺，并得到大量的推广和应用[35]；90 年代，张杰院士在我国率先开展了地下水生物固锰除锰新技术的理论及应用研究[36]。近年来，杜洪涛在传统滤料基础上研制了改性滤料，如纳米金属簇（nano-metal clusters, NMC）净水滤料、彗星式纤维滤料等除铁锰技术[37]。改性滤料首先出现在污水处理领域，近年来开始延伸到净水领域[38]。

上述方法中：自然氧化法工艺系统复杂、设备庞大、投资多，且除铁、锰效果不甚理想；药剂氧化法、臭氧氧化法费用较高，且单独使用时也不能有效去除水中的锰；吸附法与生物法因具有耗能少、污染小、去除快与可循环等优势仍然是除铁锰领域的热点。

吸附法除铁锰重在滤料或吸附剂选择与改性两方面研究，近年多采用颗粒活性炭吸附地下水铁锰。但其自身价格、再生费用均较高，故经济高效的矿物（锰砂、火山岩、沸石、凹凸棒土）、工农业废弃物（煤、松树皮、赤泥、粉煤灰、椰子壳、锯末）与生物质（壳聚糖、木质素类、丹宁类、凤眼莲、百叶蔷薇、香蕉）吸附剂备受关注[39-42]。尽管上述吸附剂效果显著，但仍存在下述问题有待研究与改进：①传统滤料或吸附剂无法适应严寒地区特有的冻融交替气候，低温期铁锰去除特性减弱。②“十二五”期间，“千亿斤粮食”工程的推进使农业废弃物年产量剧增，对环境造成巨大污染。因此，如何利用这一丰富的可再生资源处理地下水铁锰亟待解决。③吸附剂对铁锰的动态吸附特性研究有限，基于连续流过滤装置，考察不同运行参数对地下水铁锰去除效果的影响具有重要意义。

生物法重在对铁锰氧化细菌筛选鉴定及其处理效应、滤柱快速启动影响因素、生物滤柱运行参数调控、生物法除铁锰机制、生物法存在问题等几个重点方面进行讨论，具体叙述如下。

1. 铁锰氧化菌筛选鉴定及其处理效应

生物法利用细菌与真菌的甲基化作用、螯合作用、络合作用、吸收作用、氧化和还原作用促进或直接改变金属价态。在生物除铁锰滤层中，熟料表面是一个复杂的微生物生态系统，该系统中铁锰氧化菌的稳定存在对滤料活性至关重要。近年来，国内外对铁锰氧化菌的研究大多集中在两方面。一方面是铁锰氧化菌的分离、纯化与鉴定：目前已鉴定的铁锰氧化菌多为杆状或细胞链状，涉及鞘铁菌属（*Siderocapsa*）、假单细胞菌属（*Pseudomonas*）、芽孢杆菌属（*Bacillusa*）、纤发菌属（*Leptothrix*）、细枝发菌属（*Clonothrix*）、泉发菌属（*Crenothrix*）、嘉氏铁柄杆菌属（*Grenathrixpolyspora*）、生金菌属（*Metallogenium*）、氧化亚铁硫杆菌属（*Thiobacillus ferrous oxide*）、土微菌属（*Pedomicrobium*）、丛毛菌属（*Lophotricha*）、生丝微菌属（*Hyphomicrobium*）、詹森菌属（*Janthino bacterium*）、氢噬胞菌属

（*Hydrogenophaga*）等[43-47]。另一方面是菌种对铁、锰氧化能力研究：张盼等[45]筛选的 MHK-10 菌株（芽孢杆菌属）在 $\rho(Fe^{2+})$=0.41mg/L、$\rho(Mn^{2+})$=3.12mg/L、T=15℃、t=15min 条件下除锰率高达 96%；廖水娇等[48]从锰污染土壤中分离获取的锰氧化菌（芽孢杆菌属）在培养基中除锰率高达 96%；程群星等[49]耦合菌种-粉煤灰-活性炭粉-麸皮制备固定化铁锰菌球，将其应用于 $\rho(Fe^{2+})$=100mg/L、$\rho(Mn^{2+})$=30mg/L 原水中，2d 后的除铁率达 100%，7d 后的除锰率达 99%，且在一定范围内，提高 Fe^{2+}初始质量浓度能促进 Mn^{2+}的去除；李冬等[50]研究发现铁锰菌种必须从当地地下水、井底泥、土壤中采集土著菌，经纯化—培养—接种于滤层中—动态驯化等一系列步骤，待滤层成熟后投入生产，才能保证成熟滤料上的微生物群系适应当地环境。综上，高效除铁锰工程菌的获得将为高效生物除铁锰滤池的构建及水厂的快速启动提供有力的技术支持。

2. 滤柱快速启动影响因素

近年的理论与实践表明生物滤柱快速启动时间（滤料生物挂膜成熟时间，此刻除铁锰能力稳定）主要受滤料、菌株种类和接种方式等因素的影响。

基于理论研究，郜玉楠等[51]在 $\rho(Fe^{2+})$=1.47mg/L、$\rho(Mn^{2+})$=5.77mg/L、T=8～12℃、ρ(DO)=6.5～8.5mg/L 条件下，以改性的火山岩陶粒为滤料，将 5 株具有同步去除铁、锰、氨氮效能的优势菌种复配、富集培养与固定，低滤速-反冲洗强度启动，出水铁浓度平均为 0.05mg/L，去除率在 87%～95%。30d 后出水锰浓度稳定在 1.5mg/L，未达标，去除率在 80%左右，滤柱成熟。Qin 等[52]在 $\rho(Fe^{2+})$=6～8mg/L、$\rho(Mn^{2+})$=1.5～2.25mg/L、T=8～12℃、ρ(DO)=5mg/L 条件下分别以锰砂、石英砂作为滤料，从哈尔滨水厂慢滤池成熟滤砂滤膜中分离纤发菌属细菌，对其扩增培养、驯化与固定。经过 16d 的启动，两个滤柱出水铁浓度均低于 0.3mg/L，去除率在 90%以上，锰砂滤柱、石英砂滤柱出水锰浓度平均为 0.9mg/L、0.6mg/L，均未达标，去除率稳定在 60%、50%左右，但菌株在接种前需经过 18～20d 的驯化。程庆锋等[53]在 $\rho(Fe^{2+})$=8mg/L、$\rho(Mn^{2+})$=1.1mg/L、T=8℃、ρ(DO)＞7mg/L，变动回流比（原水流量：回流水流量）、固定回流比、不回流时滤柱滤料分别需 51d、61d、82d 成熟，出水总 Fe、锰浓度分别低于 0.3mg/L、0.05mg/L。赵焱等[54]采用贫营养培养基，从运行多年的生物除铁锰水厂的跌水曝气池壁上筛选金黄杆菌属，在 $\rho(Fe^{2+})$=14mg/L、$\rho(Mn^{2+})$=5.6mg/L、T=12℃条件下，菌株 MSB-4 于 48h 内对 Fe^{2+}、Mn^{2+}的去除率分别为 90%、94.44%，但出水浓度均未达标。

在应用方面，鞍山、抚顺、长春地区在 $\rho(Fe^{2+})$=5～7mg/L、$\rho(Mn^{2+})$=0.4～0.5mg/L、T=10℃条件下，滤料成熟期在 0.5～3 个月[55]。兰西水厂处理 $\rho(Fe^{2+})$=10～14mg/L、$\rho(Mn^{2+})$=0.8～1.1mg/L 的地下水时，因 Fe^{2+}完全氧化时间短，包埋了滤砂外围和滤层孔隙中的除锰生物群系，减少了与 Mn^{2+}的接触机会，使其成熟期达到 8 个月[56]。Stembal 等[57]经过试验研究发现将成熟的滤料接种于新鲜滤料是一种较好的接种方式，以反冲洗泥样代替成熟滤料可以缩短滤层的成熟期。

3. 生物滤柱运行参数调控

（1）DO 浓度的影响。生物滤柱均在 pH 中性条件下进行，根据氧化还原反应电子得失，氧化铁锰、铁锰-氨氮地下水中所需 DO 计算公式分别见式（1-1）、式（1-2），式中 a 为过剩系数，实际工程中为了逸散游离 CO_2，需要一定的过剩溶解氧，工程一般取 1.5[58]。

$$[O_2] = a\{0.29[Mn^{2+}]+0.143[Fe^{2+}]\} \tag{1-1}$$

$$[O_2] = a\{4.6\ [NH_4^+\text{-}N] + 0.143\ [Fe^{2+}] + 0.29\ [Mn^{2+}]\} \tag{1-2}$$

式中，[·]表示氧化还原反应中各物质浓度。

Kang 等[59]研究表明，喷射曝气、跌水曝气、曝气-生物滤池一体化装置均可有效为地下水充氧，但曝气形式不同，对地下水铁锰的去除效果亦不同。对于一般的含铁含锰地下水，采用简单的跌水曝气即可控制 DO 浓度在 4～5mg/L，满足除铁锰要求。当原水中含有氨氮时，为保证生物滤层培养成熟、出水 Mn^{2+}浓度达标[60]，需控制 DO 浓度＞7.5mg/L。DO 充足时，铁锰与氨氮可同步被去除；否则将延缓除锰速率、影响氨氮去除效果。无论 DO 是否充足，除铁率均优于锰与氨氮[61]，且 DO 浓度在 2～10mg/L 范围内铁细菌生长几乎未受影响[62]。

（2）滤层厚度优化。除铁锰生物滤池处理效果重要的影响因素是滤层厚度，而地下水水质是决定滤层厚度的首要因素。李冬[56]研究表明，地下水中含铁量的不同导致了滤层厚度的差异：当 $\rho(Fe^{2+})$＜0.3mg/L，$\rho(Mn^{2+})$=2～3mg/L 时，滤层厚度仅 900mm 就能实现铁锰去除；当 $\rho(Fe^{2+})$=7～8mg/L，$\rho(Mn^{2+})$=0.8～1.1mg/L 时，滤层厚度宜取 1000mm；当 $\rho(Fe^{2+})$=10～14mg/L 时，滤层厚度宜取 1300mm；当原水中含氨氮时，应适当增加滤层厚度[63]，约为 1500mm[64]。

（3）滤速、反冲洗参数的优化。对于接触氧化除铁锰法，采取高浓度进水、高滤速、高强度反冲洗的方式运行反应器。对于生物除铁锰法，在滤层培养初期，滤层中细菌数量较少，由于细菌生长环境的改变，细菌活性较低，需要一个适应期，此时滤速及反冲洗强度均不宜过大，以免增大滤料空隙间的剪切力，增大水流对滤料空隙中细菌的冲刷，不利于细菌在滤料表面的固定附着。采用低滤速启动，随后逐渐提高滤以速培养滤层中细菌。反冲洗参数优化主要考虑两方面因素：①保证滤层微生物数量继续维持生态系统的平衡，保证下一工作周期的正常运行；②冲出滤料间隙中铁泥等悬浮物，恢复滤层的产水能力及初始水头。

程庆锋等[65]的研究结果表明，在反冲洗周期分别为 24h、48h 和 72h 时，铁、锰、氨氮的浓度均低于《生活饮用水卫生标准》（GB 5749—2022）规定的浓度限值。但随着反冲洗周期的延长，出水浊度不断增大，穿透滤层的物质也增多。李冬等[66]在 T=5～6℃低温环境下尝试了生物除铁锰工艺的可行性，通过对运行参数的调控，在水温 5～6℃的高铁高锰水质下实现了生物除铁锰工艺的快速启动，近 4 个月后成功实现了铁锰氧化细菌的富集。从滤层结构上看，粗粒均质滤层更适应生物除铁锰滤池，能够提高反冲洗的效率。最后，在培养期采用弱反冲洗强度，滤层成熟后，根据运行效果适当提高反冲洗强度，可避免在这一生态系统中该种类的种群优势丧失[50]。张杰等[67]研究用生物增强技术处理含铁、锰和氨氮的微污染地下水，发现当锰、氨氮、铁与高锰酸盐指数的年平均值分别为 5.77mg/L、1.61mg/L、1.47mg/L 和 1.36mg/L，水温为 8～12℃，经曝气后 DO 浓度为 6.50～8.50mg/L 时，其最适宜的运行参数为：启动期采用逐级增加滤速的方式，直至稳定期滤速为 4～5m/h，反冲洗周期为 3～5d，反冲洗强度为 12～15L/(m^2·s)，曝气工艺的气水比为 3∶4，进水 DO 浓度应达到 6.5～8.5mg/L。杨宏等[68]对贫营养下生物除铁锰滤池稳定性进行了研究，发现将反冲洗排水进行收集、沉淀、曝气后“菌悬液”回流，可以实现滤层细菌数量的不断补给和系统营养物质的循环利用，保持了贫营养条件下此滤层生态系统的稳定，且提高了生物滤层抗负荷冲击的能力，在滤速为 10～13.90m/h、锰浓度为 3.5～4.5mg/L 时，经该稳定性的滤池出水铁浓度和锰浓度仍可长期维持在 0.1mg/L 与 0.05mg/L 以下。

4．生物法除铁锰机制

Stembal 等[57]研究表明，微生物附着在滤料表面后，开始通过代谢环境所提供的底物进行繁殖、增长以形成生物膜。生物活化铁锰后，所生成的氧化物部分将沉积于滤料表面形成催化层，此时滤料被认为“成熟”，可不添加任何化学药剂有效地催化氧化锰，即生物与催化氧化后滤料表面形成的 MnO_x 层还可吸附 Mn^{2+}。但因滤料结构复杂，关于微生物的实际贡献、催化氧化物层对整体锰氧化活性的作用尚无明确定论。目前多凭借滤料表面锰氧化物识别分析生物除铁锰机理[69]，阐明控制滤柱启动的驱动力，进而缩短除锰的成熟期[70]。Stumm 等[71]研究指出，在同一水溶液中锰氧化物转化途径见图 1-1，滤料表面锰氧化物类型取决于锰的价态，见表 1-1。

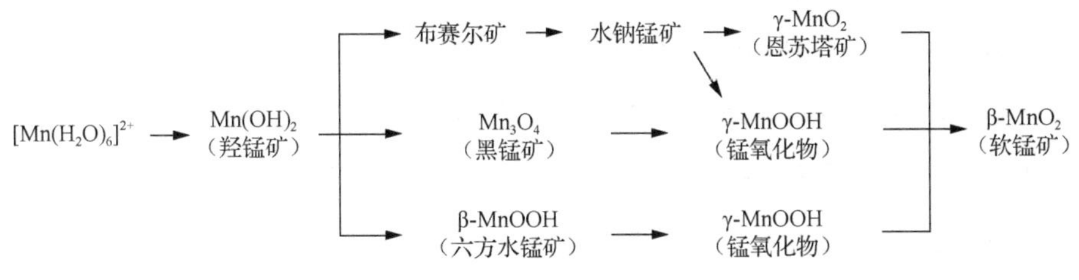

图 1-1 锰氧化过程简图

表 1-1 典型锰氧化物及对应的锰价态

锰氧化物	锰价态	锰氧化物	锰价态
羟锰矿	2[71]	水钠锰矿	3.5～3.9[73]
黑锰矿	约 2.7[72]	恩苏塔矿	约 4[72]
锰氧化物	3[72]	软锰矿	4[72]

基于热力学的考虑，水锰氧化将按下列顺序发生变化：羟锰矿—黑锰矿—软锰矿[74, 75]。如图 1-2[74]所示，锰氧化物存在各自的生成条件。羟锰矿［$Mn(OH)_2$］

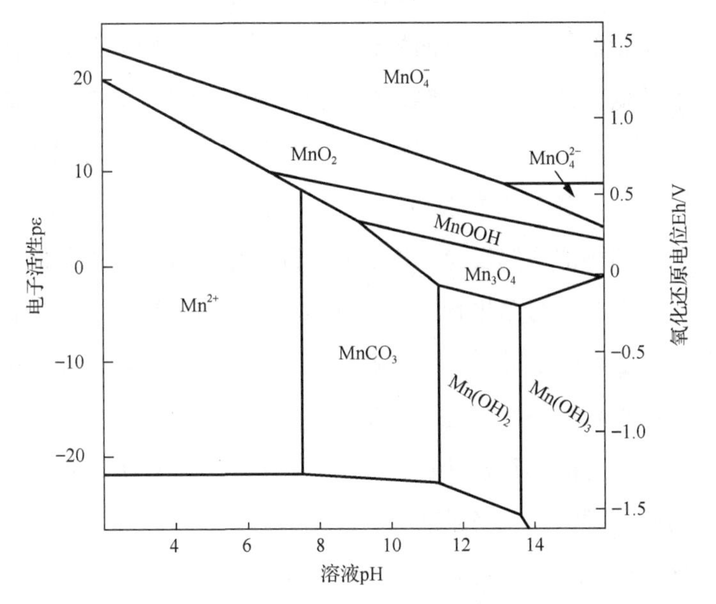

图 1-2 水溶液中锰化合物稳定功能区内电子活性（pε）、氧化还原电位（Eh）与溶液 pH 间对应关系图

在普通地下水条件（pH=6～8）时无法生成，pH 至少需 11。黑锰矿（Mn_3O_4）在无催化剂时，pH 必须达到 8.6 才能形成，且需经过滤去除。在自然界中，最稳定的氧化锰形式为软锰矿，锰的价态为 4，不会再有进一步氧化发生。软锰矿具有较强的吸附能力，但无催化氧化性能，故当软锰矿吸附能力耗尽，除锰效能也将消失。软锰矿的形成需强效氧化剂氧化，如氯（Cl_2）、二氧化氯（ClO_2），臭氧（O_3）或高锰酸钾（$KMnO_4$），但此过程成本高，且环境风险大，需准确确定氧化剂剂量。剂量过少导致锰不完全氧化，剂量过高，如 $KMnO_4$ 会使水中显现粉红色。反应过程中经济有效除锰的 MnO_x 的形式有待探讨。

5. 生物法存在的问题

生物法作为地下水除铁锰的热点研究方法，虽在工艺及微生物学方面均取得了一定成果，但对该技术方法的应用推广仍存在问题：①对于东北等严寒地区，地下水温度常年较低，而微生物的生长及繁殖受温度的影响较大，低温条件下面临着生物活性低、滤层培养成熟缓慢、处理效果不佳等难题，因此如何克服低温影响，实现铁、锰低温环境下的有效去除已成为水源水处理领域共同关注的问题[67, 68]。②目前除铁锰菌的相关研究大都局限于细菌形态观察、分离、纯化与鉴定，对纯菌种的研究很少，构建高效除铁锰工程菌，探索既经济又简单易行的接种方法形成优势菌生物滤池，将是今后的重要研究方向。③生物滤池除铁锰涉及生物菌氧化作用、滤料吸附作用及铁锰氧化物的自催化作用，但滤层中三种方式的贡献率还有待进一步研究总结。④生物法工程实践相对较少，目前尚未构建起完善的工程设计理论及参数确定方法，在工程实践方面缺乏一套规范化的运行调试方法，尚无确切的控制标准。因此，开发一整套完善的且适合严寒地区气候、经济发展水平的高铁锰地下水净化处理技术体系具有重要现实意义。

1.4.2 地表水高有机物高氨氮处理技术研发进展

国外如美国、法国、荷兰及澳大利亚等发达国家，由于城乡差别小，自来水普及率较高，专门针对村镇地表饮用水供给的研究并不多，大多是关于全国范围内饮用水安全体系的整体研究。

国内村镇饮用水安全研究起步较晚，20 世纪 90 年代农村饮用水解困问题才被正式纳入国家规划。2005 年国务院批准实施了《2005～2006 年农村饮水安全应急工程规划》，确定农村饮用水工作重点转向以工程技术改造、提高供水标准和发展农村自来水为主[76]，并将解决农村微污染水问题分别列入了“十一五”“十二五”国家科技支撑计划项目。众多学者根据我国农村特点和水源污染状况，因地制宜，在充分借鉴国内外现有的微污染水处理工艺的基础上，研究开发了农村地表水高氨氮、高有机物去除关键技术：以强化絮凝、臭氧-生物活性炭预处理工艺为突破口的物理、化学预处理装置，生物慢滤装置，生物滤池系统以及膜技术。

上述技术研究与设备开发处于起步阶段，存在诸多盲区与空白亟待开发完善：①物理化学预处理技术。投药剂量大，虽工艺简单，但易导致其他污染的产生。目前高效价廉、无污染的药剂或助凝剂的短缺现象限制了其广泛应用[77]。离子交换吸附法以其廉价、高效、占地小等特点逐渐受到关注。因沸石孔径一般在 0.4nm 左右，而 NH_4^+ 离子半径为 0.286nm，所以 NH_4^+ 很容易进入沸石晶穴内部进行离子交换。但交换剂的交换容量有限、交换剂使用前需要改性等问题制约着离子交换法的广泛使用[78]。②生物技术。主要针对废水净化，包括固定化细胞技术、厌氧氨氧化技术、膜生物反应器（membrane bioreactor, MBR）工艺和生物膜法等。因附着在载体颗粒上的细菌聚体比单个细胞细菌对消毒剂有更大的抗性，一般的氯化消毒难以杀灭，饮用水卫生安全性不能保证[79]。③膜技术。具有良好的固液分离性能、细菌去除能力，以及占地面积小、自动化程度高等优点。但膜组件价格昂贵以及膜污染造成的通量衰减等问题阻碍了膜技术的推广应用。动态膜（dynamic membrane, DM）作为超滤膜与微滤膜抗污技术被逐渐推广，主要应用于生活污水与废水处理、有机物分离、脱盐等领域。动态膜凭借材料丰富、制作简单、价格低廉、抗污染能力强、渗透性能佳、清洗与再生容易等特性具有良好的发展前景[80]。

如上所述，近年来，膜技术被广泛应用于水处理领域。其中，微滤/超滤（microfiltration/ultrafiltration, MF/UF）膜在自来水生产方面发展特别迅速。随着膜价格的下降，它有望取代混凝、沉淀砂滤、消毒等常规饮用水生产工艺，成为水处理领域较重要的技术革新之一。MBR 具有活性污泥法不可比拟的优点，如对水中悬浮固体物质、大分子有机物以及微生物等均有良好去除效果。其优势在于工艺流程短、占地面积小、污泥浓度高、剩余污泥产量少、易于实现全自动化运行管理等。但 MBR 也存在不足，如对微生物代谢产物、细菌以及溶解性有机物（dissolved organic matter, DOM）等去除能力非常有限，易造成膜污染。为了减少或延缓膜污染，进一步提高饮用水处理效果，将 MBR 与其他水处理工艺（如混凝）相结合，可实现优势互补。如将粉末活性炭（powdered activated carbon, PAC）等吸附剂、颗粒载体等无毒无害的填料添加到 MBR 中，既便于微生物附着生长，又可利用吸附剂或载体对 DOM 或胞外聚合物等的强吸附能力来改善污泥混合液的性能，发挥组合工艺的膜截留作用进而去除不同污染物。

综上，研究设计膜组合技术应用于农村具有相对优势：供水规模比较灵活，改扩建比较方便，可以适应农村用户分散、供水量小且大部分水厂日供水量在千吨以下的状况；较容易实现自动化控制，运行管理方便，符合农村技术管理水平；可实现标准化、模块化与相对集约化，相比传统水厂施工周期缩短、占地面积减小。因此，针对农村地区饮用水处理技术和设备要求小型化、灵活化、自动化和广谱化的特点，应研发以膜为核心，综合生物预处理、物理、化学等强化技术（混凝、吸附等）的面源污染水源水净化处理工艺。

1.4.3 地表水嗅味处理技术研发进展

针对地表水中去除含嗅味化合物的常用净水技术包括化学氧化技术、生物处理技术以及吸附技术等。

化学氧化技术机理是利用氧化剂的高氧化电位破坏水中 2-MIB 和 GSM 等致嗅物质的分子结构，使其变成非致嗅物质，从根本上解决水中的嗅味问题[81, 82]。饮用水处理中常用的氧化剂有高锰酸钾（$KMnO_4$）、次氯酸钠（NaClO）、二氧化氯（ClO_2）、臭氧（O_3）和过氧化氢（H_2O_2）等物质[83]。通常意义上讲，上述氧化剂都具有造价及成本高等弊端，并且在去除过程中易造成二次污染问题。例如臭氧虽能够高效去除水体嗅味化合物，但在反应过程中也会产生醛类或酮类等副产物，且相应测试仪器设备费用昂贵，具有一定的应用局限性。

生物处理技术中的生物滤池法和生物吸收法近些年来被广泛采用。生物滤池法去除水中嗅味化合物的原理是基于气体扩散和生化反应的综合过程。嗅味气体通过湿润、多孔和充满活性微生物的滤层，利用活性微生物对嗅味物质进行吸附、吸收和降解，进而完成对水体的净化[84-86]。由于微生物的细胞具有个体小、表面积大、吸附性强、代谢类型多样等特点，可将嗅味物质吸附后分解成 CO_2、H_2O、H_2SO_4 和 HNO_3 等简单无机物。生物吸收法则是利用悬浮活性污泥反应系统处理水中嗅味物质，主要由生物吸附和降解两部分组成[87]。其处理步骤通常为：将嗅味废气通入洗涤器，利用惰性填料上的微生物菌种以及由生化反应器传质到位的泥水混合物进行生物吸附与吸收，部分有机物在此环节被大量降解，而剩余液相中的未降解有机物则二次进入生化反应器，继续通过悬浮污泥的代谢作用进行最终降解。上述生物技术在去除 2-MIB 和 GSM 过程中，具有成本较低、副产物较少、不产生新污染等优点，但该方法易受水温、pH、营养物质等各种因素影响，处理效果不稳定。

吸附技术则主要利用吸附材料本身对嗅味化合物的吸附作用，达到吸附净化效果。最常用的吸附材料是活性炭，因其具有巨大比表面积以及发达微孔结构而使得该材料具备极强的吸附能力[88]。但活性炭的去除效果取决于活性炭的投加量，投加量过高其净水成本也较高。虽然粉末活性炭能适用于突发性水体嗅味问题的应对与控制，但其运行成本高，且具有吸附材料不能循环使用且不宜长期使用的缺点，成为制约吸附法的关键问题。故探究一种低成本且吸附能力高的吸附材料逐渐成为国内外学者广泛关注的重点问题。

1.4.4 生活污水污染物处理技术研发进展

随着国家“十四五”期间农村水环境保护目标的提出，建设绿色生态的社会主义新农村，不断推进乡村振兴战略已成为国家的一项重点任务。而严寒村镇生活污水的有效处理则是该项任务的重要内容之一。在严寒地区，受气候和地域特点所限，针对农村污水处理的研究目前还处在起步阶段并存在诸多问题，因此，迫切需要对其进行深入研究[89]。基于严寒村镇地区农村经济基础相对薄弱、污水处理设施不健全、人口分布面积广以及生活污水水量大且浓度高等特点，适用于城市的集中式污水处理模式不能生搬硬套于农村，必须因地制宜地选取适用于严寒村镇地区的分散式污水处理模式[90, 91]。在我国，常见的农村生活污水处理技术包括生物脱氮除磷工艺、膜生物反应器、人工湿地、曝气生物滤池、化粪池等一体化或组合处理装置与组合工艺[92]。稳定塘作为一种生态处理工艺近年来被广泛应用。其是一种天然的或经人为修整构建的生态池塘，通过自身固有的稀释沉淀作用，耦合水生植物的吸收作用、微生物代谢作用以及浮游生物降解作用使污染物得以削减[93]。一般而言，生态塘内部含有围堤和防渗层的自然水体自净系统，与传统分散式污水处理技术相比具有低投入、低耗能、运行稳定、管理方便等特点，可实现污水的无害化、资源化等优势处理，在国内外的水处理界和工程界已引起广泛关注，适用于广大农村村镇地区[94-98]。在实际工程应用中，现今推广应用的稳定塘技术优化了工艺组合条件，降低了经济成本，提高了能耗比，极大扩展了其适用范围[99]。

从稳定塘内微生物的物种、功能等角度进行划分，可分为好氧、厌氧、兼性以及曝气稳定塘[100]。四种类型的稳定塘均能对污水处理取得良好效果。各类稳定塘的优缺点不尽相同。好氧塘降解有机物的速度快，处理程度高，有利于去除溶解性有机物和营养物质，一般适用于二级污水处理[101]。但其出水水质变化较大且藻类对水质影响较大，若设计或运行管理不当，则会造成水质二次污染。厌氧塘有机负荷高，不受占地面积限制，适用于温度高和有机物浓度高的污水处理，但易产生臭味，致使出水水质不达标[102]。而兼性塘出水水质较好，具有一定缓冲和调节能力，且处理水质成本较低，但出水水质受到藻类影响，易散发臭味，夏季运转时经常出现漂浮污泥层，极大限制了其处理能效[103]。曝气稳定塘对污水具有稀释作用，且兼顾较高的耐冲击负荷能力，但机械费用高、占地面积大、悬浮固体多，较适用于处理城镇污水以及工业废水[104]。故合理选择不同类型的稳定塘净化严寒村镇污水便显得尤为重要。经稳定塘处理过后的出水水质能够高效降低 NH_3-N 和 TP 浓度，其去除率均可超过 95%，符合地表水Ⅱ类标准，COD 去除率超过 50%，基本维持在地表水Ⅲ～Ⅳ类标准，对削减农村水污染、降低水环境负荷及改善农村水生态环境具有重要作用。

1.4.5 畜禽养殖废水中内分泌干扰物处理技术研发进展

目前，净化畜禽养殖废水中雌激素等内分泌干扰物的方法有多种，较为常见的技术有混凝沉淀法、化学氧化法以及活性污泥法等。还有一些方法如降解菌降解水中内分泌干扰物和相关稳定塘技术等尚处于实验室研究阶段或中试阶段。关于畜禽养殖废水中内分泌干扰物处理方法的研发进展具体阐述如下。

（1）混凝沉淀法。加入药剂与废水混合并发生絮凝，使水中内分泌干扰物等污染物沉淀分离。但 Rice 等[105]研究发现，混凝沉淀法对各种内分泌干扰物的去除效果均较差，EE2、E2、E1 的去除率分别仅为 0%、2%、5%。

（2）化学氧化法。通过向污染水体中加入强氧化剂，利用化学氧化反应将水中内分泌干扰物等污染物转化为稳定、低毒或无毒物质。常见的氧化剂有臭氧（O_3）、氯气（Cl_2）等。其中，臭氧氧化法在去除水中内分泌干扰物等污染物质过程中，由于氧化反应受废水理化性质影响较大，去除效果不稳定，不能作为常规方法广泛应用[106]。当利用氯气去除 E1 类物质时，也会产生副产物，且部分内分泌干扰物等雌激素活性在氧化后没有被显著降低。同时，由于氧化法还需严格的技术条件，相关技术条件的限制也对处理效果产生不可预知的影响。此外，其高投资成本也使得化学氧化法处理水中内分泌干扰物等雌激素类物质难以在我国严寒村镇地区大规模推广[107]。

（3）活性污泥法。利用悬浮生长的微生物絮体处理废水[108, 109]。活性污泥法及其衍生改良工艺是国内外城市废水处理过程中被广泛采用的方法之一，但因其设施设计复杂，建造及运营维护成本较高，在我国村镇地区较为少见。

（4）降解菌降解法。利用具备相应可降解内分泌干扰物等污染物功能的降解菌进行水体针对性修复。Kresinova 等[110]在实验室模拟条件下，利用白腐菌平菇 HK35（*Pleurotus ostreatus* HK 35）可使 E1、E2、E3、EE2 的去除率在 12d 内超过 90%，且在污水处理厂滴流床反应器中试的结果显示对内分泌干扰物的整体去除率可在10d 内达 76%。但这种技术也存在诸多问题，例如可处理目标污染物单一、受环境条件约束性大、菌种繁殖储存困难等。

（5）稳定塘技术。利用菌藻代谢作用对含内分泌干扰物等污染物的废水进行处理。净化过程与水体自净相类似。通常是将土地进行适当的人工修整，而后建成生态池塘，并设置围堤和防渗层，依靠塘内的微生物和藻类等物质联合处理废水。如 Janeczko 等[111]的研究提供了 68 种可以吸附 E1、E2 等内分泌干扰物的植物。Dalu 等[112]则提出了在农村使用浮萍等稳定塘，进而实现低成本的净水处理目标。

纵观国内外村镇畜禽养殖废水中内分泌干扰物的稳定塘处理技术，国外相对成熟。如法国已建设并投入使用各种稳定塘约 2000 座，德国约 3000 座，美国已近万座。国内的稳定塘净水技术尚在发展阶段，尤其是揭示内分泌干扰物在藻类和浮萍稳定塘中的归趋行为及其去除效应机理，亟待进一步深入研究。

1.5 稻壳在水处理领域应用进展

目前国内外主要将稻壳应用于环境保护、建筑行业等领域。

在水处理应用方面：国内外学者采用改性稻壳去除废水中的有机物（如苯酚、亚甲基蓝、软脂酸、腐殖酸等）与重金属（如 Cd^{2+}、Zn^{2+}、Pb^{2+}、Al^{2+}、Fe、Mn、As 等），以及去除饮用水中的无机物（如氟化物）与重金属（如 Cr^{2+}）[113-115]，而稻壳在农村高铁锰地下水处理中的应用鲜有报道。

在稻壳改性物制备方面：利用稻壳本身的碳、氢元素与硅资源，改性主要集中在制备活性炭、二氧化硅、水玻璃与分子筛等方面，其在产品性能、纯度控制、工艺节能等方面仍存在诸多问题有待解决。

本书将以稻壳（或灰）为原料制备高效吸附剂，详细论证最佳工艺条件与产品性能，并与创新技术进一步结合应用。

1.6 凹凸棒土在水处理领域应用进展

凹凸棒土（也称凹凸棒石黏土、坡缕石、漂白土、白土等）在矿物学上隶属海泡石族，是一种以硅酸镁为主要成分，并含有铝、铁等元素的黏土矿。目前具有工业意义的矿床主要分布在美国、西班牙、法国、土耳其、塞内加尔、南非、澳大利亚以及中国（如江苏、安徽、四川、山东、甘肃、山西、浙江、贵州、内蒙古、湖北、河北等地）。19 世纪 70 年代以来，国内外学者对凹凸棒土矿物结晶学与矿物学、成因理论及其应用技术进行了深入研究[116]。凹凸棒土凭借其独特层状、链式结构拥有特殊性能，以吸附剂、黏结剂、助剂、添加剂、催化剂载体等形式被广泛应用于污水处理、油脂加工、医药、石油化工等领域，被冠以“千土之王”的称号。

凹凸棒土在水处理中具有以下优势：pH 为 8～9，呈碱性；比表面积高于其他黏土矿物，用 BET（Brunauer-Emmett-Teller）法测其吸附比表面积通常为 146～210m^2/g，晶体内部与沸石孔道尺寸大小一致，使其具有分子筛的作用；吸附脱色性较好，品位（%）越高，脱色力越强；选择性吸附突出，吸附能力依次为水＞醇＞醛＞酮＞正烯＞中性脂＞芳烃＞环烷烃＞烷烃；凹凸棒土中硫酸盐、亚硝酸盐等含量均低于“粉末活性炭”，且凹凸棒土中无石棉含量，安全、卫生、无毒性；可用凹凸棒土吸附或过滤技术处理常规方法无法去除的有害物质，诸如激素、农药、病毒、毒素和重金属离子等，解决水中残余铝问题；再生（加热或化学剂）工艺简单[117]。凭借这些优势，凹凸棒土原土及改性土（活化、有机质复合改性、无机材料复合改性、金属离子负载改性）成为国内外研究的热点。研究成果在 *Water*

Research、*Journal of Hazardous Materials*、*Desalination*、*Clays and Clay Minerals* 等国际著名杂志上占据较大比重，但以往的研究主要集中在染料废水、金属污染废水、酚类等污染的废水等方面，而对地表水中腐殖酸、氨氮、嗅味物质去除的研究较少，且应用主要采用吸附法，改性的凹凸棒土无法同步去除腐殖酸与氨氮[118-121]，可见相关技术亟待研发。

1.7 本书主要内容

本书针对严寒地区特有的地理气候条件及制约当前新农村建设与发展的瓶颈问题，以建设绿色低碳、节能环保村镇为目标，研究适用于严寒村镇高铁锰地下水、面源污染高有机物高氨氮地表水、含嗅味地表水、生活污水以及内分泌干扰物畜禽养殖废水净化处理安全保障技术，主要包括以下内容。

（1）碳化稻壳吸附净化严寒村镇 Fe^{2+}与 Mn^{2+}地下水。针对严寒村镇 Fe^{2+}、Mn^{2+}地下水分散或应急处理方式，以碳化稻壳灰为吸附剂，表征剖析低温碳化稻壳对地下水中 Fe^{2+}、Mn^{2+}的吸附机理，通过单因素试验确定最佳投加量与最佳溶液 pH，采用吸附等温线-动力学-热力学理论揭示碳化稻壳低温吸附 Fe^{2+}、Mn^{2+}性能，考察饱和吸附后碳化稻壳的低温再生能力。在此基础上，研究 Fe^{2+}、Mn^{2+}的动态吸附行为，并使用 Adams-Bohart、Thomas 等模型对穿透曲线进行拟合。

（2）碳化稻壳-生物菌耦合净化严寒村镇 Fe^{2+}与 Mn^{2+}地下水。针对严寒村镇 Fe^{2+}、Mn^{2+}地下水集中处理方式，以碳化稻壳颗粒作为生物固定化材料，筛选接种的优势铁锰氧化菌，通过碳化稻壳-生物菌-柱状活性炭耦合净化高铁锰地下水，实现铁锰的快速同步去除；探究装置低温快速启动方法，探讨生物滤层内铁锰氧化去除机制；考察运行参数、特定进水锰浓度梯度下进水总 Fe 浓度对生物除铁锰影响效应。

（3）高浓度纯化凹凸棒土-超滤-生物膜反应器（high concentration of purified attapulgite-ultrafiltration-membrane bio-reactor, HCPA-UF-MBR）工艺净化严寒村镇高有机物高氨氮地表水。针对严寒村镇面源污染地表水集中供水方式，考察凹凸棒土对系统低温条件下的除污效能影响及凹凸棒土投加前后装置内活性污泥混合液性能的变化情况，探究工艺运行阶段膜通量及跨膜压差（trans-membrane pressure drop, TMP）的变化规律，揭示凹凸棒土减缓膜污染效果及其机制。

（4）热改性凹凸棒土净化严寒村镇嗅味地表水。针对严寒村镇地表水中的嗅味污染，探索热改性凹凸棒土合成及其在不同 pH、温度和水力条件等因素影响下对嗅味物质的吸附能力，并利用吸附热力学和吸附动力学模型考察其吸附性能。

（5）凹凸棒土-稳定塘净化严寒村镇生活污水。开发凹凸棒土-稳定塘可编程逻辑控制器自控系统，以凹凸棒土作为微生物附着生长载体填料，耦合改进的稳定塘技术，确定最优运行参数，研究凹凸棒土对污染物去除效果的影响，为严寒村镇生活污水的生态、高效处理提供技术支撑。

（6）浮萍-藻类塘净化严寒村镇内分泌干扰物畜禽养殖废水。利用静态吸附试验、动态吸附试验和连续流试验等，探究系统中以雌酮（E1）、17β-雌二醇（E2）、17α-乙炔雌二醇（EE2）等三种雌激素为代表性的内分泌干扰物制约因素和去除效果，揭示浮萍-藻类塘系统对畜禽养殖废水中内分泌干扰物的净化机制。

技术路线如图 1-3 所示。

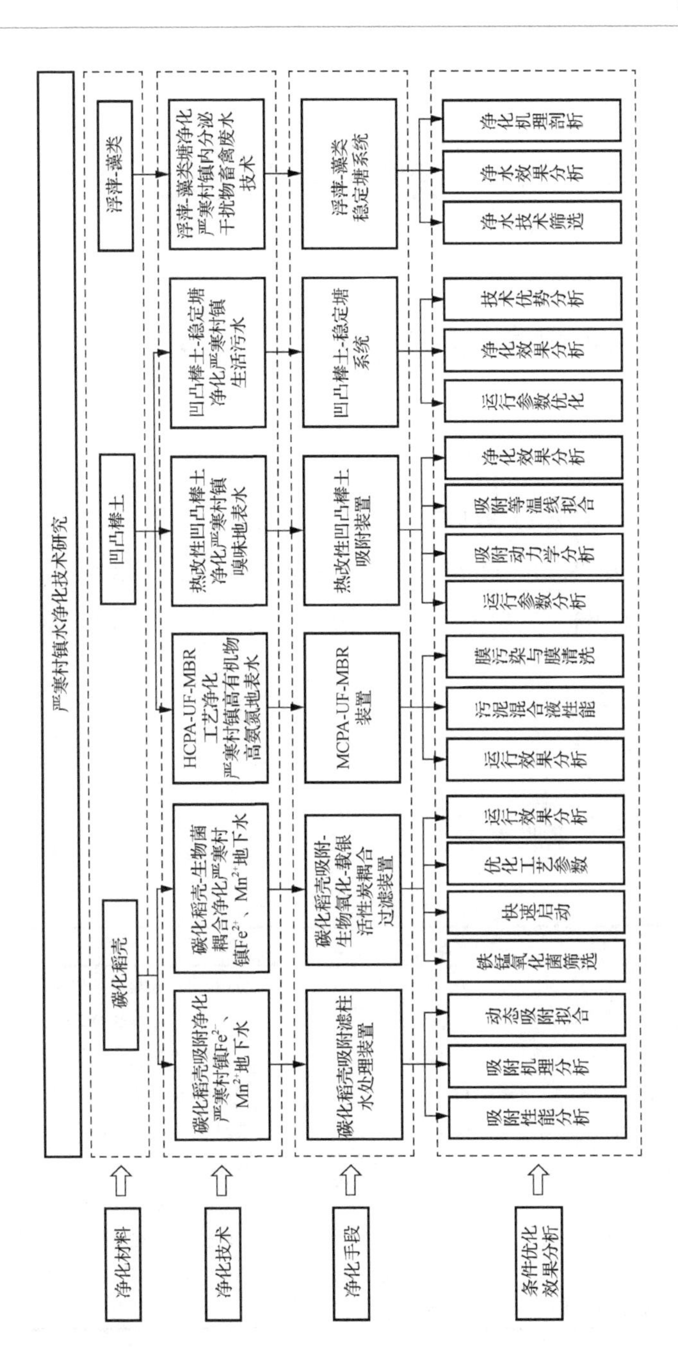
严寒村镇水净化技术研究
净化材料
净化技术
净化手段
条件优化效果分析
碳化稻壳
凹凸棒土
浮萍-藻类
碳化稻壳吸附净化严寒村镇Fe^{2+}、Mn^{2+}地下水
碳化稻壳-生物菌耦合净化严寒村镇Fe^{2+}、Mn^{2+}地下水
HCPA-UF-MBR工艺净化严寒村镇高有机物高氨氮地表水
热改性凹凸棒土净化严寒村镇嗅味地表水
凹凸棒土-稳定塘净化严寒村镇生活污水
浮萍-藻类塘净化严寒村镇内分泌干扰物畜禽废水技术
碳化稻壳吸附滤柱水处理装置
碳化稻壳吸附-生物氧化-载银活性炭耦合过滤装置
MCPA-UF-MBR装置
热改性凹凸棒土吸附装置
凹凸棒土-稳定塘系统
浮萍-藻类稳定塘系统
吸附性能分析
吸附机理分析
动态吸附拟合
铁锰氧化菌筛选
快速启动
优化工艺参数
运行效果分析
运行效果分析
污泥混合液性能
膜污染与膜清洗
运行参数分析
吸附动力学分析
吸附等温线拟合
净化效果分析
运行参数优化
净化效果分析
技术优势分析
净水技术筛选
净水效果分析
净化机理剖析

图 1-3 技术路线

第 2 章　试验材料与方法

2.1　碳化稻壳吸附净化严寒村镇 Fe^{2+} 与 Mn^{2+} 地下水试验

2.1.1　材料与试剂

稻壳原料（rice husk, RH）取自黑龙江省方正县，金黄色。

试验试剂：$FeSO_4 \cdot 7H_2O$、$MnSO_4 \cdot H_2O$、H_2SO_4、HNO_3、HCl、NaOH、啉啡罗琳、乙酸钠、高碘酸钾、焦磷酸钾、冰乙酸（天津科密欧化学试剂有限公司生产，均为分析纯）。

2.1.2　主要仪器设备

试验所用主要仪器设备见表 2-1。

表 2-1　试验主要仪器设备

仪器名称	仪器型号	生产厂家
电子天平	BS110S	北京赛多利斯科学仪器有限公司
原子吸收分光光度计	AA6800	日本岛津公司
电热鼓风干燥箱	101-1A	天津市泰斯特仪器有限公司
实验室 pH 计	PHSJ-3F	上海仪电（集团）有限公司
冷冻水浴恒温振荡器	SHA-EA	常州市国旺仪器制造有限公司
真空管式炉	OTF-1200X	合肥科晶材料技术有限公司
扫描电子显微镜	S-3400N	日本日立公司
比表面积与孔径分析仪	ASAP2020	美国麦克默瑞提克仪器有限公司
傅里叶变换红外光谱分析仪	Sepctrum One	美国珀金埃尔默仪器有限公司
X 射线光电子能谱分析仪	PHI 5700 ESCA	美国物理电子公司

2.1.3　分析项目与测定方法

1. 碳化稻壳制备与表征

稻壳经 20 目（0.841mm）筛网过滤去除米粒与泥沙等杂质，10% H_2SO_4浸泡 2h 后，去离子水洗涤至中性，于 110℃下烘 24h。将干燥后的稻壳装入半圆形刚玉瓷舟内，置于真空管式加热炉中，充氩气，以 10℃/min 升温，分别加热至 600℃、700℃、800℃，保温 4h，冷却后即得 3 种碳化稻壳（carbonized rice husk, CRH），分别记作 CRH600、CRH700、CRH800，颗粒大小为 20～120 目。

稻壳碳化前后表面形貌、比表面积及孔结构、物质成分、表面官能团的种类与含量分别采用 S-3400N 扫描电子显微镜、ASAP2020 比表面积与孔径分析仪、X 射线光电子能谱分析仪、傅里叶变换红外光谱分析仪与 Boehm 法[122]测定。

2. 碳化稻壳对 Fe^{2+}、Mn^{2+}的单因素静态吸附试验

采用批量法测定碳化稻壳对 Fe^{2+}、Mn^{2+}的吸附特性。在 150mL 锥形瓶中加入一定量的 Fe^{2+}、Mn^{2+}溶液（用 0.1mol/L HCl 与 0.1mol/L NaOH 调节溶液 pH 至所需）与碳化稻壳，置于水浴恒温振荡器内，以 120r/min 的速率振荡一定时间后取样，将样品混合液在 8000r/min 转速下离心 5min，取上清液过 0.45μm 混合纤维滤膜，分别采用邻菲啰啉分光光度法、高锰酸钾氧化分光光度法[123]测定 Fe^{2+}、Mn^{2+}浓度，即 $\rho(Fe^{2+})$、$\rho(Mn^{2+})$，标准曲线方程分别见式（2-1）和式（2-2），平衡吸附量计算公式见式（2-3）。

$$y = 0.1828x - 0.0075 \quad (R^2=0.9996) \tag{2-1}$$

$$y = 0.0383x + 0.0044 \quad (R^2=0.9991) \tag{2-2}$$

$$q_e = \frac{(C_0 - C_e)\cdot V}{M} \tag{2-3}$$

式中，x 为 Fe^{2+}、Mn^{2+}浓度，mg/L；y 为吸光度；q_e 为平衡吸附量，mg/g；C_0、C_e 为吸附开始与平衡时溶液中 $\rho(Fe^{2+})$或 $\rho(Mn^{2+})$，mg/L；V 为测定结束时待测样的溶解氧浓度，mg/L；M 为吸附剂用量，g。

单因素吸附试验操作条件见表 2-2。其中，Fe^{2+}试验浓度 20mg/L 为实际监测最高浓度，Mn^{2+}试验浓度 20mg/L 为综合考虑实际工程的放大效应、相关文献、吸附稳定性等因素确定。

表 2-2　单因素吸附试验操作条件

试验类型	pH	单一铁溶液		单一锰溶液		铁锰混合溶液	吸附剂投加浓度/(g/L)	反应时间/min	反应温度/℃
		ρ/(mg/L)	V/mL	ρ/(mg/L)	V/mL				
吸附剂筛选试验	7	20	50	20	50		8	120	10
						$\rho(Fe^{2+})$=20mg/L $\rho(Mn^{2+})$=20mg/L $V(Fe^{2+})$=50mL $V(Mn^{2+})$=50mL	8		
溶液 pH 筛选试验	1～8	20	100	20	100		10	120	10
吸附剂投加浓度筛选试验	7	20	100	20	100		1～15	120	10
吸附动力学试验	7	20	100				10	5～90	10
				20	100				
吸附等温线试验	7	5～40	100				6	60	10～25
				5～40	100		10		
吸附热力学试验	7	20	100				6	60	10～25
				20	100		10		

3. 碳化稻壳对 Fe^{2+}、Mn^{2+}的静态解吸试验

取 20mg/L Fe^{2+}溶液 100mL、20mg/L Mn^{2+}溶液 100mL，分别加入 6g、10g 碳

化稻壳，10℃水浴振荡2h，离心过滤，取滤液确定Fe^{2+}、Mn^{2+}饱和吸附量。将吸附饱和的碳化稻壳平分三份，分别置于0.1mol/L的100mL H_2SO_4、HCl、HNO_3溶液中，10℃水浴振荡2h，离心过滤，取酸滤液确定Fe^{2+}、Mn^{2+}解吸量，固体吸附剂用蒸馏水洗至中性，100℃烘干5h至恒重。重复上述操作，对碳化稻壳的吸附-解吸-再吸附过程进行循环利用研究，确定碳化稻壳循环利用次数，考察再生效果。

4. 碳化稻壳对Fe^{2+}、Mn^{2+}的动态吸附试验

动态吸附试验操作条件见表2-3。

表2-3　动态吸附试验操作条件

序号	因素	pH	Fe^{2+}浓度/(mg/L)	Mn^{2+}浓度/(mg/L)	流速/(mL/min)	吸附剂装柱高度/cm
1	流速的影响	7	20	20	5、10、15、20	28
2	吸附剂装柱高度的影响	7	20	20	1确定的最优值	7、14、21、28
3	共存离子的影响	7	20	0、2、5、10、20	1确定的最优值	2确定的最优值
			0、2、5、10、20	20		

采用Origin8.1对试验数据进行拟合与分析，对三组平行试验结果取平均值，标准偏差以误差形式表示。

2.1.4　数据模型

1. 静态吸附动力学模型

为全面探讨碳化稻壳吸附铁、锰离子的吸附动力学特征，确定最适合描述此吸附过程的动力学模型。下面选用四种动力学模型对试验数据进行非线性拟合分析[124]。

（1）Lagergren（拉格尔格伦）一级动力学方程式。微分方程式为

$$\frac{\mathrm{d}q_t}{\mathrm{d}t} = k_1(q_e - q_t) \tag{2-4}$$

微分方程的边界条件为：t=0，q_t=0；t=t，$q_t = q_e$

对式（2-4）积分、重排得

$$\ln(q_e - q_t) = \ln q_e - k_1 t \tag{2-5}$$

式中，q_e、q_t 分别为平衡以及任意时刻的吸附量，mg/g；k_1 为 Lagergren 一级动力学方程的吸附速率常数，min^{-1}；t 为吸附时间，min。

$\ln(q_e - q_t)$ 与 t 若为线性关系，表明其吸附机理符合 Lagergren 一级动力学方程式，该方程式仅在吸附开始阶段适用，不适用于整个吸附过程。

（2）Lagergren 二级动力学方程式。假设吸附速率由吸附剂表面未被占有的吸附空位数所决定，基于固体吸附量的 Lagergren 二级动力学方程式可用来描述整个过程，包括液膜扩散（外部扩散）、表面吸附与颗粒内扩散等，微分方程式为

$$\frac{\mathrm{d}q_t}{\mathrm{d}t} = k_2(q_e - q_t)^2 \tag{2-6}$$

微分方程的边界条件为：t=0，q_t=0；t=t，$q_t = q_e$

对式（2-6）积分、重排得

$$\frac{t}{q_t} = \frac{1}{k_2 q_e^2} + \frac{t}{q_2} \tag{2-7}$$

则初始吸附速率：

$$h = k_2 q_e^2 \tag{2-8}$$

式中，q_e、q_t 分别为平衡以及任意时刻的吸附量，mg/g；k_2 为 Lagergren 二级动力学方程的吸附速率常数，g/(mg·min)；h 为初始吸附速率，mg/(g·min)。

（3）Elovich（叶洛维奇）动力学方程式。由 Elovich 在 20 世纪 30 年代提出，

方程式反映出随吸附量的增加，吸附速率呈指数下降的趋势，数学表达式为

$$q_t = \frac{\ln(\alpha\beta) + \ln t}{\beta} \tag{2-9}$$

式中，α 为 Elovich 模型初始吸附速率，g/(mg·min)；β 为 Elovich 模型解吸速率常数，g/mg。

（4）粒子内扩散方程式。

$$q_t = k_{\text{int}} t^{1/2} + C \tag{2-10}$$

式中，q_t 为平衡以及任意时刻的吸附量，mg/g；k_{int} 为准二级方程的吸附速率常数，g/(mg·min)；C 为粒子内扩散方程式常数。

如果吸附过程符合颗粒内扩散方程，由 q_t - $t^{1/2}$ 作图，可得一条直线，其斜率即为颗粒内扩散速率常数，否则吸附过程由两个或多个步骤控制。

2. 静态吸附等温线模型

为建立溶液中平衡吸附量与溶液平衡浓度之间的关系，推断吸附机理，常以等温线模型描述吸附行为，选择以下四种吸附等温线模型对试验数据进行非线性拟合[63]。

（1）Langmuir（朗缪尔）模型。适用于理想光滑均匀表面的单分子层吸附，其表达式为

$$q_{\text{e}} = bq_{\text{m}}C_{\text{e}} / (1 + bC_{\text{e}}) \tag{2-11}$$

（2）Freundlich（弗罗因德利希）模型。适用于非均相吸附体系、非均匀表面的多分子层吸附，其表达式为

$$q_{\text{e}} = K_{\text{F}} C_{\text{e}}^{1/n} \tag{2-12}$$

（3）Temkin（特姆金）模型。适用于结合能分布均匀的吸附，其表达式为

$$q_{\text{e}} = A + B\ln C_{\text{e}} \tag{2-13}$$

（4）Langmuir-Freundlich 模型。适用于当溶液浓度覆盖范围较大时，吸附行为既不能用 Langmuir 模型描述又不能用 Freundlich 模型描述的吸附，其表达式为

$$q_{\mathrm{e}} = bq_{\mathrm{m}}C_{\mathrm{e}}^{1/n} / (1 + bC_{\mathrm{e}}^{1/n}) \tag{2-14}$$

式中，q_{e} 为单位质量吸附剂对溶质的平衡吸附量，mg/g；C_{e} 为平衡时溶液中剩余吸附质浓度，mg/L；q_{m} 为饱和吸附量，mg/g；b 为 Langmuir 常数，L/mg；n, K_{F} 为 Freundlich 常数，当 $n>1$ 时，表明吸附容易进行，当 $n=1$ 时，吸附是不可逆的，当 $0.5 \leqslant n < 1$ 时，吸附易于进行，当 $n<0.5$ 时，吸附难以进行[125]；A, B 为 Temkin 常数。

3．静态吸附热力学模型

平衡吸附常数式：

$$K_d = \frac{q_{\mathrm{e}}}{C_{\mathrm{e}}} \tag{2-15}$$

式中，q_{e} 为单位质量吸附剂对溶质的平衡吸附量，mg/g；C_{e} 为平衡时溶液中剩余吸附质浓度，mg/L；K_d 为平衡解离常数，即固液相平衡浓度比，g/L。

热力学关系式：

$$\ln K_d = \frac{\Delta H}{-RT} + \frac{\Delta S}{R} \tag{2-16}$$

式中，R 为热力学常数，取 8.314J/(K·mol)；T 为绝对温度。

对式（2-16）中 $\ln K_d$ 与 $1/T$ 作线性回归，根据其斜率、截距计算吸附焓（ΔH，J/mol）、吸附熵［ΔS，J/(K·mol)］，应用范托夫（van’t Hoff）方程（2-17）求出吉布斯（Gibbs）自由能变（ΔG，J/mol）[126]。

$$\Delta G = \Delta H - T\Delta S \tag{2-17}$$

4. 动态吸附模型

近年，亚当斯-博哈特（Adams-Bohart）模型与 Thomas 模型常被用来预测基于生物与非生物材料吸附金属离子的过程[127, 128]。

Adams-Bohart 模型：

$$\ln\left(\frac{C_t}{C_0}\right)=k_{AB}C_0t-k_{AB}N_0\frac{H}{W} \tag{2-18}$$

式中，C_0、C_t 分别为进水、出水中溶质浓度，mg/L；t 为运行时间，min；k_{AB} 为动力学常数，L/（mg·min）；N_0 为 Fe^{2+} 或 Mn^{2+} 吸附饱和的浓度，mg/L；H 为吸附剂装柱高度，cm；W 为溶液流动速率，cm/min。

Thomas 模型：

$$\ln\left(\frac{C_0}{C_t}-1\right)=\frac{k_{Th}q_0m}{Q}-k_{Th}C_0t \tag{2-19}$$

式中，k_{Th} 为 Thomas 模型常数，mL/(min·mg)；q_0 为动态吸附能力，mg/g；m 为吸附柱内吸附剂的质量，g；t 为吸附开始至结束的整个溶液流出时间，min。

2.2　碳化稻壳-生物菌耦合净化严寒村镇 Fe^{2+} 与 Mn^{2+} 地下水试验

2.2.1　优势菌种与菌悬液

采集黑龙江省红旗农场地下水井周围泥样，进行菌株分离-初筛-复筛，确定对铁锰降解率最高的优势菌株，经 16SrDNA 测序鉴定为巨大芽孢杆菌（*Bacillus megaterium*，Genbank 登录号为 KP241857）。图 2-1 为该菌株在培养基中的菌落形态图。

用接种环挑取一环优势菌株置于盛有 5mL 蛋白胨酵母膏改良培养基（protein

yeast complete medium，PYCM）的锥形瓶中，在10℃下，以125r/min的振荡速度放入空气恒温振荡器内活化12h，取活化后的菌液以体积分数1%的比例置于盛有PYCM改良培养基的锥形瓶中，以同样条件培养24h后，以4500r/min离心10min，弃去上清液，用无菌生理盐水清洗3次，然后重悬于pH为7.0的HEPES缓冲液（主要成分是羟乙基哌嗪乙硫磺酸，2-[4-(2-hydroxyethyl)-1-piperazinyl] ethanesulfonic acid, HEPES），制得菌悬液，取1mL的菌悬液用平板稀释计数法确定菌悬液的含菌浓度。按照试验所需菌悬液浓度进行稀释。其中，PYCM改良培养基成分如下：蛋白胨0.5g，葡萄糖0.3g，酵母浸膏0.2g，$MnSO_4 \cdot H_2O$ 0.2g，K_2HPO_4 0.1g，$MgSO_4 \cdot 7H_2O$ 0.2g，$NaNO_3$ 0.2g，$CaCl_2$ 0.1g，$(NH_4)_2CO_3$ 0.1g，柠檬酸铁铵0.8g。定容至1000mL，pH为6.8～7.2。

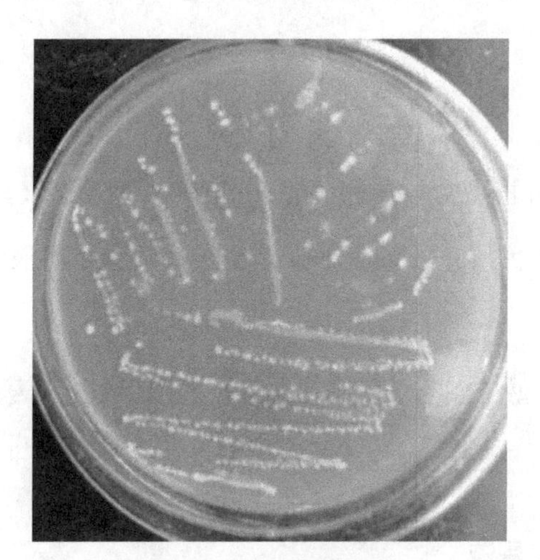

图2-1　优势菌落形态

2.2.2　试验装置与试验用水

试验装置如图2-2所示，由贮水池、菌液池、中间水池、出水池及两个滤柱串联而成，根据式（1-1）计算可得滤柱Ⅰ所需$[O_2]$=1.10～4.97mg/L，因采用跌水曝气，故滤柱Ⅰ顶部预留足够空间。滤柱Ⅰ、Ⅱ高分别为3300mm、2200mm，内径均为 80mm。滤柱Ⅰ、Ⅱ自上至下依次填装 1300～1500mm 滤料与 80～100mm 鹅卵石与锰砂混合承托料。滤柱Ⅰ、Ⅱ滤料分别为碳化稻壳颗粒（CRH600，20～120 目）与载银活性炭颗粒（5～10 目）。滤柱Ⅱ用于去除滤柱Ⅰ出水的残余铁锰与微生物。试验水温通过制冷机控制在 15～17℃（此温度设定主要考虑铁锰氧化菌的活性）。

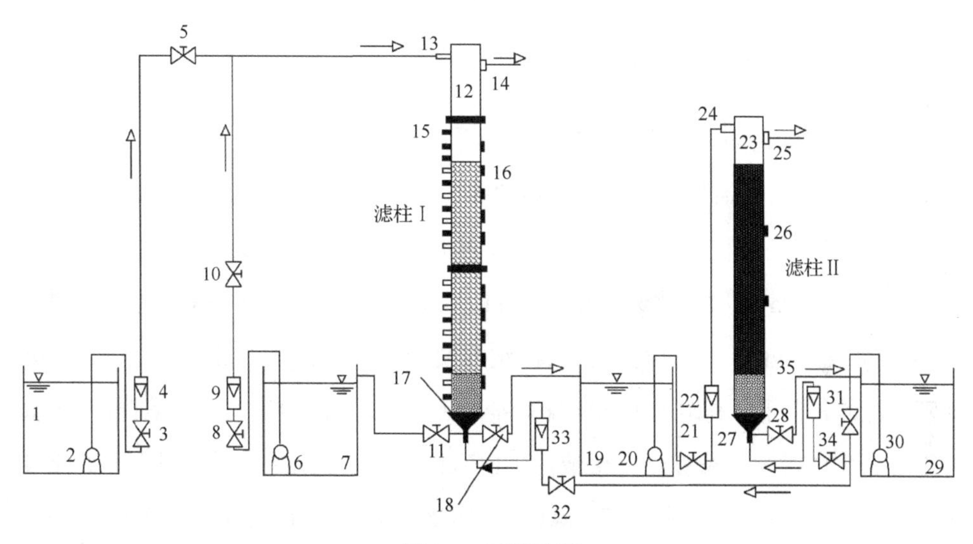

图 2-2　试验装置

1.贮水池（特殊时期兼曝气池）；2.滤柱进水潜水泵；3.滤柱进水控制阀门Ⅰ；4.滤柱进水流量计；5.滤柱进水控制阀门Ⅱ；6.菌液进水潜水泵；7.菌液池；8.菌液进水控制阀门Ⅰ；9.菌液进水流量计；10.菌液进水控制阀门Ⅱ；11.菌液出水控制阀；12.滤柱；13.滤柱进水口；14.滤柱溢流口；15.滤柱取样口；16.滤柱取料口；17.滤柱出水口；18.滤柱出水控制阀门；19.中间水池；20.滤柱进水潜水泵；21.滤柱进水控制阀门；22.滤柱进水流量计；23.滤柱；24.滤柱进水口；25.滤柱溢流口；26.滤柱取料口；27.滤柱出水口；28.滤柱出水控制阀门；29.出水池；30.反冲洗潜水泵；31.反冲洗总控制阀门；32.滤柱反冲洗控制阀门；33.滤柱反冲洗流量计；34.滤柱反冲洗控制阀门；35.滤柱反冲洗流量计

试验用水为静置 24h 以上的自来水配制的 $FeSO_4$ 与 $MnSO_4$ 混合溶液。其中，Fe^{2+}、Mn^{2+}质量浓度分别为 3.95～18.54mg/L、0.57～2.28mg/L，pH 为 6.8～7.2，用以模拟典型的高铁锰地下水。为保证巨大芽孢杆菌（*Bacillus megaterium*）的活性，控制温度介于 15～17℃。

2.2.3 分析项目与测定方法

根据《水和废水监测分析方法（第四版）》[123]，进出水 Fe^{2+}质量浓度、Mn^{2+}质量浓度、菌浓度的测定分别采用邻菲罗啉分光光度法、高碘酸钾氧化分光光度法、平板法，Fe^{2+}、Mn^{2+}质量浓度标准曲线方程分别见式（2-1）、式（2-2）。

1. 装置启动与稳定运行

滤柱Ⅰ启动初期，首先让优选的碳化稻壳快速达到铁锰吸附饱和状态，以评价接种的生物菌群除铁锰作用，随后将高浓度（4.0×10^9CFU/mL）（CFU 为菌落形成单位）铁锰氧化菌液注入滤柱Ⅰ，浸泡滤料 1d，控制滤速 2m/h，循环运行 4d，在 7d、13d、19d 分别将滤速提高至 3m/h、4m/h、5m/h，反冲洗强度相应提高至 $4L/(s\cdot m^2)$、$6L/(s\cdot m^2)$、$8L/(s\cdot m^2)$，反冲洗周期 2d（每次冲洗 3min），在无培养基、低营养源的条件下，利用地下水自身营养，低滤速驯化培养富集功能菌群，考察滤柱Ⅰ进出水铁锰质量浓度，直至滤柱Ⅰ出水铁锰浓度达标并稳定，实现反应器的快速启动。第 25d，进出水暂停，滤柱Ⅰ用进水浸泡 6d，待第 32d 以 2m/h 滤速低速启动，考察滤柱抗冲击能力与稳定性。滤柱Ⅱ始终控制滤速 5m/h，反冲洗强度 $8L/(s\cdot m^2)$，反冲洗周期 2d（3min），考察滤柱Ⅱ进出水铁锰质量浓度与细菌数量。

2. Fe^{2+}、Mn^{2+}氧化去除机理

（1）Fe^{2+}去除机理。

基于接触氧化法与生物法，待滤柱Ⅰ启动成功后，分别考察不同滤速条件下滤柱Ⅰ中每天进出水、各滤层沿程（自上而下 20cm、40cm、60cm、80cm、100cm、120cm、140cm）出水的 Fe^{2+}浓度与总 Fe 浓度。试验条件控制如下：反冲洗强度、时间、周期分别为 $10L/(s\cdot m^2)$、2min、2d，进水总 Fe 浓度分别为 2mg/L、5mg/L、

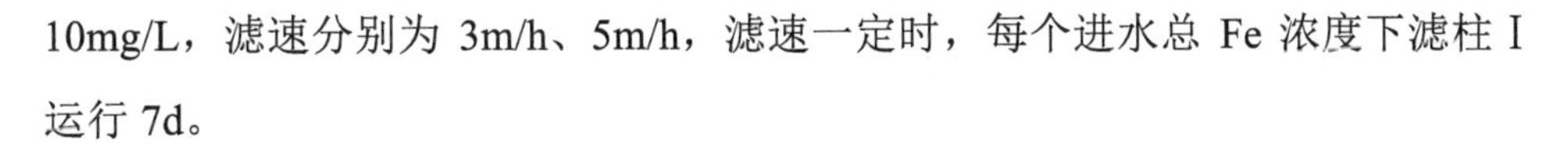

10mg/L，滤速分别为 3m/h、5m/h，滤速一定时，每个进水总 Fe 浓度下滤柱 I 运行 7d。

（2）Mn^{2+}去除机理。

采用扫描电子显微镜-X 射线能谱仪（scanning electron microscope-energy dispersive X-ray spectroscopy, SEM-EDX）分析滤柱成功启动后 30cm 深度处滤料与反冲洗水的微生物及铁锰氧化物附着情况。采用傅里叶变换红外光谱仪（Fourier transform infrared spectrometer, FTIR）对原始碳化稻壳与成熟滤料进行分析，进一步确定滤料表面附着的片层状或颗粒结构物质[129]。采用 X 射线光电子能谱（X-ray photoelectron spectroscopy, XPS）对反冲洗泥样进行分析，明确滤料表面元素价态[129]。采用拉曼（Raman）光谱分析不同运行时间条件下滤柱中 30cm 深度处的滤料，明确 MnO_x 的物相组成[129]。自滤柱成功启动 15d 后对不同运行时间的滤料表面与反冲洗中的水钠锰矿进行电子顺磁共振（electron paramagnetic resonance, EPR）分析[130]，明确 Mn^{2+}去除机理。

3. 运行参数对生物除铁锰影响效应

（1）反冲洗强度的影响。考察下述 3 种情况下，滤柱对 Fe^{2+}、Mn^{2+}与浊度的去除效果：在反冲洗时间 3min、反冲洗强度为 8L/(s·m^2)条件下，反冲洗周期设定为 24h、48h、72h；在反冲洗时间 3min、过滤周期 48h 条件下，反冲洗强度设定为 8L/(s·m^2)、10L/(s·m^2)、12L/(s·m^2)；在过滤周期 48h、反冲洗强度为 10L/(s·m^2)条件下，反冲洗时间设定为 3min、5min、7min。

（2）滤速的影响。试验滤柱滤速自 5m/h 起，以 1m/h 幅度逐一提高，保证某一滤速阶段出水合格并稳定运行 7d，直至出水超标滤速不再提升。为保证高滤速的运行，需要不断调整反冲洗周期与强度。

4. 特定进水锰浓度梯度下进水总铁浓度对生物除铁锰影响效应

以成熟滤柱Ⅰ为研究对象，配制进水总 Fe 浓度分别为 0.6mg/L、2mg/L 与 10mg/L，在每个总 Fe 浓度下，Mn^{2+}浓度自 1mg/L 起以 1mg/L 梯度逐渐提升，每天测定进水、出水中的总 Fe 与 Mn^{2+}浓度，考察特定进水锰浓度梯度下进水总 Fe 浓度对铁锰的去除能力。试验条件控制如下：滤速 5m/h，反冲洗强度、时间、周期分别为 $10L/(s \cdot m^2)$、2min、2d。进水总 Fe 浓度确定后，每个进水 Mn^{2+}浓度下滤柱Ⅰ运行 12d。

2.3 HCPA-UF-MBR 工艺净化严寒村镇高有机物高氨氮地表水试验

凹凸棒土取自江苏盱眙，形态为超细粉末，灰白色，粒径为 200 目，主要成分为镁铝酸盐，含有 37%的杂质石英，压实堆积密度为 0.80～0.90g/mL，阳离子交换容量为 18.67mmol/100g，BET 比表面积为 $138.16m^2/g$，pH 为 6.5～8.0。采用充分水化（固液比为 5∶95）与强力搅拌（转速 10000r/min，10min）提纯至纯度为 90%，提纯后的凹凸棒土简写为 PA。

2.3.1 试验装置与运行参数

设置 UF-MBR、HCPA-UF-MBR 两个平行工艺，HCPA-UF-MBR 试验装置如图 2-3 所示，有效容积均为 4L，UF 膜组件如图 2-3 中 3 所示，PVDF 中空纤维膜实物如图 2-4 所示，基本参数见表 2-4。

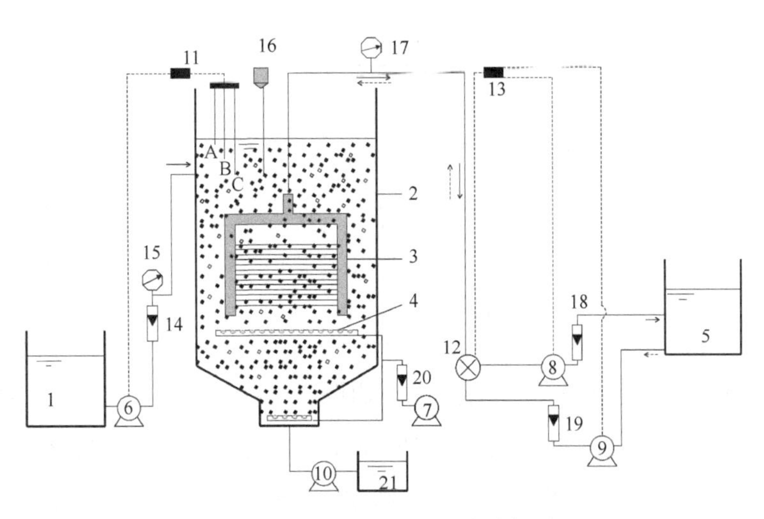

图 2-3　HCPA-UF-MBR 试验装置

1.配水箱；2.HCPA-UF-MBR 反应器；3.UF 膜组件；4.曝气管；5.清水箱；6.进水泵；7.空气泵；8.抽水泵；9.反冲洗泵；10.排泥泵；11.液位传感器；12.三通电磁阀；13.时间继电器；14.进水流量计；15.进水压力表；16.投药斗；17.出水/反冲洗压力表；18.出水流量计；19.反冲洗流量计；20.气体流量计；21.贮泥池；A.上限水位探头；B.下限水位探头；C.最低水位探头

图 2-4　PVDF 中空纤维膜实物图

表 2-4 膜组件的基本参数

参数	内容	参数	内容
膜材料	聚丙烯中空纤维膜	尺寸	12cm×620 根
膜孔径/μm	0.02～0.2	膜面积/m^2	0.089
外径/μm	380	截留分子量	50000～80000
内径/μm	280	孔隙率/%	40～50

该装置可实现自动运行，进水泵 6 的启停通过液位传感器 11 控制。当反应器 2 的水位达到设定的上限水位（即 A 处）时，进水泵停止进水；当反应器 2 的水位达到设定的下限水位（即 B 处）时，进水泵 6 开始进水；而当反应器 2 的水位达到设定的最低水位（即 C 处）时，整个系统将停止运行，检查进水故障。系统抽吸出水与反冲洗的转换通过时间继电器 13 控制，当抽吸出水时间达到设定的时间时，抽水泵 8 停止运行，此时反冲洗泵 9 自动开启，并利用反应器 2 的出水进行反冲洗。出水/反冲洗压力表 17 装在 UF 膜组件 3 的出口处，用以表征系统运行过程中 UF 膜组件 3 的跨膜压差（TMP）变化。在反应器膜组件的正下方安装双排曝气管 4，反应器在运行中始终曝气，以防止凹凸棒土沉淀，使污泥混合液充分混合，并为系统微生物提供溶解氧。此外，曝气使膜丝不停摆动，在膜表面产生一定的剪切力与水力冲刷作用，使污染物黏附膜表面的概率减小，从而降低膜丝表面所形成滤饼层的密实度，这在一定程度上减缓了膜通量下降的速率，减轻了膜污染程度。

试验中 UF-MBR、HCPA-UF-MBR 两系统共用一个进水箱，以保证进水水质相同；出水箱独立，以避免两系统互相影响。初始接种活性污泥浓度为 2000mg/L，运行时间为 103d，期间除了正常水样测试外不进行专门排泥。从理论上讲，MBR 的污泥停留时间（sludge retention time, SRT）无限长[131]，但为了保证 MBR 中 HCPA 浓度恒定，每次取样后需补充等量的 HCPA。运行时每抽吸出水 28min[22L/(h·m^2)]

后反冲洗 3min［55L/(h·m^2)］，当 TMP≥0.055MPa 时，进行膜清洗。处理水量为 2L/h，水力停留时间（hydraulic retention time, HRT）为 6h。调节气体流量计保证反应器内通气量 5.5L/min，对应水气比 500[132]，溶解氧浓度为 6～7mg/L。反应器的周围有一个套筒（反应器、套筒均为有机玻璃材质），在套筒和反应器外壁之间的环形空间内装有冷却水，冷却水通过空气压缩机进行制冷，试验温度为 10℃。

2.3.2　污泥驯化与试验用水

本试验采用接种方式使反应器快速启动，接种的活性污泥取自哈尔滨市某污水处理厂二次沉淀池的回流污泥。活性污泥用稀释的生活污水模拟天然微污染水源水进行曝气培养，每曝气 2d 进行 3h 的静置，然后去除上清液，换水继续进行培养，活性污泥驯化一个月后达到成熟。取定量活性污泥放入 UF-MBR、HCPA-UF-MBR 两反应器内，保证混合液悬浮固体（mixed liquor suspended solids, MLSS）浓度分别为 3200～3400mg/L、23000～23400mg/L（PA 投加 20g/L），混合液活性污泥中有机性固体物质［即混合液挥发性悬浮固体（mixed liquor volatile suspended solids, MLVSS）］浓度均为 600～700mg/L。试验启动前期仍采用稀释的生活污水作为反应器的进水。同时，为保证进水 NH_4^+-N 和有机物浓度，试验中后期的进水采用松花江原水加入定量 NH_4Cl、底泥腐殖酸（humic acid, HA）、生物易降解的有机碳源葡萄糖配制（各项指标值见表 2-5），保证反应器混合液中微生物的生长繁殖过程不受贫营养环境的限制，还可促使生物易降解有机物与反应器内积累的生物难降解有机物产生共代谢效应[133]，进而发掘活性污泥潜能。

表 2-5　试验期间装置进水水质

运行时间/d	NH_4^+-N/(mg/L)	高锰酸盐指数/(mg/L)	色度/度	NO_2^--N/(mg/L)	NO_3^--N/(mg/L)
1～7（前）	13.44～13.60	12.17～12.74	49.23～50.50	6.205～9.39	0.73～0.90
8～84（中）	6.60～7.60	5.76～6.95	37.30～47.43	0.0016～0.011	0.022～0.20
85～103（后）	2.26～3.07	3.66～4.07	33.63～46.13	0.0016～0.031	0.022～0.48

2.3.3　分析项目与测定方法

1. 主要常规项目

按照《水和废水监测分析方法（第四版）》中的标准方法[123]，分析项目与测定方法见表 2-6。

表 2-6　水质分析项目及其测定方法

编号	分析项目	测定方法	分析仪器
1	NH_4^+-N	纳氏试剂分光光度法	紫外/可见分光光度计
2	NO_2^--N	N-(1-萘基)-乙二胺光度法	紫外/可见分光光度计
3	NO_3^--N	紫外分光光度法	紫外/可见分光光度计
7	色度	紫外分光光度法	紫外/可见分光光度计
8	MLSS、MLVSS	重量法	202-O 型电热恒温干燥箱
9	DO	膜电极法	HQ30d 溶解氧测定仪
10	温度	膜电极法	HQ30d 溶解氧测定仪所带温度计
11	总有机碳	催化燃烧法	日本岛津 TOC-VCPN 分析仪

NH_4^+-N、NO_2^--N、NO_3^--N 浓度与吸光度间的标准曲线见图 2-5，其浓度与吸光度值关系方程见下式：

$$y=5.3923x-0.1974\ (R^2=0.9995) \tag{2-20}$$

$$y=0.0151x+0.00002\ (R^2=0.9998) \tag{2-21}$$

$$y=0.3044x+0.0001\ (R^2=0.9999) \tag{2-22}$$

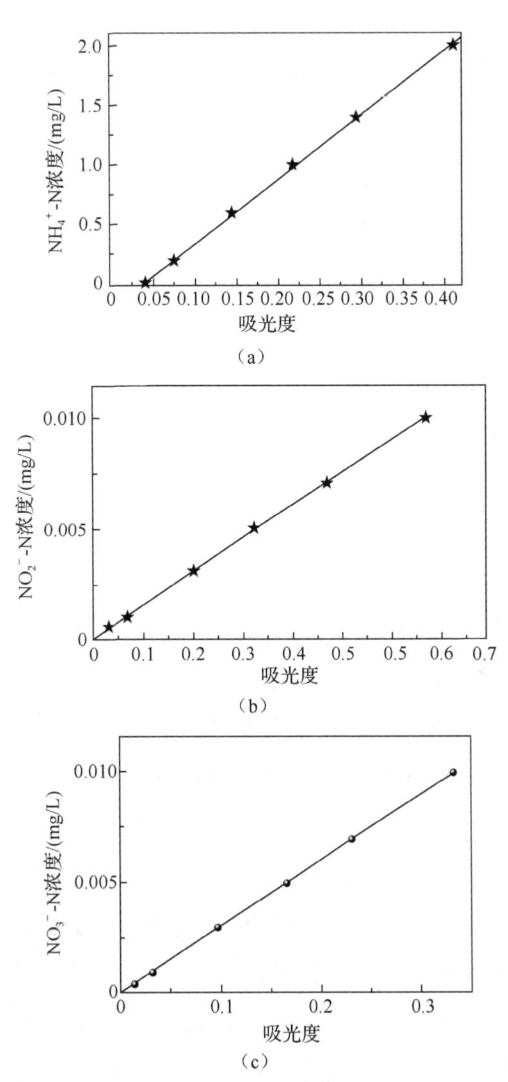

图 2-5　NH_4^+-N、NO_2^--N、NO_3^--N 浓度与吸光度间的标准曲线

2. 活性污泥的测定方法

污泥生物活性评价指标为污泥耗氧速率（oxygen utilization rating, OUR），即单位体积污泥中的微生物对溶解氧的消耗速率。OUR 测试过程简单且经济方便，

测试装置如图 2-6 所示，反应瓶 3 与溶解氧仪 7 之间用胶塞 5 密封，磁力搅拌器 1 可使反应瓶内的待测液混合均匀。

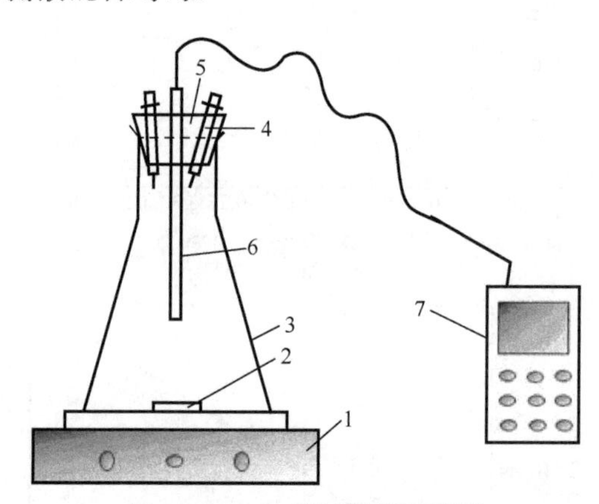

图 2-6　OUR 测试装置示意图

1.磁力搅拌器；2.转子；3.反应瓶；4.$NaClO_3$ 与 ATU 的加入口；5.胶塞；6.溶解氧仪探头；7.溶解氧仪

具体操作步骤叙述如下：①取一定量经浓缩后的污泥混合液于反应瓶中。②以 MBR 的进水作为基质，对基质进行充分曝气，并根据需要的浓度在反应瓶中加入相应体积的基质。③将溶解氧仪与反应瓶密封好，打开磁力搅拌器和溶解氧仪，当溶解氧浓度达到 6～7mg/L 时开始记录溶解氧随时间的变化，此时所得到的耗氧速率为污泥总耗氧速率。④当反应时间 t=3min 时，向反应瓶中加入一定量的氯酸钠（$NaClO_3$）以抑制硝酸细菌的活性，同时测污泥的耗氧速率，由③所得耗氧速率与该耗氧速率的差值为污泥硝化细菌的活性。⑤当反应时间 t=6min 时，向反应瓶中加入一定量的丙烯基硫脲（allyl thiourea, ATU）以抑制亚硝化细菌的活性，同时测定污泥的耗氧速率，由④所得的耗氧速率与该耗氧速率的差值为亚硝化细菌的活性，由④、⑤所得耗氧速率之和为污泥的亚硝化细菌的总硝化活性。⑥测定试验中所测污泥混合液的浓度。该方法对污泥硝化活性的测量结果与反应器内硝化反应的实际情况相当吻合[134]。OUR 按式（2-23）进行计算：

$$\mathrm{OUR} = \frac{\mathrm{DO}_0 - \mathrm{DO}_t}{\Delta t \times C} \tag{2-23}$$

式中，OUR为耗氧速率，$mg(O_2)/(g(MLSS)\cdot min)$；$DO_0$为待测样的初始溶解氧浓度，mg/L；$DO_t$为测定结束时待测样的溶解氧浓度，mg/L；$\Delta t$为测定两次溶解氧的时间间隔，min；$C$为测定装置反应瓶中的污泥混合液的浓度，g(MLSS)/L。

3. 污泥混合液粒径分布测定方法

试验运行过程中，定期从两反应器中取等量的污泥混合液，缓慢摇匀后，采用美国Microtrac-S3500激光粒度仪测定，通过分析污泥混合液颗粒的衍射或散射光的空间分布（散射谱）来计算颗粒大小及其粒径分布。

4. 污泥混合液Zeta电位测定方法

从两反应器中取适量且等量的污泥混合液，以n=1500r/min的转速离心3min，取其上清液，采用英国Malvern Nano-ZS纳米粒度与Zeta电位分析仪进行测定。

5. 污泥混合液与膜表面微观特征

采用Spectrum One傅里叶变换红外光谱仪对UF-MBR、HCPA-UF-MBR两工艺的进水、污泥混合液、膜表面滤饼层化合物的结构进行分析。测定前样品需进行预处理，将连续运行一段时间后污染严重的膜组件从反应器中取出，用蒸馏水反复冲洗膜组件，并将膜组件浸泡在蒸馏水中搓洗，收集洗脱液；而后取定量洗脱液、进水、污泥混合液放在40℃的恒温干燥箱中烘干，制成固体粉末，保存待测。

采用日本FP-6500荧光光谱仪测定UF-MBR、HCATP-UF-MBR两工艺的进水、污泥混合液、出水中各元素的特征X射线强度，从而获取各元素的含量信息。

采用 S-3400N 扫描电子显微镜对新膜、污染膜、各种方法清洗后的膜丝进行观察，膜丝需经自然干燥。

2.4 热改性凹凸棒土净化严寒村镇嗅味地表水试验

2.4.1 材料与试剂

使用甲醇为溶剂分别配制浓度为 10mg/L 的 2-甲基异冰片（2-MIB）和土臭素（GSM）的储备溶液，放置于 20℃冰箱保存。用超纯水稀释上述甲醇溶液制备 1mg/L 的培养基储备液，并将其储存于 4℃冰箱中。采用顶空固相微萃取-气相色谱/质谱法分析 2-MIB 和 GSM 浓度。凹凸棒土（attapulgite，ATP）购自中国江苏盱眙。ATP 在电鼓风干燥箱（ΔHG-9146，中国）中以 300℃加热 2.5h，得到加热改性后的凹凸棒土，命名为 T-ATP，然后储存于干燥器中以供使用。表 2-7 显示了含嗅味水体的主要水质指标。

表 2-7 含嗅味水体的主要水质指标

浊度/NTU	GSM 浓度/(ng/L)	2-MIB 浓度/(ng/L)	pH	色度/度
15	200	200	6.90	5

2.4.2 主要仪器设备

使用荷兰帕纳科 PW4000 型 X 射线衍射（X-ray diffraction, XRD）仪分析 ATP 和 T-ATP 的化学组分。采用 Spectrum One 傅里叶变换红外光谱仪（FTIR）测定 ATP 和 T-ATP 的化学官能团。采用 ASAP2020 比表面积与孔径分析仪测定 ATP 和 T-ATP 的比表面积与孔径分布。

2.4.3　分析项目与测定方法

将 0.1g T-ATP 分别加入 100mL 2-MIB 和 GSM 溶液中，使用 0.01mol/L HCl 和 0.01mol/L NaOH 调节溶液 pH 由 2 至 12，振荡 24h（160r/min，25℃）后，研究 pH 因素对 T-ATP 吸附 2-MIB 和 GSM 的影响。

将 0.1g T-ATP 分别加入 100mL 2-MIB 和 GSM 溶液中，设置溶液 pH 为 6.95，盖紧瓶盖，立即放入温度振荡器培养箱。设置温度梯度为 5℃、10℃、20℃、30℃、40℃和 50℃，并在上述条件下振荡 24h（160r/min）后取样分析，研究温度对 T-ATP 吸附 2-MIB 和 GSM 的影响。

其中，标准吉布斯自由能（ΔG^0）由式（2-24）和式（2-25）计算得出[135]：

$$\Delta G^0 = -RT\ln k_0 \tag{2-24}$$

$$\ln k_0 = -\Delta H^0 / RT + \Delta S^0 / R \tag{2-25}$$

式中，R 是气体常数，8.314J/(mol·K)；T 是绝对温度（K）；k_0 是平衡常数，标准焓变（ΔH^0）和标准熵变（ΔS^0）与 k_0 相关。

将 0.1g T-ATP 分别加入 100mL 2-MIB 和 GSM 溶液中，设置溶液 pH 为 6.95，盖紧瓶盖，立即放入温度为室温的振荡器培养箱中。设置振荡速度为 40r/min、60r/min、100r/min、120r/min、160r/min 和 180r/min，并在上述条件下振荡 24h 后取样分析，研究水力条件对 T-ATP 吸附 2-MIB 和 GSM 的影响。

将 0.1g T-ATP 分别加入 100mL 2-MIB 和 GSM 共存的溶液中，设置溶液 pH 为 6.95，盖紧瓶盖，立即放入温度为室温的振荡器培养箱中。在 160r/min 条件下振荡 24h 后取样分析，研究 T-ATP 对 2-MIB 和 GSM 二者共存时的竞争吸附影响。

基于上述所确定的吸附试验条件，采用批量法测定 T-ATP 对 GSM 的吸附特性。在 10～500mg（对应浓度 0.1～5g/L）范围内改变 T-ATP 添加量，将其分别加入 100mL 的 GSM 稀释溶液中，以评估 T-ATP 对 GSM 的吸附等温和吸附动力学特征曲线。设置取样时间间隔为 40min，并将所取样品的混合液在 4000r/min 转速下离心 30min，取上清液过 0.45μm 微孔滤膜待测。

上述试验结束后，采用 Lagergren 一级吸附动力学模型［见式（2-5）］和 Lagergren 二级吸附动力学模型［见式（2-7）］评估 T-ATP 吸附动力学特性[136,137]；采用 Langmuir 模型［见式（2-11）］、Freundlich 模型［见式（2-12）］和 Temkin 模型［见式（2-13）］揭示其吸附热力学特性[138-141]。

2.5 凹凸棒土-稳定塘净化严寒村镇生活污水试验

2.5.1 试验装置与流程

凹凸棒土-稳定塘工艺装置如图 2-7（a）所示，兼性塘反应器、好氧塘反应器和曝气装置俯视图如图 2-7（b）所示。向兼性塘接种厌氧菌种污泥，向好氧塘接种好氧菌种污泥。初始污泥质量浓度均为 3500～4000mg/L，通过微生物代谢分解有机物，其中接种污泥来自黑龙江省哈尔滨市某污水处理厂。向两反应器中投加自制的球形多孔凹凸棒土填料，孔径 0.4～0.8mm，球径 6.5～8.5mm，投加量均为 30g/L，以期增强稳定塘工艺对低温生活污水的净化效能。其中凹凸棒土选自江苏盱眙（粒径小于 200 目，比表面积为 159m^2/g。试验运行阶段，模拟的低温生活

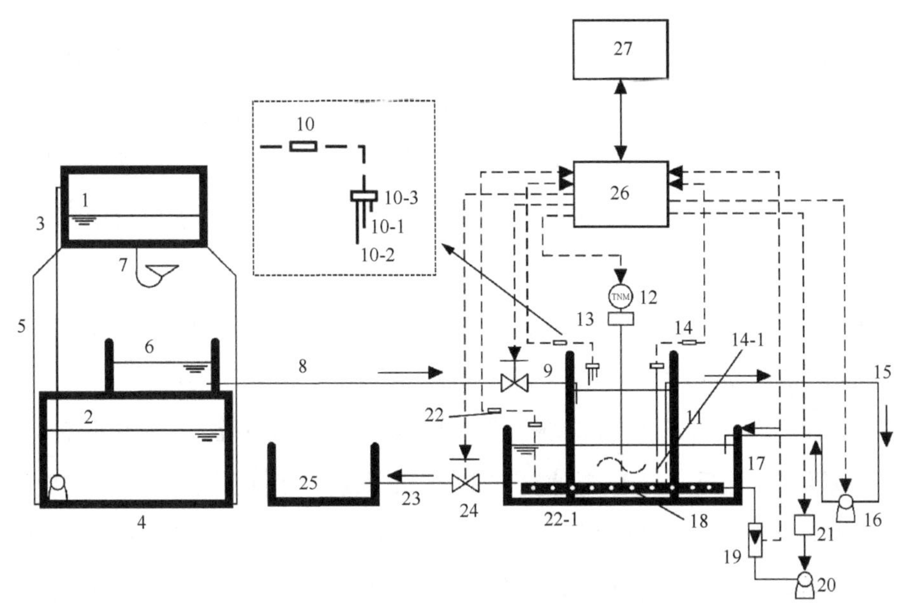

（a）凹凸棒土-稳定塘工艺装置

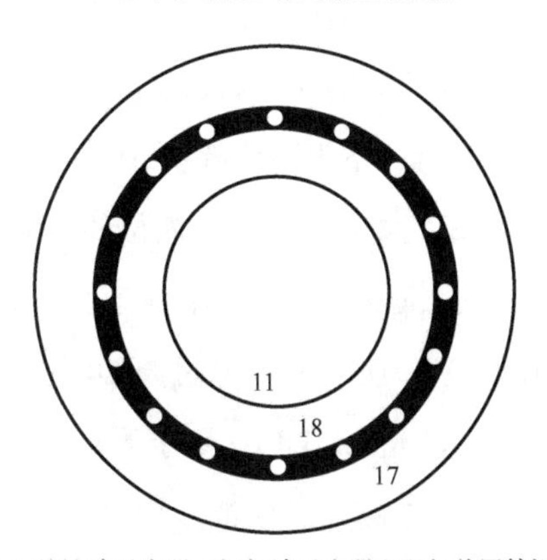

（b）兼性塘反应器、好氧塘反应器和曝气装置俯视图

图 2-7　凹凸棒土-稳定塘工艺装置与兼性塘反应器、好氧塘反应器和曝气装置俯视图

1.高位水箱；2.贮水箱；3.导流管；4.潜水泵；5.支架；6.集水箱；7.跌水装置；8.兼性塘进水管；9.进水电磁阀；10.进水液位传感器；10-1.上限液位探头；10-2.下限液位探头；10-3.最高液位探头；11.兼性塘反应器；12.电机；13.搅拌装置；14.出水液位传感器Ⅰ；14-1.兼性塘最低液位探头；15.兼性塘出水管；16.出水恒流抽吸泵；17.好氧塘反应器；18.曝气装置；19.气体流量计；20.空气泵；21.变频器；22.出水液位传感器Ⅱ；22-1.好氧塘最低液位探头；23.好氧塘出水管；24.出水电磁阀；25.清水箱；26.可编程逻辑控制器；27.上位机

污水通过潜水泵从储水箱送入高位跌水箱。经过跌水装置曝气的低温生活污水分别进入兼性塘、好氧塘处理。兼性塘中设有搅拌装置、好氧塘中设有曝气装置，在保证两反应器溶解氧（DO）浓度的同时，使反应器中的污水、活性污泥与凹凸棒土填料充分接触。工艺通过可编程逻辑控制器自控技术实现装置自动、精准、稳定地运行。

凹凸棒土-稳定塘复合式反应器中以可编程逻辑控制器（26）为核心，其控制关系示意图如图 2-8 所示。上位机 27 的监控软件采用 IFIX3.5 集成软件包，主要完成工艺流程画面的显示，编辑兼性塘反应器 11 的进水系统、水处理系统、出水系统，以及好氧塘反应器 17 的水处理系统、出水系统运行情况的程序。实时采集各系统中的参数值，并在画面上动态显示进水液位传感器 10、气体流量计 19、出水液位传感器Ⅰ 14、出水液位传感器Ⅱ 22 的实际值，自动保存各点值，自动报警，统计打印、报表等。根据该系统工艺要求，进行可编程逻辑控制器输入/输出（input/output, I/O）统计。①开关量输入（analog input, AI）：用于接收兼性塘反应器 11 液位的上限液位探头 10-1、下限液位探头 10-2、最高液位探头 10-3、兼性塘最低液位探头 14-1、接收好氧塘反应器 17 液位的好氧塘最低液位探头 21-1，总计 5 点。②开关量输出（analog output, AO）：用于控制搅拌装置 13、声光报警、进水电磁阀 9、出水恒流抽吸泵 16、出水电磁阀 24 的启停控制的数字信号，总计 5 点。③模拟量输入（digital input, DI）：用于采集气体流量的流量传感器、变频器 21 的电流模拟信号，总计 2 路。④模拟量输出（digital output, DO）：用于通过模拟量控制空气泵 20 变频给定，总计 1 路。可编程逻辑控制器的主机选用欧姆龙 CP1H-X40DR-A 型号，另外还需要配 CP1W-AD041 模拟量输入模块 4 块，共 16 路，CP1W-DA041 模拟量输出模块 1 块，共 4 路。该配置具有开关量输入 24 点，开关量输出 16 点，模拟量输入 16 路，模拟量输出 4 路，完全能满足需求，还留有部分余量，方便日后对该系统进行维护和升级。

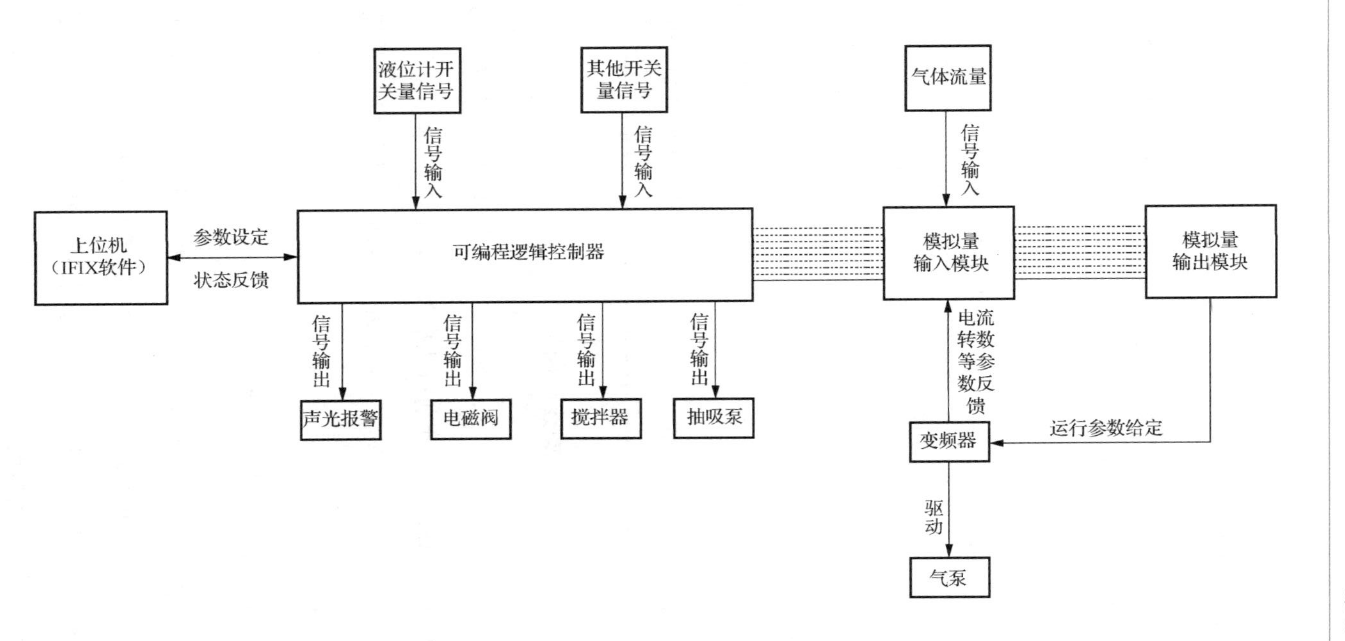

图 2-8　凹凸棒土-稳定塘复合式反应器中以可编程逻辑控制器为核心的控制关系示意图

2.5.2 分析项目与测定方法

通过向自来水中加入一定量的营养物质（如可溶性淀粉、葡萄糖、无水乙酸钠、NH_4Cl、KH_2PO_4 等）和少量微量元素模拟农村生活污水。分析项目、方法及试验水质特性见表 2-8。

表 2-8 分析项目、方法及试验水质特性

分析项目	测定方法	水质特性
化学需氧量/(mg/L)	重铬酸钾法	212～775
氨氮/(mg/L)	纳氏试剂，分光光度法	28～54
总磷/(mg/L)	过硫酸钾，分光光度法	5～9
pH	Orion 3-Star，pH 计	6～9
溶解氧质量浓度/(mg/L)	Orion 3-Star，溶解氧仪	<0.2（兼性塘） 1～2（好氧塘污泥培养初期） 2.5～4（好氧塘污泥培养成熟期）

1. 水力停留时间对污染物去除效果的影响

控制温度 10℃，进水 pH6.5～7.5，兼性塘中上部 DO 浓度为 1.0～1.5mg/L，好氧塘 DO 浓度为 2.0～4.0mg/L。分别将兼性塘与好氧塘的水力停留时间（HRT）设定为 2d、2.5d、3d、4d、5d 与 20h、24h、28h、32h、36h、42h，确定兼性塘与好氧塘的最佳运行 HRT。

2. 曝气时间对污染物去除效果的影响

试验控制温度为 10℃，进水 pH 为 6.5～7.5，兼性塘 HRT 为 4d，中上部 DO 浓度为 1.0～1.5mg/L，好氧塘 HRT 为 36h，DO 浓度为 2.0～4.0mg/L。对好氧塘采用每天两次间歇曝气反应，分别分析曝气时间 3h、4h、5h 时好氧塘的除污效果，确定好氧塘的最佳运行曝气时间。

3. pH对污染物去除效果的影响

微生物的生命活动和物质代谢都与pH密切相关，需要在合适的pH范围内才能生存[142]。控制温度为10℃，兼性塘HRT为4d，中上部DO浓度为1.0～1.5mg/L，好氧塘HRT为36h，曝气时间为4h，DO浓度为2.0～4.0mg/L。用浓度为1mol/L的HCl溶液和浓度为1mol/L的NaOH溶液调节进水pH分别为7.0、7.5、8.0、8.5，保持可控制参数一致，系统稳定运行25d，连续监测COD、氨氮、TP的去除效果，确定进水的最佳pH，从而确定凹凸棒土-稳定塘工艺的最佳运行参数。

4. 凹凸棒土对低温期污水净化效果的影响

在最优运行参数条件下，系统稳定运行25d，对单一式稳定塘工艺与复合式凹凸棒土-稳定塘工艺进行平行对比试验，比较分析两种工艺对低温生活污水的处理效果。

2.6　浮萍-藻类塘净化严寒村镇内分泌干扰物畜禽养殖废水试验

2.6.1　材料与试剂

试验采用人工配制废水，其水质为模拟厌氧反应器的出水水质。通过向自来水中投加醋酸铵（CH_3COONH_4）、氯化铵（NH_4Cl）以及钾（K）、钠（Na）、钙（Ca）、镁（Mg）以及微量元素等营养盐配制而成。上述物质的具体添加量如表2-9所示。所配制废水的COD质量浓度为100mg/L，TN质量浓度为30～40mg/L，TP质量浓度为3.6～3.8mg/L。

在静态吸附试验和连续流试验中接种的浮萍为浮萍属（*Lemna*），接种的藻类隶属鱼腥藻（*Anabaena*）、绿球藻（*Chlorococcum*）、钝顶螺旋藻（*Spirulina platensis*）、小球藻（*Chlorella*）、四尾栅藻（*Scenedesmus quadricauda*）和柱胞鱼腥藻（*Anaebena cylindrica*）等 6 种纯培养藻类的混合种。在试验开始时分别将浮萍和藻类的混合物接种到所配制的人工废水中。雌酮（E1，纯度>98%）、17β-雌二醇（E2，纯度>98%）、17α-乙炔雌二醇（EE2，纯度>98%）为分析纯（质量分数大于 98%），由于它们在水中的溶解度很低，因此在配制时先将 10mg 的上述内分泌干扰物溶解于 100mL 纯甲醇中，然后加入 900mL 蒸馏水配制成 10mg/L 的储备液，并进一步用蒸馏水稀释为 100μg/L 的储备液待用。将定量的 100μg/L 的该储备液加入到废水中用于静态吸附试验和连续流试验。

表 2-9　人工配制废水中常量元素和微量元素的添加量

常量元素	浓度/（mg/L）	微量元素	浓度/（g/L）
CH_3COONH_4	93.75	EDTA	10.0
NH_4Cl	87.70	$FeCl_3·6H_2O$	1.50
$NaH_2PO_4·H_2O$	26.70	H_3BO_3	0.15
$MgSO_4·7H_2O$	9.00	$CuSO_4·2H_2O$	0.03
$CaCl_2·2H_2O$	4.72	KI	0.18
KCl	36.00	$MnCl_2·4H_2O$	0.12
微量元素溶液	0.60	$Na_2MoO_4·2H_2O$	0.06
		$ZnSO_4·7H_2O$	0.12
		$CoCl·6H_2O$	0.15

2.6.2　分析项目与测定方法

1. 静态降解试验

通过该静态降解试验，考察人工配制废水中较高质量浓度 E1、E2 和 EE2（约 1μg/L）在接种浮萍或藻类以及无接种情况下的降解规律。分别向盛有 1L 废水的烧杯中接种上述浮萍和藻类。其中，浮萍的接种量为鲜重 5000mg/L（相当于 700g/m^2 的浮萍密度），藻类接种量为 100mg/L（按总悬浮物 TSS 计）[143]。该接种量均接近实际运行的生态塘系统中真实生物量。用 1L 含有相同 E1、E2 和 EE2 质量浓度的自来水和人工废水进行对照试验。每个试验均有 3 个平行样。该静态降解试验是在室温（20℃）环境中，并以 12h 光照和 12h 黑暗交替的模拟自然条件下进行的，光照强度为 100μmol/(m^2·s)。以 0d、0.125d、0.75d、1d、3d 和 6d 为间隔，分别从每个烧杯中取出约 10mL 水样，经 3600r/min 离心分离 10min 后，取其上清液，并采用酶联免疫试剂盒（enzyme linked immunosorbent assay kit，ELISA kit）和酶标仪来测定试验过程中 E1、E2 和 EE2 的质量浓度。

2. 静态吸附试验

将定量浮萍和藻类接种到含 1μg/L 的 E2 和 EE2 的自来水中以考察浮萍和藻类对二者的吸附作用。浮萍和藻类的接种量分别为鲜重 2500mg/L 和 128mg/L（以 TSS 计）。以未接种的自来水作为对照试验。每个试验均有 3 个平行样。所有试验均在密封的具塞三角瓶中进行。在整个 180min 的吸附试验过程中，所用瓶体均置于水平摇床以 120r/min 的速率保持连续振荡。分别在接触时间为 0min、2min、5min、20min、60min、180min 时取样，用于测定不同吸附时间内的 E2 和 EE2 质量浓度变化，并以此区分浮萍和藻类单独对二者的生物降解和物理吸附过程。

3. 质量平衡试验

E1、E2 和 EE2 质量平衡试验方法与上述静态降解试验相同，只在试验开始和结束时取样，取样结束后测量液相中 E1、E2 和 EE2 的初始质量浓度和最终质量浓度。剩余水样用玻璃纤维滤纸 GF/C（直径 47mm）过滤分离，进而获得浮萍和藻类。并将其分别与 100mL 纯甲醇混合后置于摇床上水平振荡 16h（暗处），混合物在 3600r/min 转速下离心分离 10min，取其上清液并用 C18 柱

（500mg/6mL，杰蒂贝柯化工有限公司，美国）进行固相萃取。最后采用酶联免疫法测定洗脱液的 E1、E2 和 EE2 质量浓度，据此计算浮萍或藻类对它们的吸附量。

4. 连续流试验

连续流试验装置如图 2-9 所示[144]。该装置包括两个序列，每个序列分别包括 3 个串联玻璃水箱，尺寸为 50cm×29cm×25cm。一个序列模拟浮萍塘，另一个序列模拟菌藻塘。该装置在上述静态降解试验中提及的光照和温度条件下连续运行。其中，HRT 为 15d，且每隔 4d 打捞出部分浮萍以保持装置水面分布浮萍密度为鲜重 700g/m^2，并保持浮萍的快速生长和防止藻类细菌滋生[145]。本试验中 E1、E2 和 EE2 质量浓度为 ng/L 级别，此浓度用来模拟生活污水中上述物质的质量浓度。试验连续运行 30d 后，分别从每个水箱的末端收集 1L 水样，用玻璃纤维滤纸 GF/C 过滤后，再经 C18 柱固相萃取，用酶联免疫法分析每种物质的质量浓度。

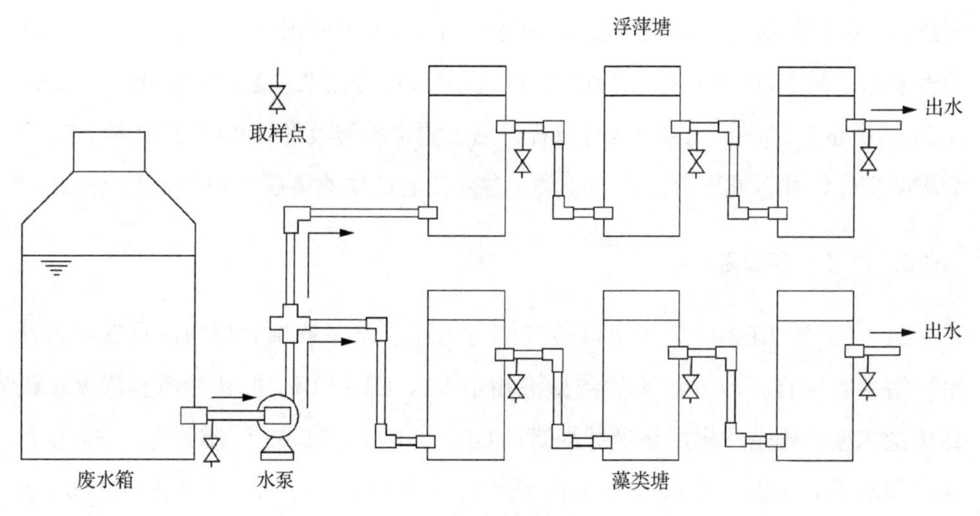

图 2-9　连续流试验装置

为区分连续流试验中对 E1、E2 和 EE3 的吸附和生物降解作用，对系统中每个塘内的浮萍和藻类沉积物进行解吸试验。依据上述质量平衡试验的物质浓度，分别将浮萍和藻类沉积物与 100mL 甲醇混合，在黑暗中振荡 16h，而后离心得到悬浮液，采用与上述试验中的相同步骤进一步提取上清液，用以检测 E1、E2 和 EE3 的质量浓度。在过滤后测量浮萍和藻类沉积物的干重（dry weight, DW）。

本试验中 E1、E2 和 EE3 质量浓度测定采用酶联免疫法试剂盒（环境化学株式会社，日本），此方法对水样预处理要求简单、测定速度快、可检测极低质量浓度、检测成本低，逐渐被广泛利用[146-148]。与液-质联机等仪器分析方法相比，采用酶联免疫法测定水样中的 E1、E2 和 EE3 质量浓度具有足够的精度和准确度[149-151]。该方法的检出限约为 1ng/L，定量分析范围分别为 0.05～5.0μg/L（E1）、0.05～1.00μg/L（E2）和 0.05～3.00μg/L（EE2）。它们的平均回收率分别为 96.2%（E1）、99%（E2）和 100%（EE2）。酶标仪购自奥地利安图斯公司，在 450nm 波长下测定样品的吸光度并计算 E1、E2 和 EE2 的质量浓度。水样中溶解氧采用溶解氧仪（HANA-Hi9143，意大利）测定。COD 和 TSS 均采用标准方法检测。

第3章　碳化稻壳吸附净化严寒村镇 Fe^{2+}与 Mn^{2+}地下水

3.1　概　　述

针对严寒村镇含 Fe^{2+}、Mn^{2+}地下水分散或应急处理方式，本章将以碳化稻壳灰为吸附剂，基于扫描电子显微镜（scanning electron microscope, SEM）、X 射线衍射（XRD）、傅里叶变换红外光谱仪（FTIR）、比表面积及孔结构分析 BET 法、Boehm 测定法等表征手段剖析严寒村镇碳化稻壳对地下水中 Fe^{2+}、Mn^{2+}的吸附机理，通过单因素试验确定最佳投加量与最佳溶液 pH，采用吸附等温线-动力学-热力学理论揭示碳化稻壳低温吸附 Fe^{2+}、Mn^{2+}性能，考察饱和吸附后碳化稻壳的低温再生能力，以期为严寒村镇地下水除 Fe^{2+}、Mn^{2+}技术的开发提供参照与借鉴。在静态吸附试验与吸附机理的探讨基础上，研究 Fe^{2+}、Mn^{2+}的动态吸附行为，并使用相关模型对穿透曲线进行拟合，为碳化稻壳的推广提供理论依据。

3.2　碳化稻壳优选

稻壳通过碳化处理改变了孔隙结构与表面化学性质，使更多基团外露，增加了表面吸附点位，进而提高了稻壳活性，该过程温度控制至关重要。原始稻壳与不同温度下煅烧制得的改性稻壳颗粒样品见图 3-1，碳化稻壳吸附 Fe^{2+}、Mn^{2+} 效果见图 3-2。

图 3-1　原始稻壳颗粒与改性稻壳颗粒的样品图

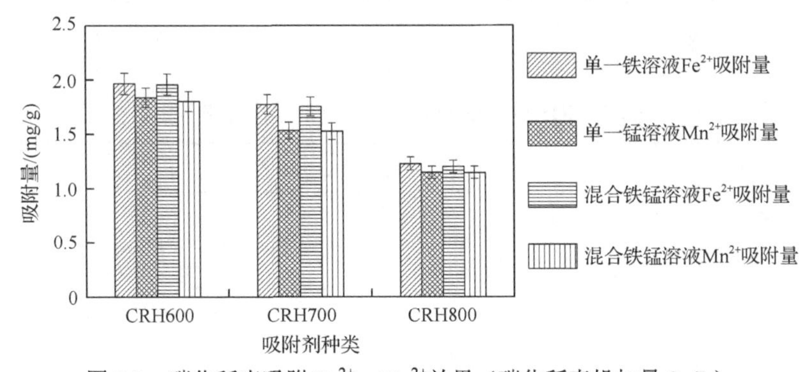

图 3-2　碳化稻壳吸附 Fe^{2+}、Mn^{2+} 效果（碳化稻壳投加量 8g/L）

由图 3-2 可知，对于单一铁、锰溶液与混合铁锰溶液，700℃与 800℃煅烧的碳化稻壳对 Fe^{2+}、Mn^{2+}的吸附量明显低于 600℃，故优选 CRH600 用于低温条件下吸附 Fe^{2+}、Mn^{2+}。该结论与 Nair 等[152]的研究结果一致。这是由于煅烧温度过高（晶态 SiO_2 生成）或过低（大量残留炭存在）均会影响稻壳活性及其吸附性能。陈应泉等[153]也指出制备孔隙性较好的碳化稻壳，温度宜控制在 600～700℃，不可超过 800℃。

根据表 2-2 的试验条件，对于 Fe^{2+}、Mn^{2+}质量浓度为 20mg/L 的单一铁、锰溶液与混合铁锰溶液，600℃、700℃、800℃煅烧制备的碳化稻壳对 Fe^{2+}、Mn^{2+}的吸附量非常接近，这表明碳化稻壳对混合溶液中的 Fe^{2+}、Mn^{2+}不存在竞争吸附，故碳化稻壳对 Fe^{2+}、Mn^{2+}单独吸附特性及其最佳反应参数可作为动态中试滤柱运行的理论依据。

3.3 CRH600 理化性质与表征

3.3.1 CRH600 的 SEM、XRD 与 BET 表征结果

RH 与 CRH600 的比表面积与孔特征参数见表 3-1，相应的 XRD 图和 SEM 图分别见图 3-3、图 3-4。

表 3-1 RH 与 CRH600 的比表面积与孔特征参数

理化性质	RH	CRH600
SiO_2 质量分数/%	21	72
比表面积/(m^2/g)	3.327	65.386
总孔容/(cm^3/g)	0.0030	0.048
平均孔径/nm	7.387	2.855

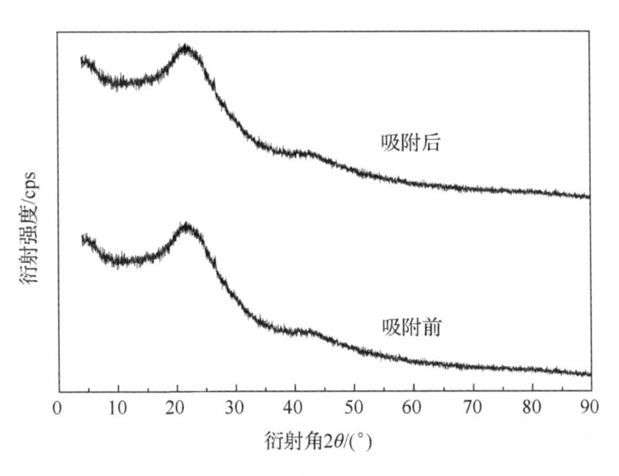

图 3-3　CRH600 吸附 Fe^{2+}、Mn^{2+}前后的 XRD 图谱

由图 3-3 可知，CRH600 除含有丰富的 C 元素外，其构成组分中还含有 SiO_2，且 2θ 在 10°～30°范围内出现馒头状含硅物质特征峰，未出现尖锐的晶态 SiO_2 衍射峰，表明 SiO_2 为无定形结构。CRH600 吸附 Fe^{2+}、Mn^{2+}前后含硅衍射峰偏移微弱，表明 CRH600 中硅元素未发生明显变化。

从图 3-4、表 3-1 可以看出：RH 外表面具有规则的纵横交错的骨架结构，且孔数量少；而 CRH600 中纳米级 SiO_2 粒子疏松地黏聚在一起，含有大量 5μm 的蜂窝孔与纳米尺度孔隙，这为 CRH600 提供了较大的比表面积与总孔容，使掩蔽的 SiO_2 活性点位与骨架明显暴露，进而增强了 CRH600 对 Fe^{2+}、Mn^{2+}的吸附性能[154]。

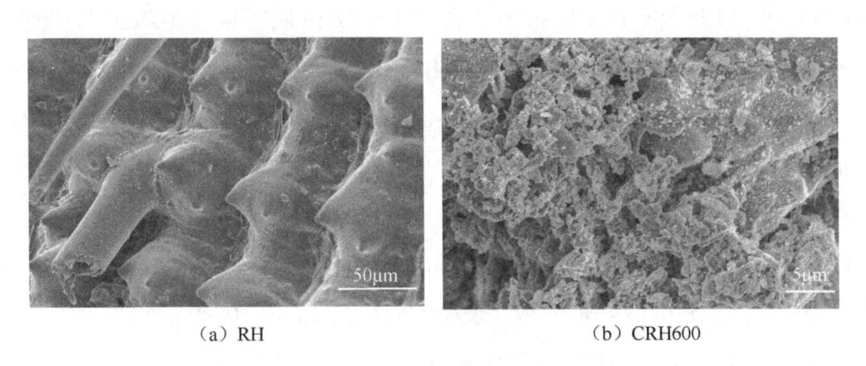

（a）RH　　（b）CRH600

图 3-4　碳化前后稻壳的 SEM 图

3.3.2 CRH600 表面官能团变化

稻壳具有丰富的含氧官能团，如表 3-2 所示。与 RH 相比，CRH600 表面官能团含量明显增多，其中—OH 与—COOH 为主要酸性官能团，易与 Fe^{2+}、Mn^{2+}发生离子交换或络合反应。CRH600 碱性官能团含量高于酸性官能团，故 CRH600 呈偏碱性（带负电荷），易与 Fe^{2+}、Mn^{2+}（带正电荷）产生静电吸附[155]。采用 FTIR 图谱研究上述反应与 CRH600 中 SiO_2 吸附作用对铁锰去除的贡献，如图 3-5 所示，CRH600 吸附 Fe^{2+}、Mn^{2+}后，3734cm^{-1} 处—OH 伸缩振动峰（来自 Si—OH）消失，推测 CRH600 表面发生了配位络合反应[156]：

$$SiOH + M^{2+} \longleftrightarrow SiOHM^{+} + H^{+} \tag{3-1}$$

$$SiO^{-} + M^{2+} \longleftrightarrow SiOM^{+} \quad (M\text{ 代表 Fe、Mn}) \tag{3-2}$$

600cm^{-1} 处出现 Mn—O 特征伸缩峰，表明 SiO_2 表面—OH 与 Fe^{2+}、Mn^{2+}发生了离子交换反应[156]：

$$\begin{array}{l} -\!\!\!\!\diagdown\, Si - OH \\ \quad O \\ -\!\!\!\!\diagdown\, Si - OH \end{array} + M^{2+} \longrightarrow \begin{array}{l} -\!\!\!\!\diagdown\, Si - O \diagdown \\ \quad O \qquad\quad M \\ -\!\!\!\!\diagdown\, Si - O \diagup \end{array} + 2H^{+} \tag{3-3}$$

该峰源自反应物 Si—O—Mn—O—Si 基团[157]；3118cm^{-1} 处的—OH 伸缩振动峰（来自 Si—OH 以及吸附在 CRH600 表面的 H—OH）向左偏移 104cm^{-1}，表明 SiO_2 表面—OH 与 Fe^{2+}、Mn^{2+}间存在物理吸附作用；1599cm^{-1} 处归属于酰胺Ⅱ带，由 N—H 弯曲振动与 C—N 伸缩振动引起，CRH600 碱性基团主要为酰胺，吸附后未见明显偏移，表明 CRH600 与 Fe^{2+}、Mn^{2+}间静电引力弱；1100cm^{-1} 处的 Si—O—Si 非对称伸缩振动峰移至 1098cm^{-1} 处，801cm^{-1} 处的 Si—O—Si 对称伸缩振动峰移至 804cm^{-1} 处，464cm^{-1} 处的 Si—O—Si 弯曲振动峰无位移，鉴于吸附峰 0～3cm^{-1} 的偏移均在 FTIR 分析误差范围内，表明 CRH600 的 Si—O 类官能团未参与 Fe^{2+}、Mn^{2+}吸附[157]。综上，CRH600 表面—OH 对铁锰去除贡献最大。

表 3-2　RH 与 CRH600 表面主要官能团及其质量摩尔浓度

吸附剂	酸性官能团质量摩尔浓度/(mmol/g)				碱性官能团质量摩尔浓度/(mmol/g)
	酚羟基（—OH）	羧基（—COOH）	内酯基（—COOR）	合计	
RH	0.574	0.432	0.088	1.094	1.562
CRH600	0.732	1.268	0.145	2.145	2.787

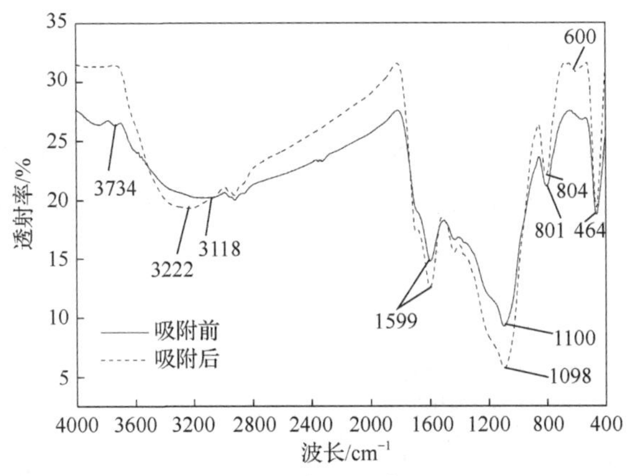

图 3-5　CRH600 吸附 Fe^{2+}、Mn^{2+}前后的 FTIR 图谱

3.4　CRH600 吸附的影响因素

3.4.1　溶液 pH 对 Fe^{2+}、Mn^{2+}吸附效果的影响

根据表 2-2 中吸附条件，分别研究溶液 pH 为 1、2、3、4、5、6、7、8 时 CRH600 对 Fe^{2+}、Mn^{2+}吸附量与去除效果，试验结果见图 3-6。

由图 3-6 可看出，溶液 pH 对 CRH600 吸附能力有显著影响，当溶液 pH 为 1 时，Fe^{2+}、Mn^{2+}吸附量分别仅为 0.41mg/g、0.45mg/g，相应去除率分别为 20.5%、22.5%。随着溶液 pH 升高，吸附量先增加后降低，当溶液 pH 分别增至 5、6 时，Fe^{2+}、Mn^{2+}吸附量最大，分别为 1.94mg/g、1.88mg/g，相应去除率分别为 97%、

94%。究其原因：①低 pH 时溶液中存在大量 H^+，H^+比 Fe^{2+}、Mn^{2+}具有更高的离子交换速率，与 Fe^{2+}、Mn^{2+}争夺吸附点位，同时大量 H^+亦阻碍表面活性基团的解离，使主要官能团（—OH、—COOH、—COOR）质子化，导致 CRH600 表面正电荷增多，故吸附量降低；②随溶液 pH 的逐渐增大，CRH600 表面官能团上的质子易解离，此时 Fe^{2+}、Mn^{2+}取而代之与表面官能团结合，Fe^{2+}、Mn^{2+}去除主要凭借离子交换作用；③当溶液 pH 分别超过 5、6 时，溶液中 OH^-增加，OH^-作为配位体易与 Fe^{2+}、Mn^{2+}结合形成沉淀，吸附量反而下降，此时 Fe^{2+}、Mn^{2+}去除主要依靠配位络合作用。类似结果 Funes 等[158]、Goher 等[159]也有报道。当溶液 pH 为 7 时，Fe^{2+}、Mn^{2+}的去除率均在 80%以上，吸附量较最佳溶液 pH 时仅降低了 0.38mg/g、0.16mg/g，故实际运行时进水 pH 可具有定弹性变化区间（pH=5～7），也可获得较好的 Fe^{2+}、Mn^{2+}去除效果。

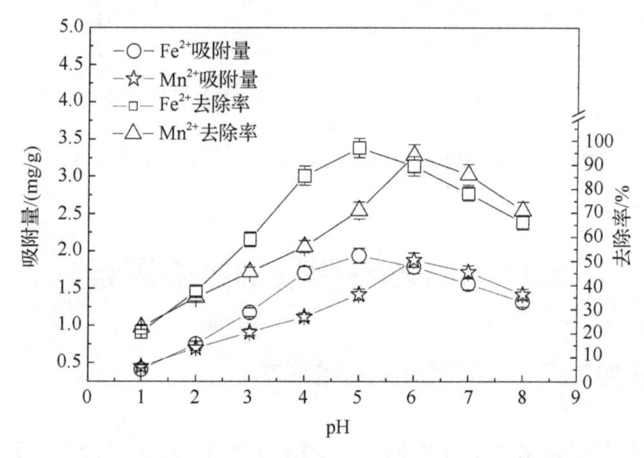

图 3-6　溶液 pH 对 CRH600 吸附 Fe^{2+}、Mn^{2+}的影响

3.4.2　投加量对 Fe^{2+}、Mn^{2+}吸附效果的影响

根据表 2-2 中吸附条件，分别研究 CRH600 投加量为 1g/L、2g/L、4g/L、6g/L、8g/L、10g/L、12g/L、15g/L 时 Fe^{2+}、Mn^{2+}吸附量及其去除效果，试验结果见图 3-7。

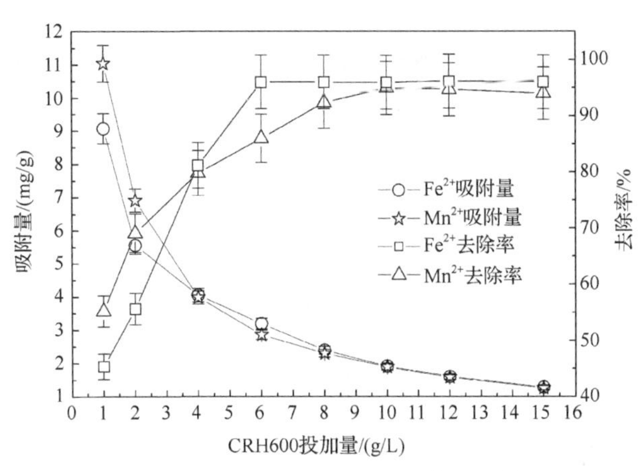

图 3-7　投加量对 CRH600 吸附 Fe^{2+}、Mn^{2+}的影响

从图 3-7 可以看出，CRH600 对 Fe^{2+}、Mn^{2+}吸附量随投加量的增加均逐渐降低，而相应去除率均逐渐增大。当投加量分别增至 6g/L、10g/L 时，Fe^{2+}、Mn^{2+}去除率最大，分别为 96.02%、94.26%。随后投加量增加，Fe^{2+}、Mn^{2+}吸附量降低幅度减小，去除率基本保持不变。究其原因：①当 CRH600 投加量低时，其表面可被 Fe^{2+}、Mn^{2+}利用的活性吸附点位较少，故 Fe^{2+}、Mn^{2+}去除率低，因该工况下有限的 CRH600 表面活性吸附点位被充分利用，故 Fe^{2+}、Mn^{2+}吸附量最高；②随 CRH600 投加量的增多，其与 Fe^{2+}、Mn^{2+}的接触面积相应增大，Fe^{2+}、Mn^{2+}可利用的表面活性吸附点位不断增多，Fe^{2+}、Mn^{2+}的去除率不断提高，当投加量提高到某一程度后，CRH600 颗粒间过度聚集，使得增加的表面活性吸附点位相互交叉，产生了密集的屏蔽外层，覆盖了 Fe^{2+}、Mn^{2+}的结合点位[159]，因 CRH600 表面部分吸附点位未被利用，此时吸附量下降，对 Fe^{2+}、Mn^{2+}去除率也趋于稳定并达到最大值。

3.5　CRH600 的吸附性能

3.5.1　吸附等温线特性

根据表 2-2 的吸附条件，不同温度下 CRH600 对 Fe^{2+}、Mn^{2+}的吸附等温线见

图 3-8，分别用 Langmuir 模型、Freundlich 模型、Temkin 模型、Langmuir-Freundlich 模型吸附等温式对 10℃时试验数据进行拟合，拟合结果见图 3-9 与表 3-3。

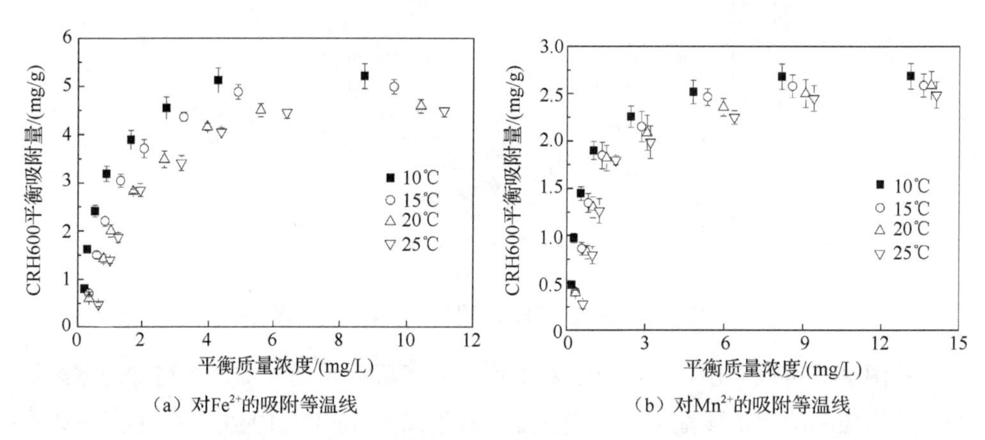

图 3-8　不同温度下 CRH600 对 Fe^{2} 和 Mn^{2+}的吸附等温线

由图 3-8 可看出，当 Fe^{2+}、Mn^{2+}的平衡质量浓度 C_e 小于 2mg/L 时，CRH600 对 Fe^{2+}、Mn^{2+}的平衡吸附量随平衡质量浓度的增加急剧增加，C_e 大于 2mg/L 后，平衡吸附量增幅变缓，趋于平衡。温度越低，平衡吸附量越大。

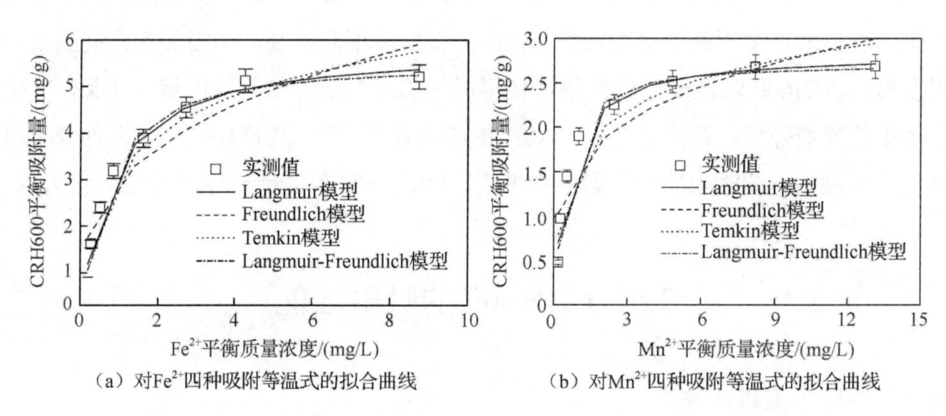

图 3-9　CRH600 对 Fe^{2+}和 Mn^{2+}四种吸附等温式的拟合曲线

表 3-3　CRH600 对 Fe^{2+}、Mn^{2+}的吸附等温线拟合参数

离子	Langmuir 模型拟合参数			Freundlich 模型拟合参数			Temkin 模型拟合参数			Langmuir-Freundlich 模型拟合参数		
	q_m/(mg/g)	b/(L/mg)	R^2	K_F	$1/n$	R^2	A	B	R^2	q_m/(mg/g)	b/(L/mg)	R^2
Fe^{2+}	5.85	1.78	0.9964	2.96	0.32	0.8873	3.14	1.20	0.9750	5.51	1.59	0.9913
Mn^{2+}	2.83	1.27	0.9961	1.57	0.25	0.8613	1.64	0.51	0.9429	2.72	2.26	0.9844

注：q_m 为饱和吸附量，mg/g；b 为 Langmuir 常数；K_F、n 为 Freundlich 常数；A、B 为 Temkin 常数；R^2 为相关性系数。

由图 3-9 与表 3-3 可知，Langmuir 模型对 CRH600 吸附 Fe^{2+}、Mn^{2+}的拟合效果最好，该模型主要体现的是 CRH600 以表面有限的吸附位对 Fe^{2+}、Mn^{2+}进行单分子层吸附。单分子层吸附一般属于化学吸附[160]，且 CRH600 对 Fe^{2+}、Mn^{2+}主要凭借离子交换与表面络合作用对二者进行吸附。10℃时 CRH600 对 Fe^{2+}、Mn^{2+}的饱和吸附量 $q_{e\text{-}max}$ 分别为 5.85mg/g、2.83mg/g。与文献中其他吸附剂相比（表 3-4），CRH600 具有低温吸附地下水中 Fe^{2+}、Mn^{2+}的优势。b 为 Langmuir 常数，可表示 Fe^{2+}、Mn^{2+}与 CRH600 表面的亲和性，b 越大表明吸附强度越大。CRH600 对 Fe^{2+}的饱和吸附量与吸附强度均较 Mn^{2+}高。

表 3-4　CRH600 与文献中不同吸附剂对 Fe^{2+}、Mn^{2+}的吸附能力的比较

序号	吸附剂	pH	温度/℃	C_e/(mg/L)	投加量/(g/L)	$q_{e\text{-}max}$/(mg/g)		文献
						Fe^{2+}	Mn^{2+}	
1	铁锰氧化砂	8	25	0～30	25	—	2.67	[161]
2	稻壳	6	32	0～30	3	—	7.7	[162]
3	黑胡萝卜渣	5.25	20	0～350	1	—	3.9	[163]
4	甲醛改性绿番茄皮	6	20	0～12	10	19.83	15.22	[155]
5	颗粒活性炭	—	30	0～7	0.5～3(Fe^{2+}) 1～4.5(Mn^{2+})	3.6010	2.55	[164]
6	褐煤	3.5	10		6	24.70	28.11	[165]
7	CRH600	7	10	0～14	6(Fe^{2+}) 10(Mn^{2+})	5.85	2.83	本书

3.5.2 吸附动力学特性

CRH600 对 Fe^{2+}、Mn^{2+}吸附动力学的拟合曲线如图 3-10 所示。曲线各点斜率代表瞬时 CRH600 对 Fe^{2+}、Mn^{2+}的吸附速率（dq_t/dt）。吸附速率是反应装置水力停留时间、尺寸设计的关键。由图 3-10 可知，CRH600 对 Fe^{2+}的吸附反应快：①Fe^{2+}，0～15min 内迅速增长，15～25min 缓慢增长，25min 后趋于平衡，平衡吸附量与去除率分别为 2.00mg/g、98%；②Mn^{2+}，0～30min 内迅速增长，30～60min 缓慢增长，60min 后趋于平衡，平衡吸附量与去除率分别为 1.96mg/g、97%。综上，CRH600 吸附 Fe^{2+}、Mn^{2+}可控制在较短的时间范围内。

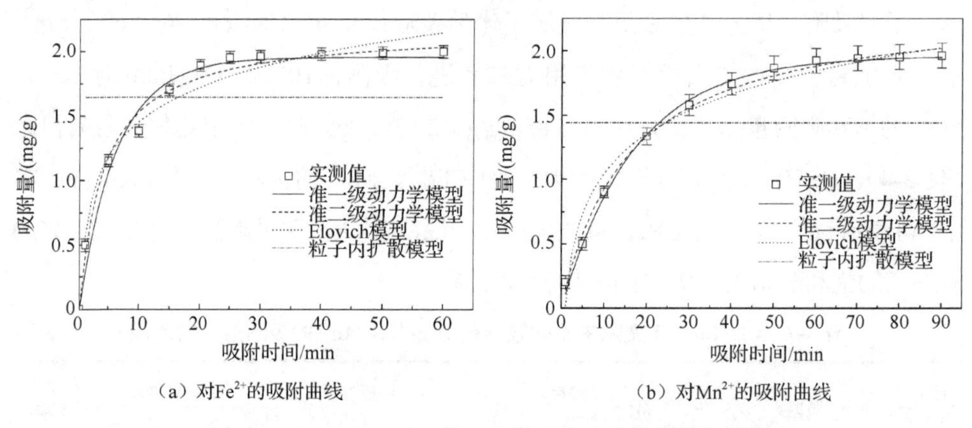

图 3-10 CRH600 对 Fe^{2+}、Mn^{2+}吸附动力学的拟合曲线

CRH600 对 Fe^{2+}、Mn^{2+}的吸附动力学模型拟合参数如表 3-5 所示。四个模型中准二级动力学模型拟合的相关系数 R^2 值最高，且平衡吸附量的拟合结果 $q_{e,模型}$更接近于实测的平衡吸附量 $q_{e,实测}$，故准二级动力学模型更适用于拟合 CRH600 对 Fe^{2+}、Mn^{2+}的吸附动力学过程，这表明吸附的本质是以化学吸附占主导[166, 167]。颗粒内扩散模型拟合结果 C 可用于揭示吸附的控制机理[126, 168]。$C≠0$ 表明 CRH600 对 Fe^{2+}、Mn^{2+}的吸附反应速率由膜扩散与颗粒内扩散共同控制，即固液系统的吸附初

期，Fe^{2+}、Mn^{2+}由溶液扩散至 CRH600 表面，此时 CRH600 表面活性点位相对较多，扩散阻力小，吸附速率快，而随反应时间的延长，多数吸附点位被占用，令 Fe^{2+}、Mn^{2+}向 CRH600 内部孔隙扩散，阻力增加，吸附速率下降，直至最终吸附平衡。

表 3-5　CRH600 对 Fe^{2+}、Mn^{2+}的吸附动力学模型拟合参数

离子	$q_{e,实测}$	Lagergren 一级动力学模型			Lagergren 二级动力学模型			Elovich 模型			颗粒内扩散模型		
		$q_{e,模型}$	k_1	R^2	$q_{e,模型}$	k_2	R^2	α	β	R^2	k_{int}	C	R^2
Fe^{2+}	2.00	1.86	0.16	0.9789	2.03	0.51	0.9879	1.66	2.58	0.9738	0.82	0.82	0.5289
Mn^{2+}	1.96	1.86	0.06	0.9898	1.99	0.15	0.9940	0.46	2.24	0.9642	0.72	0.72	-2.2204×10^{-16}

注：$q_{e,实测}$、$q_{e,模型}$分别为实测的平衡吸附量与模型的平衡吸附量，mg/g；k_1 为准一级动力学模型的吸附平衡速率常数，min^{-1}；k_2 为准二级动力学模型的吸附平衡速率常数，g/(mg·min)；α 为 Elovich 模型初始吸附速率，g/(mg·min)；β 为 Elovich 模型解吸速率常数，g/mg；k_{int} 为颗粒内扩散速率常数，mg/(g·$min^{1/2}$)；C 为内扩散常数；R^2 为相关性系数。

3.5.3　吸附热力学特性

基于范托夫方程研究热力学函数间的关系有助于寻求吸附规律与特性。根据 $\ln K_d$ 与 $1/T$ 关系图（图 3-11），4 个温度（283K、288K、293K、298K）下的吉布斯自由能变ΔG、焓变ΔH 与熵变ΔS 的结果如表 3-6 所示。4 个温度下的吉布斯自由能变ΔG 均为负值，表明吸附过程为自发反应，且ΔG 越小，吸附过程的自发程度越大。焓变$\Delta H<0$ 表明 CRH600 吸附 Fe^{2+}、Mn^{2+}过程为放热过程，即低温利于吸附。Ferreiro 等[169]曾指出$|\Delta H|$=2.1～20.9kJ/mol 时吸附属于物理过程，$|\Delta H|$=100～500kJ/mol 时吸附则属于化学过程。本节计算的$|\Delta H|$在 20.9～100kJ/mol 范围内，推断 CRH600 吸附 Fe^{2+}、Mn^{2+}过程并不是单一的物理吸附或化学吸附，而属于物理-化学吸附并存，与 3.3.2 节分析的结论一致。熵变$\Delta S<0$ 表明 Fe^{2+}、Mn^{2+}被吸附在 CRH600 上比它在溶液中运动受到的限制更大，即 CRH600 吸附 Fe^{2+}、Mn^{2+}后，水分子不易将 Fe^{2+}、Mn^{2+}解吸下来。

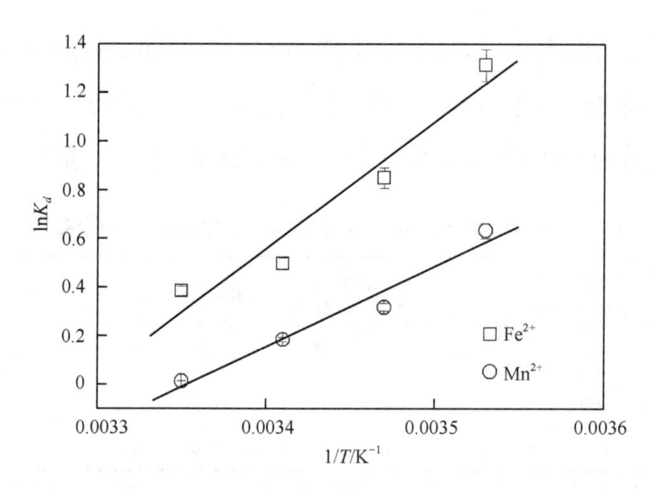

图 3-11　$\ln K_d$ 与 $1/T$ 关系图

表 3-6　不同温度下 CRH600 对 Fe^{2+}、Mn^{2+}的吸附热力学参数

T/K	ΔG/ (kJ/mol)		ΔH /(kJ/mol)		ΔS/ [J/(mol·k)]	
	Fe^{2+}	Mn^{2+}	Fe^{2+}	Mn^{2+}	Fe^{2+}	Mn^{2+}
283	−2.89	−1.42	−43.5	−27.6	−143.5	−92.5
288	−2.17	−0.96				
293	−1.45	−0.50				
298	−0.74	−0.04				

3.6　CRH600 的解吸性能

“吸附-脱附-再生”循环次数是衡量吸附剂性能的重要参数之一。不同解吸剂条件下，CRH600 对 Fe^{2+}、Mn^{2+}的吸附量与解吸量如图 3-12 所示。H_2SO_4 与 HCl、HNO_3 相比，每次解吸后，CRH600 对 Fe^{2+}、Mn^{2+}的吸附量明显高于 HCl、HNO_3，且从 CRH600 中可解吸较多的 Fe^{2+}、Mn^{2+}，故 H_2SO_4 为最佳解吸剂。随着解吸的进行，CRH600 对 Fe^{2+}的吸附量呈现降低—增长—降低的趋势，对 Mn^{2+}的吸附量呈现降低的趋势，平衡吸附量分别达 2.7mg/g、1.9mg/g，各占解吸前平衡吸附量的 80%、90%。由此可见，CRH600 具有较高的吸附再生能力，可循环使用，CRH600 对 Fe^{2+}、Mn^{2+}的最佳吸附-解吸循环次数分别为 6 和 4。

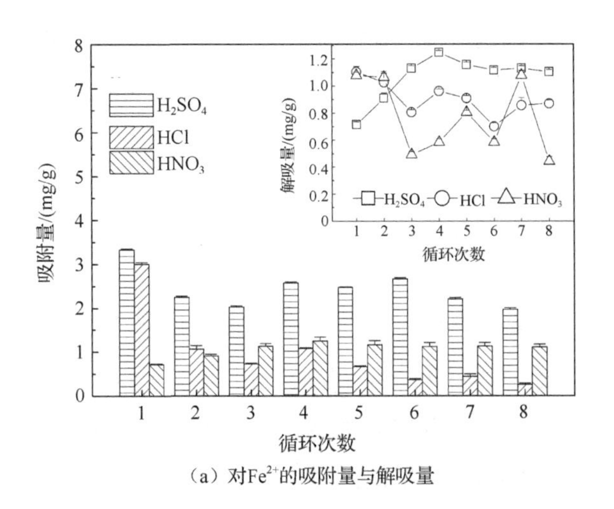

（a）对Fe^{2+}的吸附量与解吸量

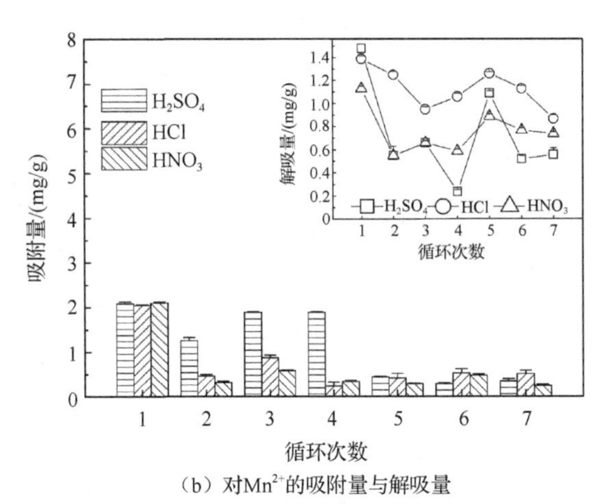

（b）对Mn^{2+}的吸附量与解吸量

图 3-12　吸附-解吸循环试验中 CRH600 对 Fe^{2+}、Mn^{2+}的吸附量与解吸量

3.7 CRH600 的动态应用

综合考虑运行能耗、水泵需求程度、反应装置放大应用发展趋势等影响因素，将吸附滤柱设计为降流式水流方向，内径、柱高分别选定 3cm、28cm。

3.7.1 动态吸附的影响因素

1. 流速对吸附效果的影响

在 Fe^{2+}、Mn^{2+}浓度为 20mg/L、进水溶液 pH=7、吸附剂装柱高度为 28cm 条件下，分析不同滤速（5mL/min、10mL/min、15mL/min、20mL/min）下 CRH600 对 Fe^{2+}、Mn^{2+}的动态吸附穿透曲线，结果见图 3-13（其中 C_t/C_0 代表溶液中 Fe^{2+}、Mn^{2+}吸附平衡浓度与初始浓度的比值）。

由图 3-13 所示：吸附初期 0～20min，不同滤速下出水 Fe^{2+}、Mn^{2+}浓度达到 0.2～1.0mg/L；20～200min，随着反应的进行，Fe^{2+}、Mn^{2+}浓度逐渐降低至 0.1mg/L

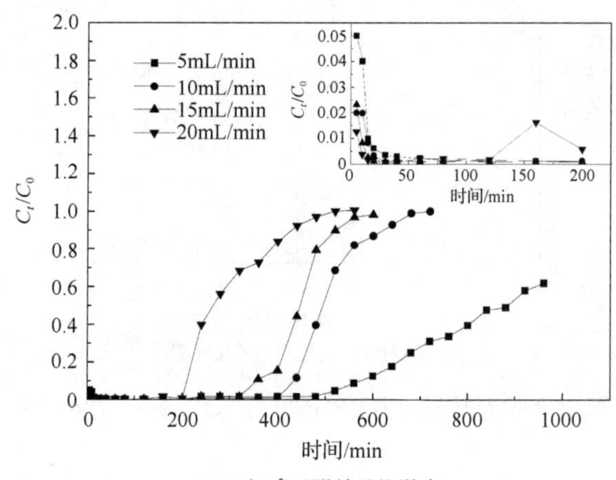

（a）对Fe^{2+}吸附效果的影响

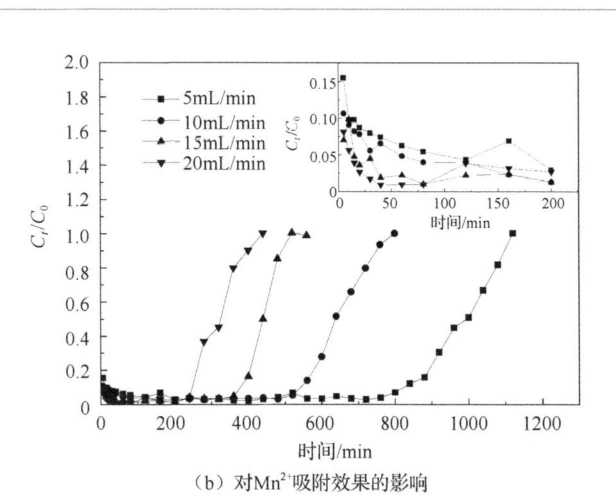

（b）对 Mn^{2+} 吸附效果的影响

图 3-13　流速对 Fe^{2+}、Mn^{2+} 吸附效果的影响

以下；当滤速为 5mL/min 时，动态吸附时间长达 500min，不利于实际应用。随着滤速增大，CRH600 达到吸附饱和所用的时间越来越短，这与 Hasan 等[170]的研究结果一致。这是由于当滤速较大时，滤柱短时间内充满 Fe^{2+} 或 Mn^{2+}，使 CRH600 空置的结合点位瞬间饱和，但过大滤速易使已被吸附的金属离子被冲洗下来导致单位吸附量降低，吸附不易平衡且出水水质不达标。Maiti 等[171]的研究结果也出现了类似现象。综合考虑出水水质达标程度、吸附时间及处理可达标出水量等因素，选取 15mL/min 为最佳滤速。

2. 柱高对吸附效果的影响

在 Fe^{2+}、Mn^{2+} 浓度分别为 20mg/L，进水溶液 pH=7，流速 15mL/min 条件下，分析不同吸附剂装柱高度（7cm、14cm、21cm、28cm）下 CRH600 对 Fe^{2+}、Mn^{2+} 的动态吸附穿透曲线，结果见图 3-14。

由图 3-14 可以看出，CRH600 加入量越少，越容易达到吸附平衡。当吸附剂装柱高度为 7cm 时，约 200min 即可快速达到吸附平衡，但出水 Fe^{2+} 浓度 0～40min 时段内接近 2mg/L，40min 后急剧升高，严重超出了饮用水标准限值要求。当吸附剂装柱高度为 28cm 时，CRH600 对 Fe^{2+} 吸附平衡时间达 525min，去除率最慢。

这是由于 CRH600 未被充分利用。当吸附剂装柱高度分别为 14cm、21cm 时，出水达标持续时间分别为 100min、160min，且 C_t/C_0 略低，Fe^{2+}去除效果稳定。综上，选定吸附剂装柱的最佳高度为 21cm。

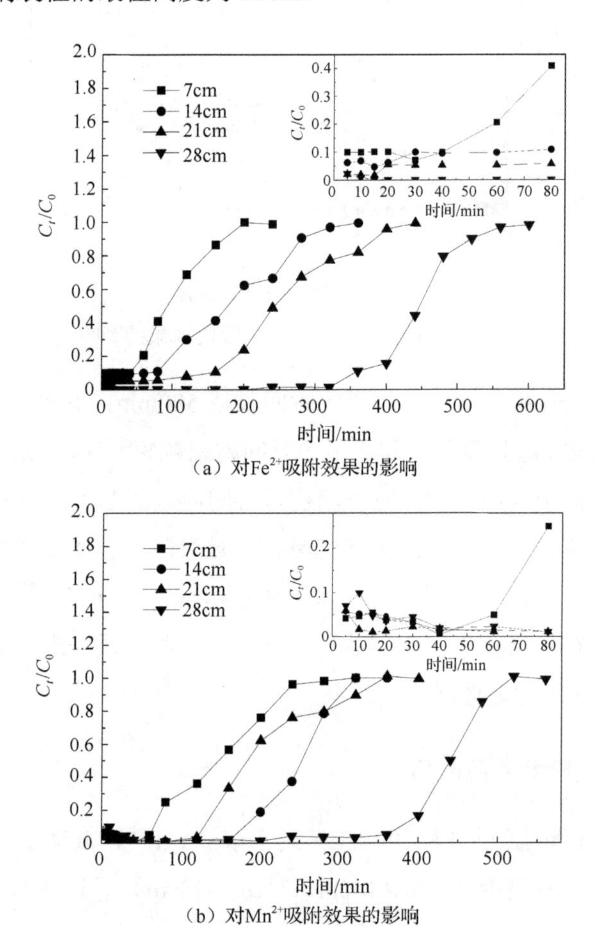

（a）对Fe^{2+}吸附效果的影响

（b）对Mn^{2+}吸附效果的影响

图 3-14 柱高对 Fe^{2+}和 Mn^{2+}吸附效果的影响

3. 共存离子对吸附效果的影响

共存 Fe^{2+}对 Mn^{2+}吸附效果的影响、共存 Mn^{2+}对 Fe^{2+}吸附效果的影响见图 3-15。

由图 3-15 可知，加入共存离子后，与单一铁、锰溶液相比，铁锰去除率较稳定。当控制吸附时间在 120min 内或共存离子浓度低至 2mg/L 时，吸附曲线无明显波动。随着共存离子的浓度增加，穿透曲线的陡度即斜率增大，即 CRH600 吸附饱和效率加快，这是由于 Fe^{2+}、Mn^{2+}争夺吸附点位（180min），抑制主要离子吸收[172]。

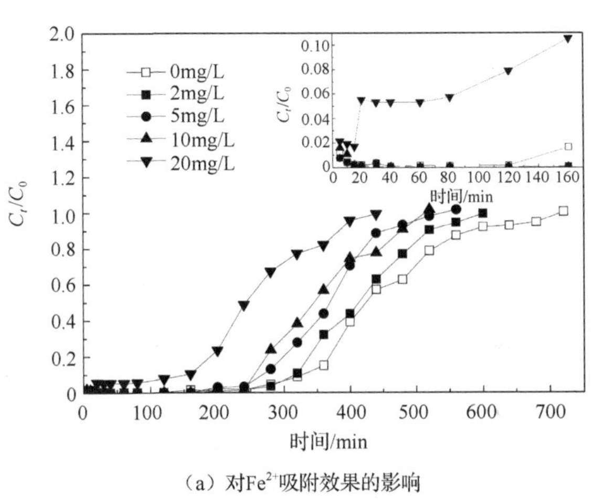

（a）对Fe^{2+}吸附效果的影响

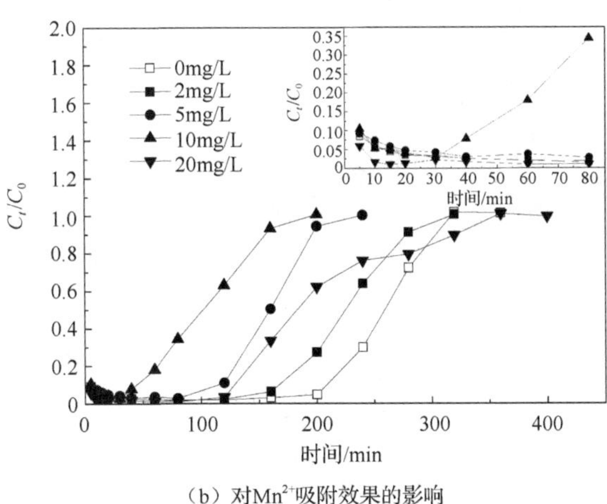

（b）对Mn^{2+}吸附效果的影响

图 3-15　共存离子对 Fe^{2+}和 Mn^{2+}吸附效果的影响

3.7.2 穿透曲线拟合

根据式（2-18）作 $\ln(C_t/C_0)$-t 图，计算参数 k_{AB}、N_0 及相关系数 R^2，根据式（2-19）作 $\ln(C_0/C_t-1)$-t 图，计算参数 k_{Th}、q_0 及相关系数 R^2，结果见图 3-16、表 3-7、表 3-8。

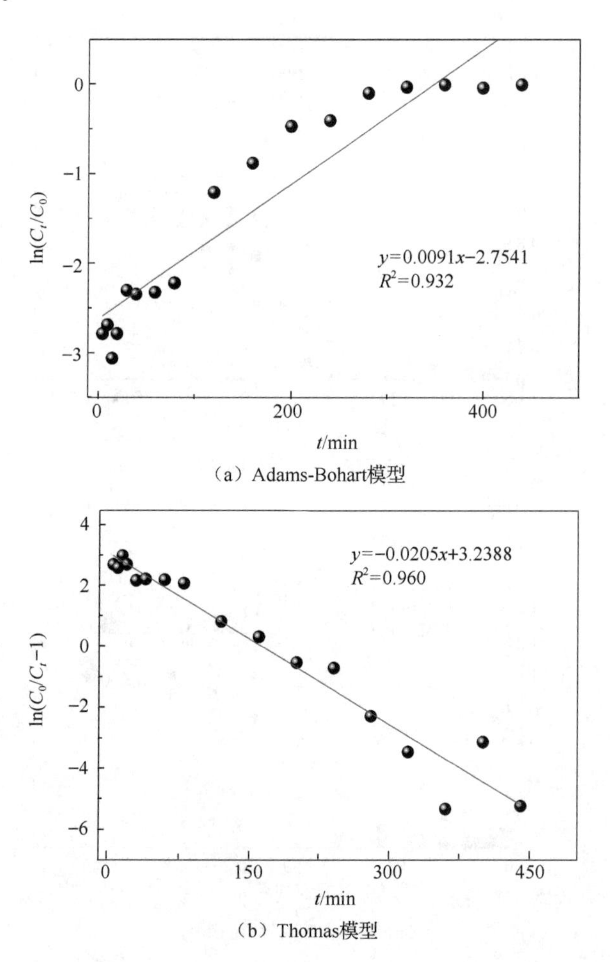

（a）Adams-Bohart模型

（b）Thomas模型

图 3-16　基于 Adams-Bohart 模型与 Thomas 模型的 CRH600 动态吸附 Fe^{2+} 过程的穿透曲线拟合（条件：初始浓度 C_0 为 20mg/L，滤速 V 为 15mL/min，柱高 H 为 14cm）

表 3-7 CRH600 对 Fe^{2+} 的 Adams-Bohart 模型与 Thomas 模型拟合参数

试验参数			Adams-Bohart 模型拟合参数			Thomas 模型拟合参数		
C_0/(mg/L)	V/(mL/min)	H/cm	$k_{AB}\times10^{-4}$/[L/(mg·min)]	$N_0\times10^3$/(mg/L)	R^2	k_{Th}/[mL/(mg·min)]	q_0/(mg/g)	R^2
20	5	28	2.85	0.517	0.746	0.325	4.627	0.774
20	10	28	4.75	0.709	0.741	0.67	5.395	0.743
20	15	28	6	0.884	0.785	0.83	6.847	0.814
20	20	28	7.2	0.913	0.828	1.105	6.513	0.897
20	15	7	6.2	1.195	0.876	1.74	5.255	0.910
20	15	14	4.55	0.917	0.932	1.025	4.789	0.960
20	15	21	4.75	0.759	0.930	0.88	4.655	0.947
20	15	28	6	0.884	0.785	0.83	6.847	0.814

表 3-8 CRH600 对 Mn^{2+} 的 Adams-Bohart 模型与 Thomas 模型拟合参数

试验参数			Adams-Bohart 模型拟合参数			Thomas 模型拟合参数		
C_0/(mg/L)	V/(mL/min)	H/cm	$k_{AB}\times10^{-4}$/[L/(mg·min)]	$N_0\times10^3$/(mg/L)	R^2	k_{Th}/[mL/(mg·min)]	q_0/(mg/g)	R^2
20	5	28	0.8	1.042	0.318	0.1	8.368	0.293
20	10	28	1.55	1.135	0.460	0.225	8.135	0.437
20	15	28	2.85	1.048	0.560	0.455	7.108	0.521
20	20	28	4.55	0.933	0.695	0.64	6.963	0.675
20	15	7	6.7	1.577	0.742	1.405	8.696	0.904
20	15	14	5.4	1.128	0.655	0.625	9.815	0.488
20	15	21	6.5	0.669	0.824	1.035	4.549	0.847
20	15	28	2.85	1.048	0.560	0.455	7.108	0.521

由表 3-7、表 3-8 可见，Thomas 模型（R^2=0.743～0.960）较 Adams-Bohart 模型（R^2=0.741～0.932）更符合 CRH600 对 Fe^{2+} 动态吸附试验数据的变化情况。k_{Th} 随着流速的增大而增大、填料层高度的增加而减小，表明低流速、高填料层高度利于 CRH600 动态吸附 Fe^{2+}。Adams-Bohart 模型（R^2=0.318～0.824）与 Thomas

模型（R^2=0.293～0.904）均不能很好地描述 CRH600 对 Mn^{2+}动态吸附试验数据，有待进一步研究。

3.8 本 章 小 结

本章以碳化稻壳灰为吸附剂，基于扫描电子显微镜（SEM）、X 射线衍射（XRD）、傅里叶变换红外光谱仪（FTIR）、比表面积及孔结构分析 BET 法、Boehm 测定法等表征手段剖析严寒村镇碳化稻壳对地下水中 Fe^{2+}、Mn^{2+}的吸附机理，通过单因素试验确定最佳投加量与最佳溶液 pH，采用吸附等温线-动力学-热力学理论揭示碳化稻壳低温吸附 Fe^{2+}、Mn^{2+}性能，考察饱和吸附后碳化稻壳的低温再生能力，得出了如下结论。

（1）600℃煅烧制备的改性稻壳颗粒 CRH600 对 Fe^{2+}、Mn^{2+}的低温（10℃）吸附效果优于 700℃与 800℃。与原稻壳相比，CRH600 比表面积与总孔容明显增大，疏松多孔，表面官能团含量增多，其中—OH 对铁锰去除贡献最大，凭借离子交换、表面络合作用吸附 Fe^{2+}、Mn^{2+}。混合溶液中 Fe^{2+}、Mn^{2+}之间不存在竞争吸附。CRH600 吸附 Fe^{2+}、Mn^{2+}的最优 pH 分别为 5 和 6，最佳投加量分别为 6mg/L、10mg/L。

（2）10℃ CRH600 对 Fe^{2+}、Mn^{2+}具有良好的低温吸附效果，最大吸附量分别为 5.85mg/g、2.83mg/g。Langmuir 等温线模型与 Lagergren 二级动力学模型更适于描述吸附过程。CRH600 对 Fe^{2+}、Mn^{2+}的吸附反应速率受控于膜扩散与颗粒内扩散。该吸附过程属自发放热，易在低温条件下进行，且同时涉及物理吸附与化学吸附。

（3）0.1mol/L H_2SO_4 为 CRH600 中 Fe^{2+}、Mn^{2+}的最佳解吸剂，且最佳吸附-解

吸循环次数分别为 5 和 3。再生 CRH600 的最大吸附量分别为解吸前饱和吸附量的 80%、90%。本章研究为改性稻壳颗粒低温去除地下水铁锰的应用提供了充分的基础数据与理论支撑。

（4）在 Fe^{2+}、Mn^{2+}浓度为 20mg/L，进水溶液 pH=7，吸附剂装柱高度为 28cm 条件下，CRH600 对 Fe^{2+}、Mn^{2+}的吸附饱和时间随着流速的升高而降低，随着吸附剂的装柱高度的升高而升高，溶液中共存离子的浓度越大，越容易达到吸附饱和。动态吸附过程的最佳运行参数为：反应器流速为 15mL/min，高度为 21cm。Thomas 模型可用来拟合 CRH600 对 Fe^{2+}的动态吸附过程（R^2=0.743～0.960），Adams-Bohart 模型（R^2=0.318～0.824）与 Thomas 模型（R^2=0.293～0.904）均不能很好地描述 CRH600 对 Mn^{2+}的动态吸附过程。

第4章　碳化稻壳-生物菌耦合净化严寒村镇 Fe^{2+}与 Mn^{2+}地下水

4.1　概　　述

针对严寒村镇 Fe^{2+}、Mn^{2+}地下水集中处理方式，本章以碳化稻壳颗粒作为生物固定化材料，接种筛选的优势铁锰氧化菌，通过碳化稻壳-生物菌耦合净化高铁锰地下水，实现铁锰的快速同步去除；在避免发生生物泄漏问题的基础上，优选柱状活性炭处理碳化稻壳颗粒生物滤柱处理后的残余菌，进而保证饮用水安全；探究装置低温快速启动方法，探讨生物滤层内铁锰氧化去除机制；考察运行参数、特定进水锰浓度梯度下进水总 Fe 浓度对生物除铁锰影响效应。本章研究将为建立严寒村镇高铁锰地下饮用水处理技术标准提供理论依据与技术支持。

4.2　培养与稳定阶段的运行情况

向滤柱Ⅰ投加大量菌种后，循环往复供给优势菌液，利于铁锰优势菌株接种于滤料表面且促进其生长繁殖，接种后需对细菌进行低温、贫营养等自然选择驯化。为了减小水流冲刷对驯化初期滤层间隙及滤料表面微生物菌群的影响，滤柱Ⅰ以 2m/h 的滤速启动运行。本试验的微生物驯化培养期与装置运行期重合。因未开展接种驯化培养阶段滤料上微生物数量随时间变化关系的试验，因此，无法确切知晓滤料成熟情况，但可通过以下方式判断：当进水水力负荷达到设计值，且观察到一定数量有代表特征的铁锰氧化菌，同时滤层对铁锰的去除能力增强，即完成驯化培养工作。

4.2.1　培养期间滤柱Ⅰ和Ⅱ对 Fe^{2+}、Mn^{2+} 的去除效果

滤柱Ⅰ除 Fe^{2+} 效果如图 4-1（a）所示，前 4d 出水 Fe^{2+} 浓度波动幅度大、去除率低且出水不达标，这是由于接种菌株在滤料表面附着松散且处于环境适应阶段，铁氧化细菌催化氧化 Fe^{2+} 能力有限；第 5～8d，Fe^{2+} 去除率持续上升，即便第 7d 滤速由 2m/h 增至 3m/h，出水 Fe^{2+} 浓度波动幅度仍逐渐减小，这可能是由于对 Fe^{2+} 的去除，除生物氧化作用之外，DO 充足时化学氧化也起到了一定的作用。滤柱Ⅰ除 Mn^{2+} 效果如图 4-1（b）所示，前 6d 滤柱Ⅰ对 Mn^{2+} 的去除率逐渐升高，由 7% 增至 91%，但出水 Mn^{2+} 浓度均高于 0.1mg/L；第 7d、13d 滤速改变时，Mn^{2+} 去除率均骤降，第 7～14d 出水 Mn^{2+} 浓度波动幅度较大，第 15d 后出水 Mn^{2+} 浓度均低于 0.1mg/L，去除率均在 90%以上，但与 Fe^{2+} 的处理效果相比，其耗时较长，这与 Fu 等[173]和 Phatai 等[174]的结论一致。Fe^{2+} 是细菌的基础代谢底物，为细菌的生长繁殖提供了大部分的能量，而 Mn^{2+} 的去除则需要细菌具备较高活性且达到一定数量后才得以体现。综合分析出水中 Fe^{2+}、Mn^{2+} 浓度，滤柱Ⅰ运行 15d 滤膜趋于成熟。滤柱Ⅱ除 Fe^{2+}、Mn^{2+} 效果如图 4-2（a）、（b）所示，出水 Fe^{2+}、Mn^{2+} 浓度均远低于 0.1mg/L。

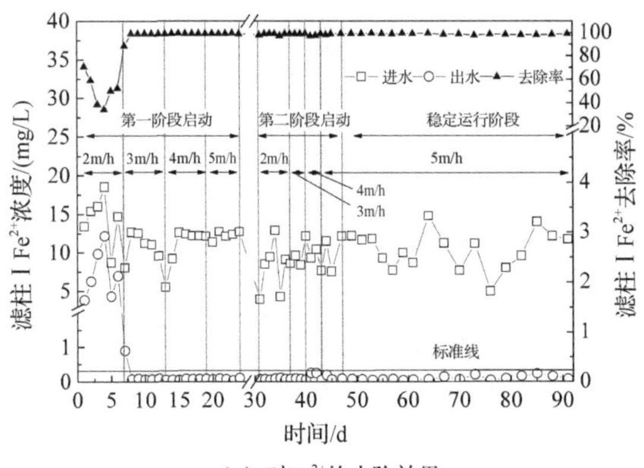

（a）对 Fe^{2+} 的去除效果

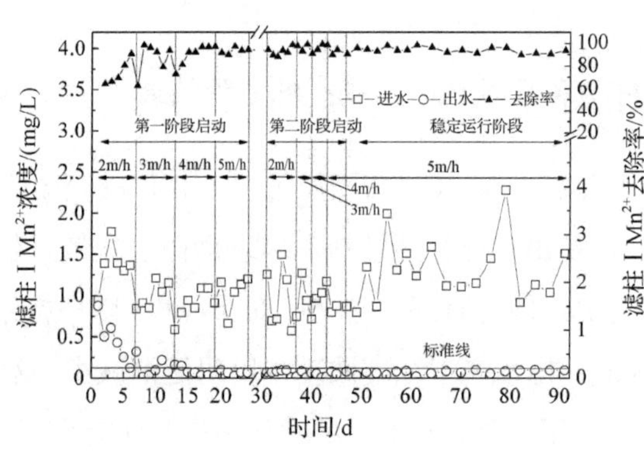

（b）对Mn^{2+}的去除效果

图 4-1　滤柱 I 出水 Fe^{2+}、Mn^{2+}去除效果

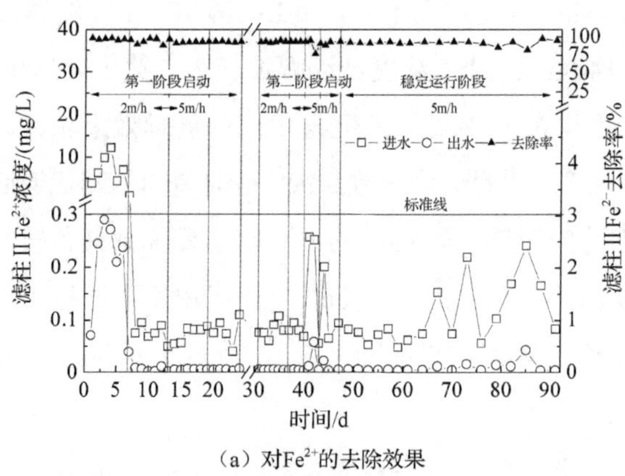

（a）对Fe^{2+}的去除效果

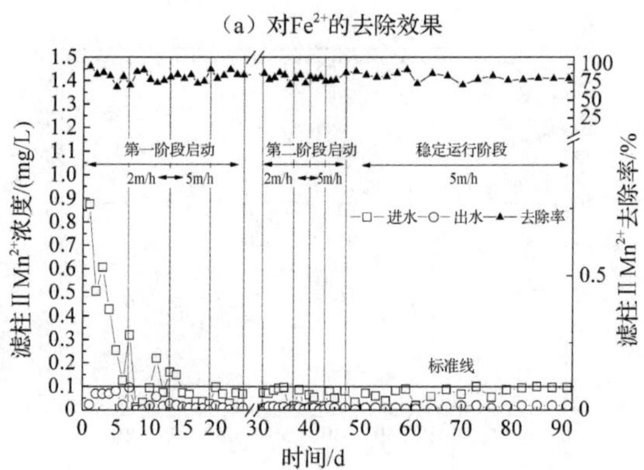

（b）对Mn^{2+}的去除效果

图 4-2　滤柱 II 出水 Fe^{2+}、Mn^{2+}去除效果

该试验在低滤速条件下建立了稳定的铁锰优势菌种的微生态系统，阶梯式提高滤速至 5m/h 对出水水质无影响，表明以 CRH600 为滤料的滤池中微生物大量繁殖，生长状态良好，系统抗冲击、抗负荷能力较强。

4.2.2　培养期间滤柱Ⅱ对细菌的去除效果

滤柱Ⅱ对铁锰氧化菌的去除效果如图 4-3 所示，滤柱Ⅱ的进水中细菌量随着滤柱Ⅰ的挂膜情况而发生变化。培养初期，滤柱Ⅰ内滤膜不成熟，滤后水中细菌量较大，高达 482CFU/mL；随着试验运行，滤柱Ⅰ内滤膜逐渐趋于成熟，滤后水中细菌量逐渐降低，但每次试验条件改变后，滤柱Ⅱ进水中细菌量均有大幅增加；滤速由 2m/h 增加至 3m/h 后，滤柱Ⅱ进水中细菌量由 338CFU/mL 增至 441CFU/mL；滤速增至 4m/h 后，进水细菌量由 232CFU/mL 增至 296CFU/mL；滤速增至 5m/h 后，进水细菌量仅增加 21CFU/mL，表明滤柱Ⅰ内的滤膜已趋于成熟，已具备很强的抗冲击负荷能力。培养期间，滤柱Ⅱ的出水细菌量始终低于 100CFU/mL，均能达到饮用水标准，表明柱状活性炭颗粒对细菌的吸附效果显著。

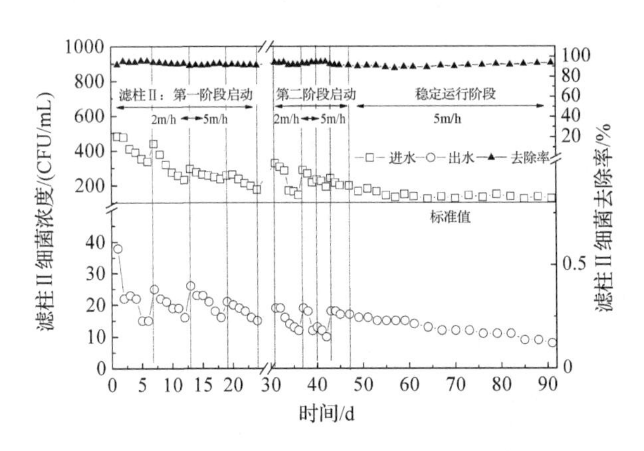

图 4-3　滤柱Ⅱ对铁锰氧化菌的去除效果

4.2.3 稳定阶段滤柱Ⅰ和Ⅱ出水 Fe^{2+}、Mn^{2+}与细菌浓度情况

滤柱Ⅰ在两次启动运行 15d 后，不断提高滤速至 5m/h，且停滞 6d 后再次以低滤速启动，出水 Fe^{2+}、Mn^{2+}浓度不受滤速改变、停滞工况的影响，持续保持在 0.3mg/L 以下，且去除率均在 90%以上，这表明活性滤膜稳定性及抗冲击力高，铁锰氧化菌的空间分布均匀性提高，在胞外酶的催化作用下将铁锰氧化，形成絮状沉淀被滤料截留，实现铁锰的同步高效稳定去除。进入稳定阶段，Fe^{2+}、Mn^{2+}、细菌浓度均符合《生活饮用水卫生标准》（GB 5749—2022）规定的标准值，始终分别低于 0.3mg/L、0.1mg/L 与 100CFU/mL。

4.3 生物滤层内铁氧化去除机制

地下水除铁机理是利用物理化学或生物的方法，将水中的 Fe^{2+}氧化成 Fe^{3+}，基于滤层截留铁氧化物作用实现铁的去除。基于生物法与接触氧化法，考察不同滤速、进水总 Fe 浓度条件下滤柱Ⅰ中沿程总 Fe 与 Fe^{2+}的去除效果及其反应速率，结果如图 4-4、图 4-5 所示。

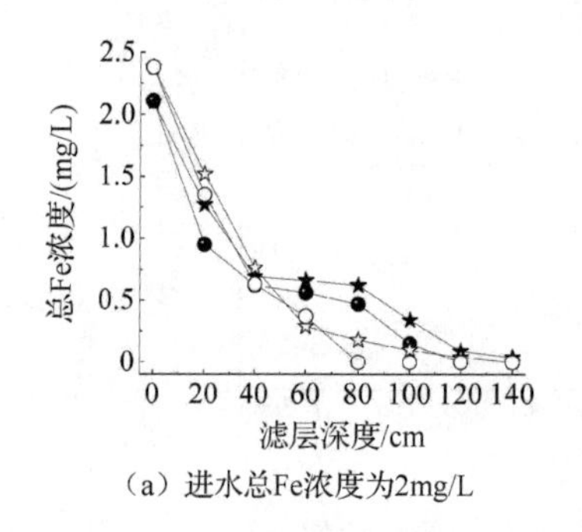

（a）进水总Fe浓度为2mg/L

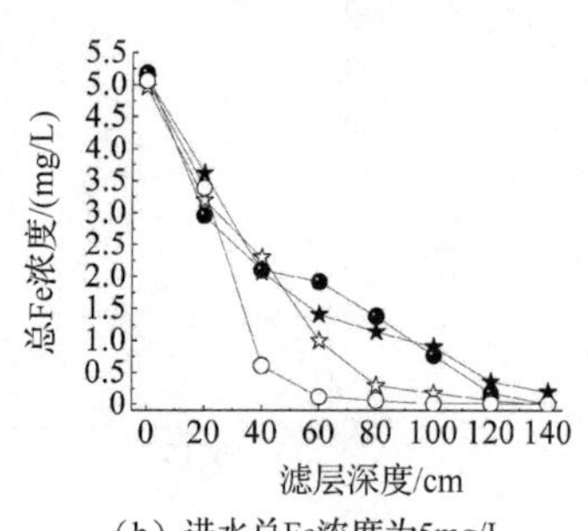

（b）进水总Fe浓度为5mg/L

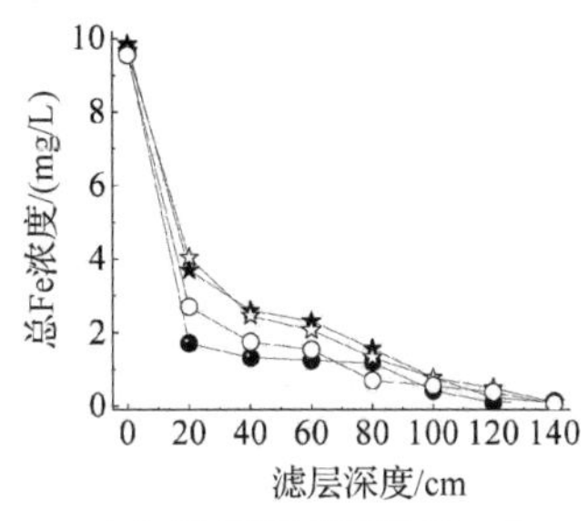

接触氧化法（滤速3m/h）　生物法（滤速3m/h）
接触氧化法（滤速5m/h）　生物法（滤速5m/h）

图 4-4　不同滤速、进水总 Fe 浓度条件下滤柱 I 中总 Fe 的去除效果

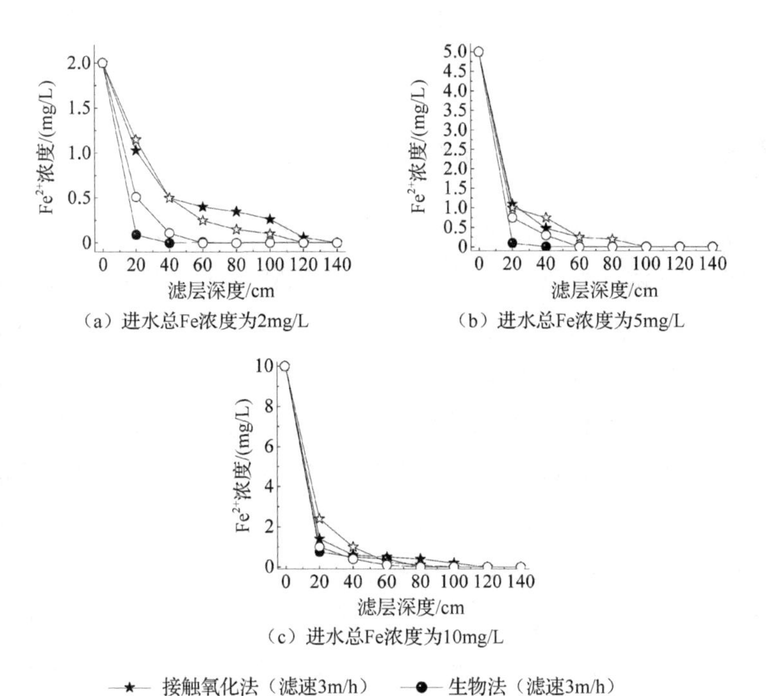

图 4-5　不同滤速、进水总 Fe 浓度条件下滤柱 I 中 Fe^{2+}的去除效果

4.3.1 不同进水总 Fe 浓度对滤柱 I 中 Fe^{2+} 去除效果的影响

针对滤柱 I 在相同滤速、不同进水总 Fe 浓度条件下的试验结果，由图 4-4 可知，滤层深度 120cm 范围内，生物法出水中总 Fe 浓度大都低于接触氧化法，个别情况下，接触氧化法除 Fe^{2+} 效果优于生物法，但差别不明显，这可能是由于某处滤层铁氧化菌少或受反冲洗等因素影响。由图 4-5 可知，生物法与接触氧化法对 Fe^{2+} 去除效果差别不大，但生物法的除 Fe^{2+} 速率均高于接触氧化法。在滤层 20cm 处对 Fe^{2+} 的氧化率即达 75%以上，而对于接触氧化法 Fe^{2+} 则需在大于 100cm 的滤层深度处被完全氧化。这是由于滤柱上部富氧，Fe^{2+} 被水中的溶解氧氧化，且铁氧化菌在有氧条件下可利用 Fe^{2+} 作为电子供体为自身提供能量，对 Fe^{2+} 的氧化有极强的促进作用，故出水 Fe^{2+} 浓度低[175, 176]。

4.3.2 不同滤速对滤柱 I 中 Fe^{2+} 去除效果的影响

针对滤柱 I 在相同进水总 Fe 浓度、不同滤速条件下的试验结果，由图 4-4 可知，当进水总 Fe 浓度为 2mg/L、5mg/L 时，滤速对两种方法除总 Fe 能力的影响规律一致，滤层上部 20cm 范围内低滤速对应的滤柱沿程出水总 Fe 浓度略低，提高滤速后，滤层中部（40～120cm）除总 Fe 能力差别明显；当进水总 Fe 浓度提高至 10mg/L 时，接触氧化法与生物法对总 Fe 的去除效果受滤速影响均较小。由图 4-5 可知，滤层上部 40cm 范围内，在两种滤速下，接触氧化法对 Fe^{2+} 的氧化差别不大，生物法对 Fe^{2+} 去除效果则随滤速的增加而略有下降；对于相同滤层深度，高滤速条件下的出水 Fe^{2+} 浓度较低滤速高，表明提高滤速后生物法需更厚的滤层完成进水中 Fe^{2+} 的氧化。当进水总 Fe 浓度大于 5mg/L 时，滤层深度大于 60cm 后，两种方法出水 Fe^{2+} 浓度几乎不受滤速影响且均可至去除极限，表明 Fe^{2+} 的去除主要集中于滤层上部 60cm 范围内。

综上，除 Fe^{2+} 机理主要是物理化学作用，辅以生物作用，铁氧化菌加速了滤层对进水 Fe^{2+} 的氧化，增强了微生物对滤层截留铁氧化物的能力；滤速的提高对

生物法 Fe^{2+} 去除能力具有显著影响，该结论与杨柳[177]和 Pacini 等[178]研究结果一致。

4.4　生物滤层内锰氧化去除机制

4.4.1　滤柱启动后培养初期成熟滤料表征

1. 微生物形态分析

滤柱成功启动后，为进一步观察滤料表面的微生物与铁锰氧化物的附着情况，选取滤层 60cm 深度处的滤料与反冲洗水，采用扫描电子显微镜（SEM）进行分析。滤柱Ⅰ、滤柱Ⅱ成熟滤料表面与反冲洗水中泥样微生物形态如图 4-6 所示。

图 4-6（a）、（b）中均存在大量的细菌与片层状或颗粒结构，其在反冲洗水中的量较大，根据菌形态可知微生物主要为接入的原始巨大芽孢杆菌（*Bacillus megaterium*）菌群，其依靠进水中铁、锰等地下水自身营养，经适应期—对数生长期培养后占据生态位的主体；片层状或颗粒结构可能为巨大芽孢杆菌的胞外聚合物及铁锰沉淀物，具体情况有待进一步确认分析。由图 4-6（c）、（d）可知，滤

（a）滤柱Ⅰ成熟滤料表面微生物形态观察（10000倍）

（b）滤柱Ⅰ反冲洗水中泥样微生物形态观察（10000倍）

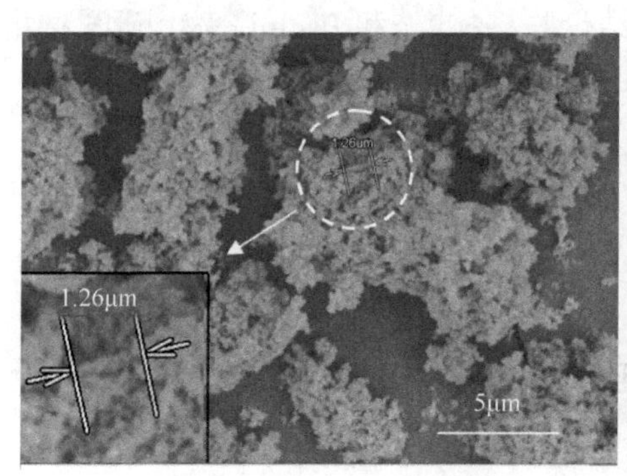

（c）滤柱Ⅱ成熟滤料表面微生物形态观察
（5000倍）

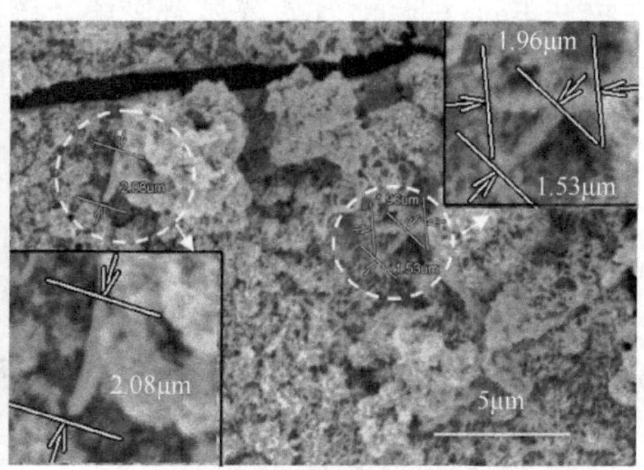

（d）滤柱Ⅱ反冲洗水中泥样微生物形态观察
（5000倍）

图 4-6　滤柱Ⅰ、滤柱Ⅱ成熟滤料表面与反冲洗水中泥样微生物形态

柱Ⅱ成熟滤料表面与反冲洗水中巨大芽孢杆菌的数量较少，这表明滤柱Ⅰ滤料表面形成的生物除铁锰活性滤膜成熟且稳定。

2. 滤料表面物质分析

为进一步确定滤料表面附着的片层状或颗粒结构物质，采用 FTIR 技术对成熟滤料进行表征。原始碳化稻壳与滤层成熟滤料的 FTIR 分析图谱如图 4-7 所示。

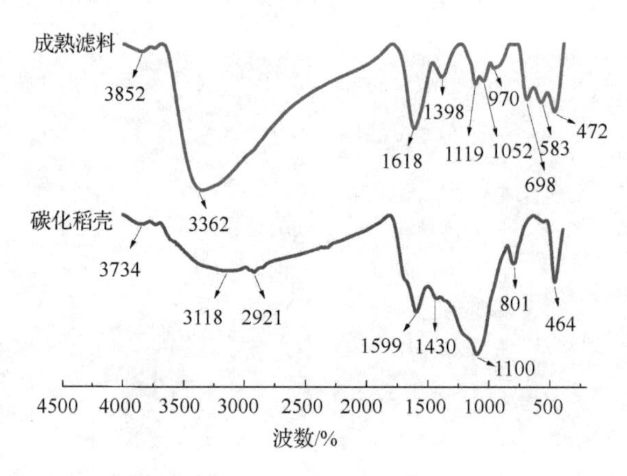

图 4-7　原始碳化稻壳与滤层成熟滤料的 FTIR 分析图谱

在 3362cm^{-1} 处的吸收峰表明了羟基的存在，1618cm^{-1} 与 1398cm^{-1} 处吸收峰表明了有机物的存在，因进水（配水）中几乎不存在有机物，故此处的有机物即代表微生物；698cm^{-1} 处吸收峰表明了 Si—C 的存在，这是由于碳化稻壳本身成分所致；970cm^{-1} 处出现了 α—FeOOH 的特征吸收峰；583cm^{-1} 处出现了 Mn—O 的特征吸收峰[179]。由此可见，成熟滤料上存在大量的微生物与铁锰氧化物。

3. 滤料表面元素价态分析

为进一步研究生物除铁锰过程中铁、锰的去除机理以及非液相产物上铁、锰的价态组成，本试验采用 XPS 对反冲洗泥样进行分析，结果见图 4-8，图（a）～（d）分别为 C1s、O1s、Fe2p、Mn2p 的 X 射线光电子光谱（XPS）图，通过找到峰值处所对应的横坐标结合能（binding energy）来判定是否存在某种元素及该元素的存在形式。

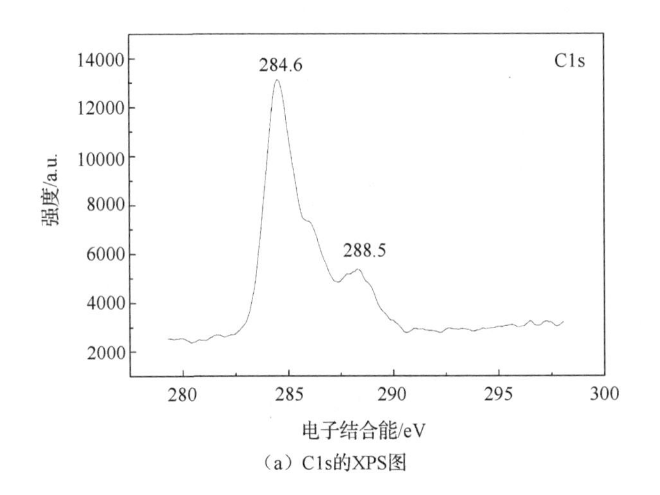

（a）C1s的XPS图

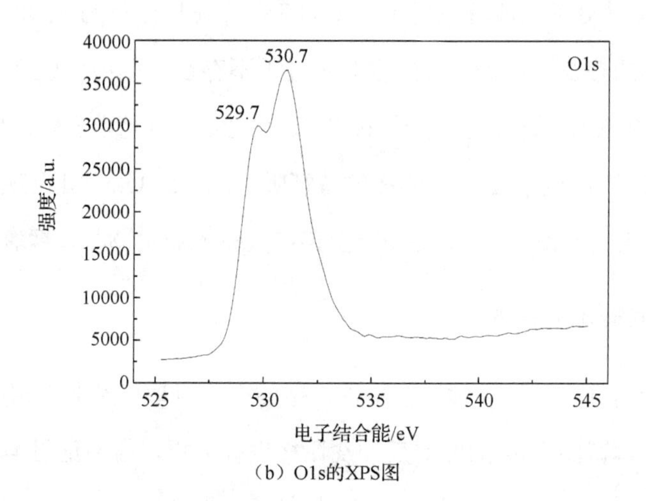

（b）O1s的XPS图

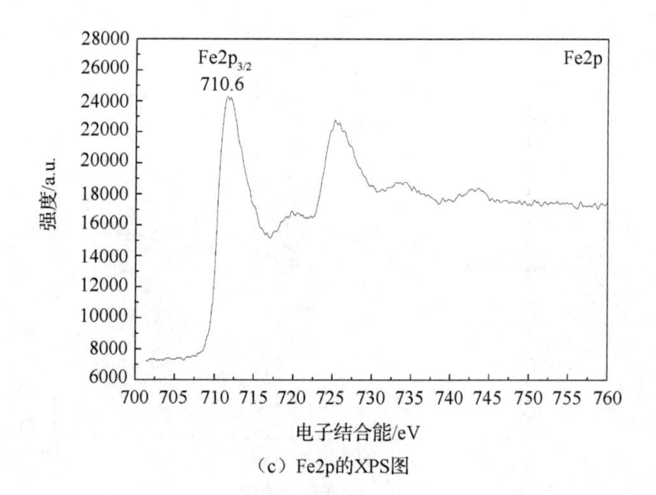

（c）Fe2p的XPS图

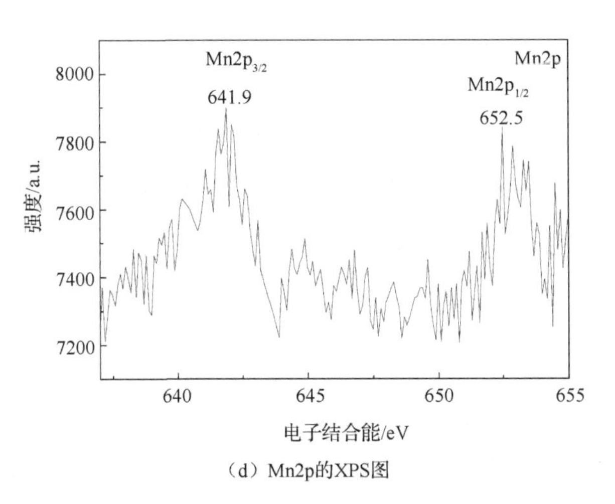

（d）Mn2p的XPS图

图 4-8　反冲洗泥样的 XPS 分析图谱

从图 4-8（a）可知，C1s 的出峰位置在 284.6eV 及 288.5eV 处，分别表明样品中存在 C—C 键、C—H 键与酯类官能团，因酯类化合物为微生物生长所需且为微生物氧化产物的重要组成部分，故表明样品中存在微生物[180]。从图 4-8（b）可知，O1s 的出峰位置在 529.7eV 及 530.7eV 处，分别表明样品中存在晶格氧 O^{2-}、羟基 OH^-[181]。在 529.7eV 处，O^{2-}的出现通常为氧与金属元素的结合，进而证明了铁锰氧化物的存在；而在 530.7eV 处，则表明样品表面存在 OH^-吸附的情况。从图 4-8（c）可知，$Fe2p_{3/2}$的出峰位置在 710.6eV 处，该处是铁羟基氧化物的特征峰，该氧化物一般存在于针铁矿或水铁矿中；Sogaard 等[182]研究表明针铁矿或水铁矿峰值分别为 711.9eV 与 710.6eV，可确定样品表面存在的羟基氧化物是无定型的水铁矿，这与 Katsoyiannis 等[183]的生物除铁研究结果一致。从图 4-8（d）可知，$Mn2p_{3/2}$ 峰值出现在 641.9eV。锰在反应器中一般以多种价态形式存在，通常用 MnO_x 来表示锰的化学结构：当 x 为 1、2 时，锰的化合价分别为+2、+4，对应峰值在 640.6eV、642.2eV 处[182]；锰还可以+3 价存在，如 MnOOH，出峰位置为 641.5eV[182]。因本章研究的 $Mn2p_{3/2}$ 结合能 641.9eV 在 641.5eV 与 642.2eV 之间，故认为 MnO_x 中 Mn 的平均价态在+3 与+4 之间。

4. MnO_x 物相分析

经历不同运行时间的滤料表面锰氧化物的拉曼光谱分析见图 4-9。如图 4-9 所示，滤料成熟初期，拉曼光谱主要有 3 个峰，拉曼位移分别为 503cm^{-1}、576cm^{-1}和 669cm^{-1}，表明锰氧化物为水钠锰矿（birnessite）型[184]，随着运行时间增长，水钠锰矿峰值强度减弱，此时水钠锰矿的结晶度很低或呈无定形态。

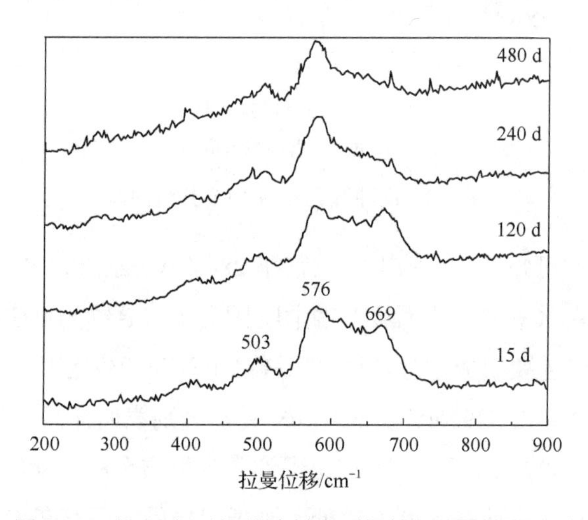

图 4-9 不同运行时间的滤料表面锰氧化物的拉曼光谱

4.4.2 滤柱除 Mn^{2+} 机理

Kim 等[185]采用电子顺磁共振（EPR）光谱区分水温 17℃条件下水钠锰矿生物或无机（非生物）作用形成机理：当光谱波长为ΔH=600～1200Gs（1Gs=10^{-4}T）时，除锰机理主要是生物作用；ΔH＞1200Gs 时，主要依靠非生物作用除锰。

自滤柱成功启动（15d）后，对不同运行时间的滤料表面与反冲洗中的水钠锰矿进行 EPR 光谱分析，结果见图 4-10。随着运行时间的延长，滤料表面水钠锰矿的ΔH 值也随之增加，250d 内，ΔH 值增加快速；运行 400d 后，ΔH 从 600～1200Gs

范围变化升至 1200Gs 以上，表明运行 400d 后，滤柱的除锰机理从生物作用转变为物理化学作用，物理化学作用主要为反应速度极快的自催化氧化。反冲洗水中水钠锰矿的 ΔH 值在 600Gs 上下波动，表明生物除锰存在于整个过滤过程。此处的水钠锰矿主要由生物作用形成，来自滤料生物膜表面，易被水冲刷。试验过程中滤柱的膨胀度低，表明物化形成的水钠锰矿紧固滤料表面，极少被冲刷。

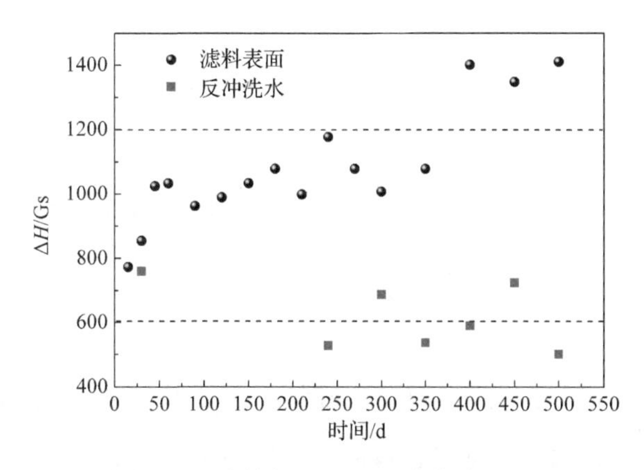

图 4-10　水钠锰矿 EPR 光谱的波长 ΔH

对不同运行时间滤料表面水钠锰矿进行扫描电子显微镜（SEM）表征，考察生物作用与物理化学作用形成水钠锰矿的结构差异，结果见图 4-11。由图 4-11 可知，生物作用形成的水钠锰矿呈蓬松的板式结构，而物理化学作用形成的水钠锰矿则呈珊瑚或海绵状结构。Post 等[186]指出水钠锰矿由八面体 MnO_6 层堆叠而成，层间充满阳离子和水，该结构特征易参与氧化反应、阳离子交换反应，这表明水钠锰矿自催化氧化能力强。SEM 表征结果也证实，水钠锰矿为结晶或无定形态。

综上所述，在滤料成熟阶段与稳定运行初期，滤柱对锰的去除主要是通过生物作用，而稳定运行后期则是物理化学作用占优势。

（a）240d　　（b）480d

图 4-11　不同运行时间滤料表面水钠锰矿的 SEM 图

4.5　运行参数对生物除铁锰的影响

4.5.1　反冲洗参数对生物除铁锰的影响

滤层是铁锰菌附着、生长的环境，在地下水水温、水质等因素变化不大的条件下，对生物滤层最大的扰动来自过滤周期后的反冲洗阶段。反冲洗时既要清除滤层截留的铁锰氧化物，又要保证滤层微生物不受较大的机械损伤与破坏，故选择合适的反冲洗参数对生物滤层的正常运行至关重要。

1. 不同反冲洗周期对去除效果的影响

在反冲洗时间 3min、反冲洗强度 $8L/(s\cdot m^2)$的条件下，反冲洗周期为 24h、48h、72h 时，滤柱 I 对总 Fe、Mn^{2+}的去除效果如图 4-12 所示。不同反冲洗周期条件下，出水总 Fe、Mn^{2+}浓度均远低于国家《生活饮用水卫生标准》（GB 5749—2022）的限值要求，去除率均超过了 98%；稳定阶段后期反冲洗周期控制 24h，可避免滤料板结与裂缝现象出现，出水较稳定，反冲洗周期 48h、72h 时，出水波动较大。

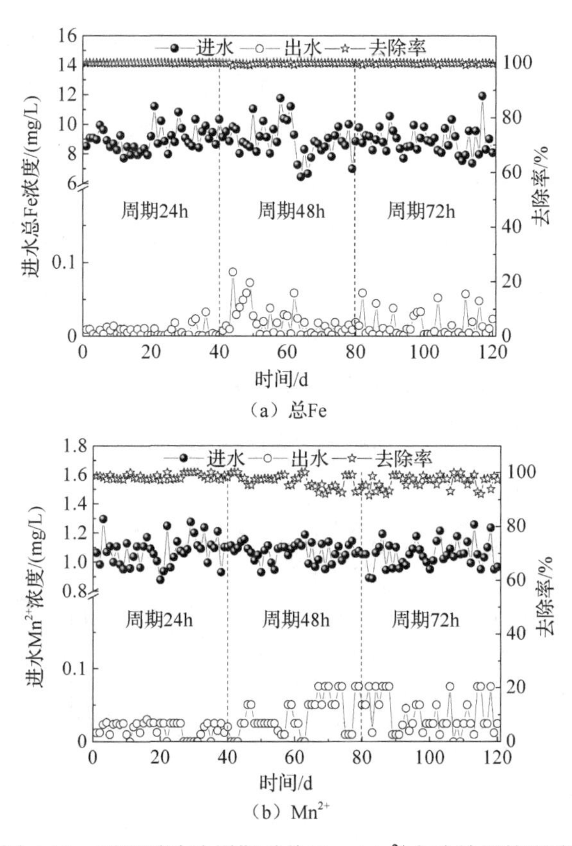

图 4-12　不同反冲洗周期对总 Fe、Mn^{2+}去除效果的影响

2. 不同反冲洗强度对去除效果的影响

在反冲洗时间 3min、过滤周期 48h 的条件下，反冲洗强度为 8L/(s·m^2)、10L/(s·m^2)、12L/(s·m^2)时，滤柱 I 对总 Fe、Mn^{2+}的去除效果如图 4-13 所示。不同反冲洗强度下，出水总 Fe 的平均浓度分别为 0.10mg/L、0.017mg/L、0.15mg/L，出水 Mn^{2+}的平均浓度分别为 0.058mg/L、0.013mg/L、0.14mg/L，该结果表明反冲洗强度在 8～10L/(s·m^2)时，出水中总 Fe、Mn^{2+}浓度均远低于国家《生活饮用水卫生标准》（GB 5749—2022）的限值要求。Mn^{2+}去除更易受反冲洗强度影响，这是由于铁以

化学去除为主，而锰主要靠生物去除，且锰氧化菌的世代周期比铁细菌长[187]，反冲洗水对滤料上附着的微生物有较大的剪切力，滤柱内的滤料会互相碰撞，从而造成滤料上微生物的脱落，影响锰的去除效果。此外，控制反冲洗强度 $8L/(s \cdot m^2)$ 运行的后期，滤层表面出现了铁泥板结、轻微裂缝现象，将反冲洗强度提升至 $10L/(s \cdot m^2)$，运行30d左右，上述现象消失；反冲洗强度提升至 $12L/(s \cdot m^2)$ 时，出水 Mn^{2+} 浓度超标，且出现了“跑砂”现象。综合上述分析，建议生物滤池在稳定运行阶段，反冲洗强度可略高于培养扩增阶段，以便冲走死亡的细菌与大量铁泥团，但不宜过大，以免出现微生物膜脱落。

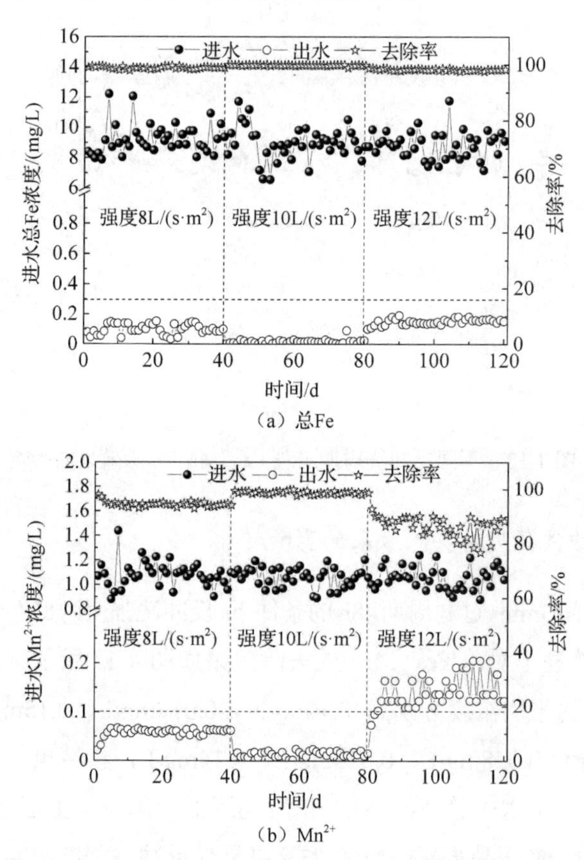

（a）总Fe

（b）Mn^{2+}

图4-13 不同反冲洗强度对总Fe、Mn^{2+}去除效果的影响

3. 不同反冲洗时间对去除效果的影响

在过滤周期 48h、反冲洗强度 10L/(s·m^2)的条件下，反冲洗时间为 3min、5min、7min 时，滤柱对总 Fe、Mn^{2+}的去除效果如图 4-14 所示。不同反冲洗时间下，出水总 Fe 的平均浓度分别为 0.027mg/L、0.015mg/L、0.015mg/L，出水 Mn^{2+}的平均浓度分别为 0.015mg/L、0.014mg/L、0.101mg/L；结果表明反冲洗时间 3～5min，出水中总 Fe 和 Mn^{2+}浓度均远低于国家《生活饮用水卫生标准》（GB 5749—2022）的限值要求；反冲洗时间为 5min 时，出水水质更稳定，7min 时 Mn^{2+}浓度接近甚至超过 0.1mg/L。

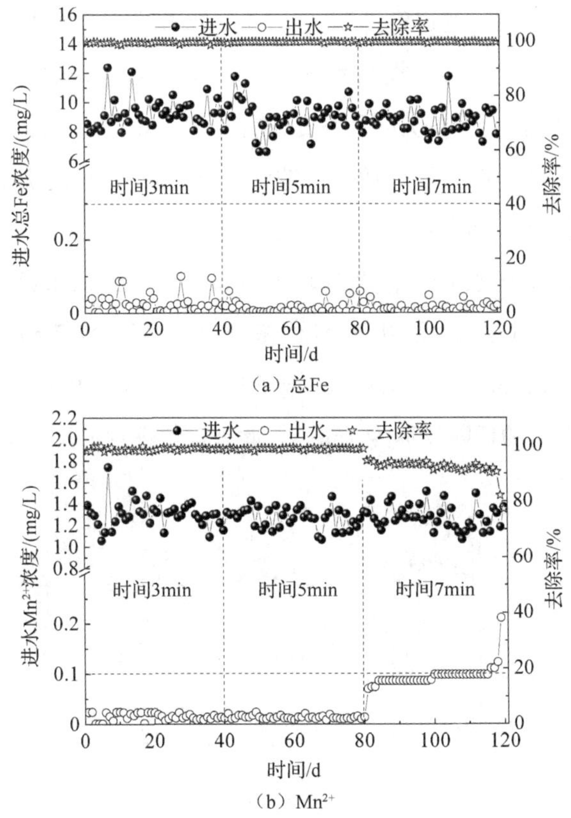

（a）总Fe

（b）Mn^{2+}

图 4-14　不同反冲洗时间对总 Fe、Mn^{2+}去除效果的影响

综上，反冲洗强度的提升、反冲洗时间的延长均会使滤层 CRH600 滤料表面的生物膜大量脱落，反冲洗水的排放会带走过多的铁锰菌，从而破坏滤层中的微生态系统，造成 Mn^{2+}处理不合格的情况发生。本章研究反冲洗参数最优条件为：反冲洗周期 24～48h，强度 8～10L/(s·m^2)，时间 3～5min，稳定运行后期三参数分别取 24h、10L/(s·m^2)、5min。在最优条件下反冲洗不仅可以节水节能，还能提高滤池出水水质，增强滤层含污能力，增加产水量等，可带来更大的经济效益。

4.5.2 滤速对生物除铁锰的影响

滤料培养成熟以后，滤速仅达到了 5m/h，处于较低的滤速范围。为进一步挖掘在最优条件下的工艺潜力，提高系统处理能力，本小节探究了在保证出水合格的情况下的极限滤速。滤速提升过程中进出水 Fe^{2+}、Mn^{2+}浓度趋势如图 4-15 所示。试验采取逐级提升滤速的方法，控制反冲洗强度 10L/(s·m^2)，反冲洗时间 5min，为保证出水水质达标，调整相应的反冲洗周期。

由图 4-15 看出，出水 Fe^{2+}浓度在滤速 16m/h 时接近 0.3mg/L，滤速 18m/h 时，开始出现大于 0.3mg/L 的情况；出水 Mn^{2+}浓度自滤速升至 17m/h 时高于 0.1mg/L。故当水温 15～17℃、Fe^{2+}浓度 7.3～12.3mg/L、Mn^{2+}浓度 0.5～1.2mg/L 时，若保证出水合格，该工艺的极限滤速为 16m/h。此外，保证反冲洗周期 24h 且出水合格

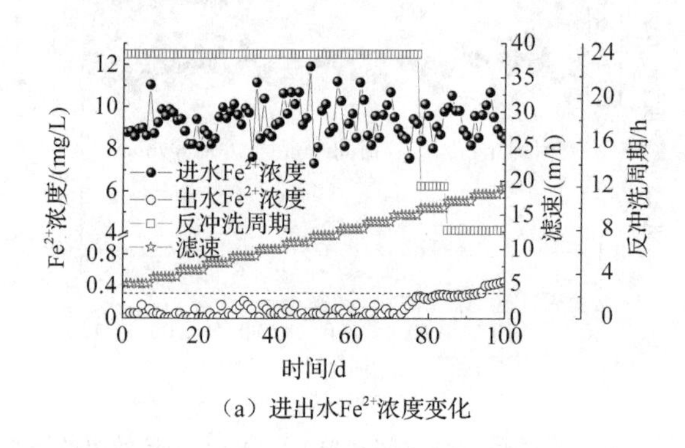

（a）进出水Fe^{2+}浓度变化

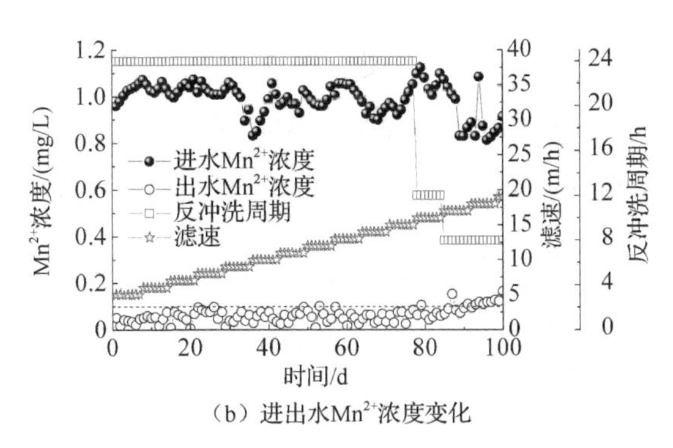

（b）进出水 Mn^{2+} 浓度变化

图 4-15　滤速提升过程中进出水 Fe^{2+}、Mn^{2+} 浓度变化

时，最大滤速达到 15m/h。已有的研究表明，生物除铁锰工艺最高滤速为 19m/h[66]，该值是在 20℃、Fe^{2+} 浓度＜7mg/L、Mn^{2+} 浓度＜1mg/L 进水条件下获取的，因此，在此运行条件下，该工艺具有低温生物除铁锰的优势。

4.6　特定进水 Mn^{2+} 浓度梯度下进水总 Fe 浓度对生物除铁锰的影响

铁锰氧化菌间或互相竞争，或伴生存在，进水总 Fe 浓度将影响滤层中铁氧化菌含量。而铁氧化菌的存在又将促进或抑制滤层的除锰能力，通过定期提高进水 Mn^{2+} 浓度，考察不同总 Fe 浓度下滤层对铁锰的去除能力，进而研究进水总 Fe 浓度对滤层除锰能力的影响。试验结果见图 4-16～图 4-18。

4.6.1　特定进水 Mn^{2+} 浓度梯度下进水总 Fe 浓度对生物除铁的影响

如图 4-16 所示，进水总 Fe 浓度维持在 0.6mg/L，进水 Mn^{2+} 浓度在 1～12d 维持在 1mg/L，13～24d 维持在 2mg/L；第 13d 时进水 Mn^{2+} 浓度的增大使出水总 Fe 浓度提高。各阶段出水总 Fe 浓度随滤柱 Ⅰ 运行逐渐降低，总 Fe 去除率逐渐升高，出水总 Fe 浓度始终低于 0.3mg/L，因进水总 Fe 浓度低导致总 Fe 去除率较低，以 13d 为界，变化范围分别为 68%～92%、49%～77%。试验结果表明，进水 Mn^{2+} 浓度对总 Fe 去除的影响是暂时的，可通过调节滤柱运行参数增强除铁能力。

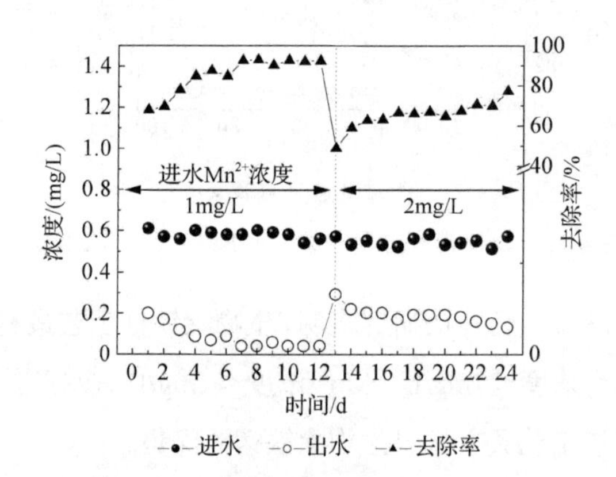

图 4-16　特定进水 Mn^{2+}浓度梯度下进水总 Fe 浓度为 0.6mg/L 时总 Fe 去除效果

如图 4-17 所示，进水总 Fe 浓度维持在 2mg/L，进水 Mn^{2+}浓度在 1～12d 维持在 1mg/L，13～24d 维持在 2mg/L，25～36d 维持在 3mg/L，37～48d 维持在 4mg/L。与图 4-16 情况相似，在第 1d、第 13d、第 25d、第 37d 进水中 Mn^{2+}浓度发生变化时，相应出水总 Fe 浓度短暂升高，但随着运行时间的增长，出水中总 Fe 浓度逐

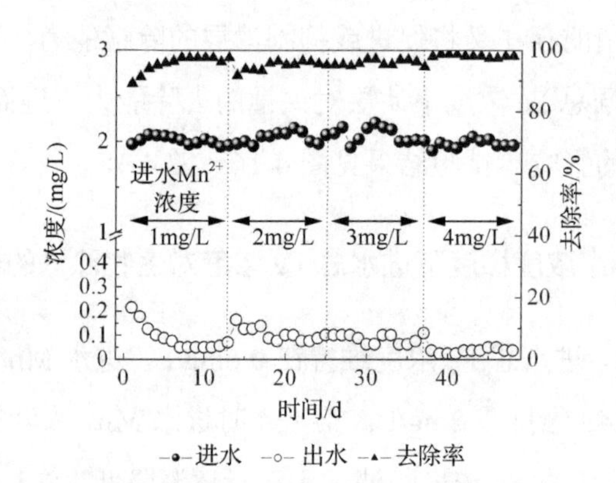

图 4-17　特定进水 Mn^{2+}浓度梯度下进水总 Fe 浓度为 2mg/L 时总 Fe 去除效果

渐下降，去除率逐渐升高。试验表明进水中总 Fe 浓度升高，进水 Mn^{2+} 浓度变化对出水总 Fe 浓度的影响不大，总 Fe 去除率超过 90%。

如图 4-18 所示，进水总 Fe 浓度越大，特定进水 Mn^{2+} 浓度梯度下进水总 Fe 浓度对生物除铁影响越小，总 Fe 去除率越高，均接近 100%。

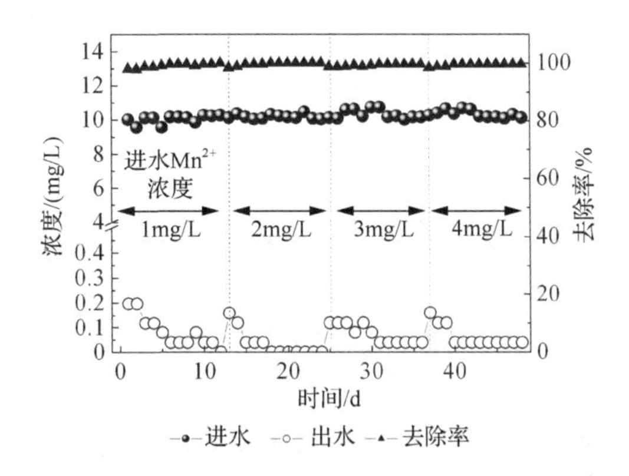

图 4-18　特定进水 Mn^{2+} 浓度梯度下进水总 Fe 浓度为 10mg/L 时总 Fe 去除效果

4.6.2　特定进水 Mn^{2+} 浓度梯度下进水总 Fe 浓度对生物除锰的影响

进水总 Fe 浓度对生物除锰的影响较大，如图 4-19 所示。进水中含有微量铁时，当进水 Mn^{2+} 浓度为 1mg/L 时，出水 Mn^{2+} 浓度均小于 0.1mg/L，去除率为 91%～99%；但当 Mn^{2+} 浓度升高到 2mg/L 时，出水 Mn^{2+} 浓度稳定时最低保持在 0.9mg/L，去除率仅为 35%～62%，此时进水 Mn^{2+} 浓度在该工况下超过了滤柱 I 的去除能力，若使出水 Mn^{2+} 浓度达标，则需采取适当措施，如降低滤速或延长滤柱培养时间等。

如图 4-20 所示，进水总 Fe 浓度为 2mg/L 时，滤柱 I 具有较强的除锰能力，在进水 Mn^{2+} 浓度突增时，出水 Mn^{2+} 浓度也随之上升，但滤层经较短时间的适应与培养即可保证持续的除锰效果，即使进水 Mn^{2+} 浓度升高到 4mg/L 时也可保证出水 Mn^{2+} 浓度低于 0.1mg/L，去除率高达 99%。相比于进水总 Fe 浓度 0.5mg/L 时的工况，此时滤柱 I 对锰的去除能力更强。

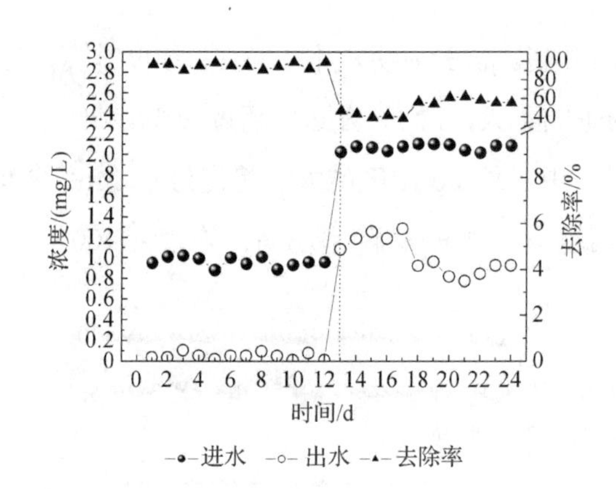

图 4-19　特定进水 Mn^{2+}浓度梯度下进水总 Fe 浓度为 0.6mg/L 时 Mn^{2+}去除效果

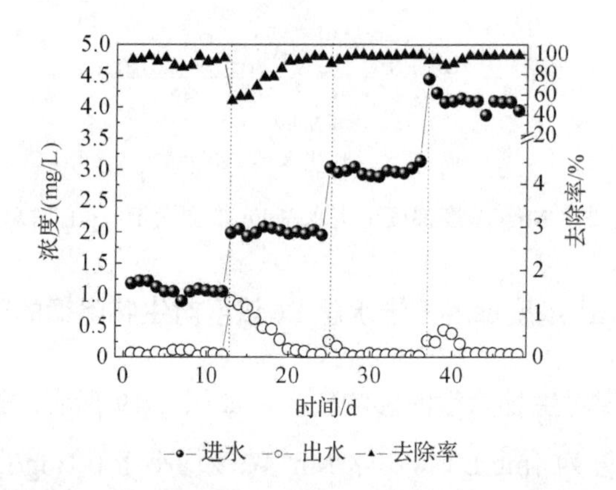

图 4-20　特定进水 Mn^{2+}浓度梯度下进水总 Fe 浓度为 2mg/L 时 Mn^{2+}去除效果

如图 4-21 所示，进水总 Fe 浓度为 10mg/L 时，进水 Mn^{2+}浓度提升至 3mg/L 时，滤柱 I 依然可有效除锰，去除率达 99%。但与图 4-20 对比可知，该工况下滤柱 I 经培养适应进水 Mn^{2+}浓度升高的时间比总 Fe 浓度 2mg/L 时要长，且出水 Mn^{2+}浓度波动大；在第 37d 时，进水 Mn^{2+}浓度提升至 4mg/L，出水 Mn^{2+}浓度出现大幅升高，出水 Mn^{2+}浓度为 1.96mg/L，并在第 38d 升高至 2.07mg/L。随着运行时间的增加，出水 Mn^{2+}浓度逐渐降低，但当 Mn^{2+}浓度下降至 0.2mg/L 时，出现波动状态，最终降至 0.13mg/L，仍不能满足国家《生活饮用水卫生标准》（GB 5749—

2022）的要求，此时进水 Mn^{2+}浓度超过了滤层最大的除锰能力，需采取措施加强滤层的除锰能力。

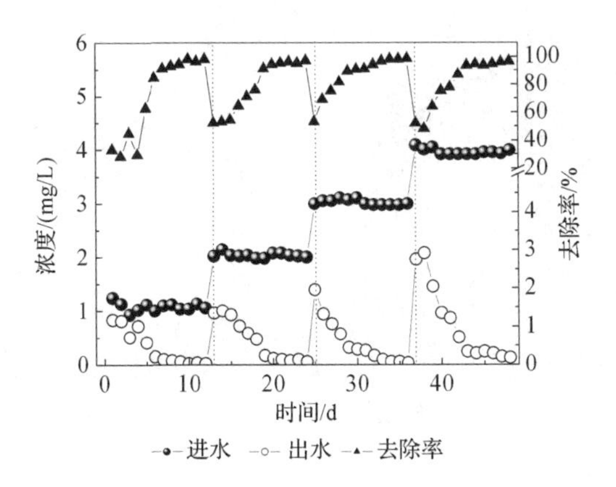

图 4-21　特定进水 Mn^{2+}浓度梯度下进水总 Fe 浓度为 10mg/L 时 Mn^{2+}去除效果

4.7　综合效益评估

黑龙江省哈尔滨市红旗农场望哈作业区原有水处理装置仅设一处锰砂滤罐，出水中铁浓度平均超标 3.74 倍，锰浓度平均超标 1.08 倍，出水水质不能满足国家《生活饮用水卫生标准》（GB 5749—2022）的要求。基于此，为实现高铁锰地下水出水铁浓度≤0.3mg/L、锰浓度≤0.1mg/L 的净水目标，作者课题组在红旗农场建设了村镇地下饮用水净化示范工程，如图 4-22 所示。示范工程由两个滤罐串联组成，地下水经一级过滤（碳化稻壳灰）、二级过滤（活性炭）处理后，进一步消毒，出水水质可满足国家《生活饮用水卫生标准》（GB 5749—2022）的要求。工艺集成高铁锰微污染地下饮用水生物-滤料同步净化技术，设备日处理量不低于 100t，每天运行 8h，为农场 1002 户近 2922 人提供了生活饮用水。

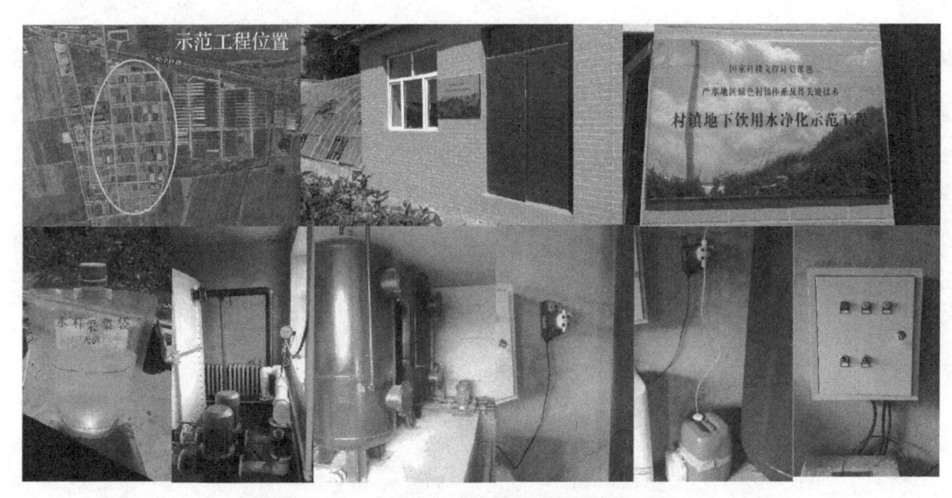

图 4-22　村镇地下饮用水净化示范工程

4.7.1　经济效益评估

1．固定成本评估

固定成本包括设备费、滤料费及细菌培养费。

（1）设备费。工程设备的成本价格计算见表 4-1。

表 4-1　工程设备的成本价格计算表

名称	数量	单价	费用/元
滤罐	2	22000	44000
水泵	2	3000	6000
电控箱	1	900	900
消毒液投药装置	1	6000	6000
滤罐与水泵基础	1	4500	4500
拆、砌水泥墙	1	4500	4500
管道、阀门、仪表	1	4500	4500
人工安装费	1	4015	4015
设备运输费	1	2000	2000
小计			76415
税费		6%	4585
合计			81000

（2）滤料费。两个滤罐（高 3m，直径 80cm）内分别装载 2m 高的改性稻壳颗粒和柱状活性炭，滤料的成本价格计算见表 4-2。

表 4-2　滤料的成本价格计算表

名称	用量/t	单价/(元/t)	费用/元
稻壳颗粒	0.087	650	56.55
柱状活性炭	0.440	1500	660
合计			716.55

（3）细菌培养费。细菌培养的成本价格计算见表 4-3。合成 1L 液体营养基的成本约为 2.065 元。

表 4-3　细菌培养的成本价格计算表

1L 液体营养基的成本价格				液体营养基总用量/L	总费用/元
配料	单价/(元/g)	用量/g	费用/元		
蛋白胨	0.28	0.5	0.14	60	124
酵母膏	0.152	0.2	0.0304		
葡萄糖	0.0172	0.3	0.00516		
$MnSO_4 \cdot H_2O$	0.018	0.2	0.0036		
K_2HPO_4	0.03	0.1	0.003		
$MgSO_4 \cdot 7H_2O$	0.015	0.2	0.003		
$NaNO_3$	0.0212	0.2	0.00424		
$CaCl_2$	0.01	0.1	0.001		
$(NH_4)_2CO_3$	0.017	0.1	0.0017		
柠檬酸铁铵	0.092	0.8	0.0736		
去离子水	1.8×10^{-3}	1000	1.8		

综上，固定成本费用共计 81840.55 元。

2. 运行费用评估

运行费用包括电费、人工费及设备折旧费。

（1）电费。加压泵 4kW，每日耗电 32kW·h，反洗泵 5.5kW，每三天反冲洗一次，每次反洗 5min，一台反洗泵供两个滤罐使用，平均每日耗电 0.1528kW·h，其他用电每日 8kW·h，每日总用电为加压泵耗电 32kW·h+反洗泵耗电 0.1528kW·h+其他耗电 8kW·h=40.1528kW·h，每日电费支出等于总共消耗的千瓦时数×单价=40.1528kW·h×0.55 元/(kW·h)≈22.08 元[按照电价 0.55 元/(kW·h)计算]。

（2）人工费。人工定员为 1 人，月工资等费用按照平均 900 元/月计，人工费支出每日为 30 元（每个月按 30d 天算）。

（3）设备折旧费。

滤罐按 20 年折旧，每日为 44000/(365×20)=6.03 元；

水泵按 5 年折旧，每日为 6000/(365×5)=3.29 元；

管道、阀门、仪表按 5 年折旧，每日为 4500/(365×5)=2.47 元；

消毒液投药装置按 10 年折旧，每日为 6000/(365×10)=1.64 元；

滤罐与水泵基础按 20 年折旧，每日为 4500/(365×20)=0.62 元；

拆、砌水泥墙按 20 年折旧，每日为 4500/(365×20)=0.62 元；

电控箱按 10 年折旧，每日为 900/(365×10)=0.25 元；

稻壳颗粒每三年更换一次，每日为 56.55/(365×3)=0.05 元；

柱状活性炭每三年更换一次，每日为 660/(365×3)=0.60 元；

则设备折旧费每日 14.92 元，滤料更换费每日 0.65 元。

综上，运行费用每日为 22.08+30+14.92+0.65=67.65 元，每天处理水量 120t，则处理 1t 水的每日运行费用为 67.65/120≈0.56 元，相比目前村镇每吨地下水处理成本而言，节约了 0.04 元（目前村镇每吨地下水处理成本按照 0.6 元计算），则每天可节省 0.04×120=4.8 元，每年可节约运行成本 4.8×365=1752 元；而每吨地下水处理成本比目前城镇低 0.34 元（目前城镇每吨地下水处理成本按照 0.9 元计算），每天可节省 0.34×120=40.8 元，每年可节约运行成本 40.8×365=14892 元，则每年一共可节约 1752+14892=16644 元≈1.66 万元。

该设备选用的柱状活性炭，运行初期需要投入 0.44t，共花费 600 元，每年仅需花费 200 元，而传统工艺需要的颗粒活性炭 7.5t，需要花费 48000 元，寿命为 3 年左右，即每年耗费 16000 元，因此在活性炭费用上可以节省 16000−200=15800 元=1.58 万元。

设备所选用现有利用效率较低、资源丰富、使用寿命较长的稻壳颗粒作为生物固定化材料，其成本低、易制取，并且可取得良好的处理效果，预期经大规模的推广应用后，可显著提高废弃稻壳的利用率，节约成本，促进严寒村镇经济的快速发展，经济效益十分明显。

综上所述，从运行成本和活性炭费用而言，每年可节约 1.66 万+1.58 万=3.24 万元。

4.7.2　社会效益评估

《国民经济和社会发展第十二个五年规划纲要》中已明确提出要加强水资源节约和管理，要高度重视水安全，把解决饮用水不安全问题作为重点。而在东北大部分村镇地区，地下水中铁锰均存在超标严重的现象，严重威胁了农村经济发展与人民群众身体健康，制约了国家“十四五”建设绿色低碳、农村人居环境整治提升的总体目标的发展进程。所以研究一套低成本、处理效果好的除铁锰技术和工艺是极其必要的，已迫在眉睫。

基于本章技术方法有着良好的经济效益，且具有工艺简单易管理操作、处理效果好的优点，故其具有良好的推广应用价值。稻壳颗粒资源丰富，稻壳颗粒生产成本低，适合大规模使用。该研究拓展了稻壳的应用市场，不仅增加了农业附加值，而且可变废为宝，减少因稻秆焚烧造成的环境污染问题，进一步改善了村镇风貌。由于每年可处理数万吨的地下饮用水，也保障了居民的饮用水安全，促进了村镇社会的可持续发展。

4.8　本 章 小 结

本章以碳化稻壳颗粒作为生物固定化材料，接种筛选的优势铁锰氧化菌，通过碳化稻壳-生物菌耦合净化高铁锰地下水，优选柱状活性炭处理碳化稻壳颗粒生物滤柱处理后的残余菌，探究了装置低温快速启动方法，分析了生物滤层内铁锰氧化去除机制，考察了运行参数、特定进水锰浓度梯度下进水总 Fe 浓度对生物除铁锰影响效应，得出了以下结论。

（1）生物滤柱Ⅰ以碳化稻壳颗粒为吸附滤料、接种巨大芽孢杆菌（*Bacillus megaterium*）优势铁锰氧化菌，采用全循环、低滤速方式实现 15d 快速启动滤层，运行中逐渐提升滤速与反冲洗强度以顺应实际需求。滤柱Ⅱ以柱状活性炭去除滤柱Ⅰ出水残余菌，滤柱Ⅰ稳定阶段铁、锰的平均去除率为 98.99%、93.92%，平均出水浓度为 0.105mg/L、0.727mg/L；滤柱Ⅱ稳定阶段铁、锰、细菌的平均去除率为 91.87%、82.76%、91.14%，平均出水浓度为 0.009mg/L、0.012mg/L、13CFU/mL；且两滤柱出水均可满足国家《生活饮用水卫生标准》（GB 5749—2022）中规定的出水浓度限值。

（2）除铁机理主要依靠物理化学作用，辅以生物作用，铁氧化菌加速了滤层对进水 Fe^{2+}的氧化，增强了微生物对滤层截留铁氧化物的能力；滤速的提高对生物法中 Fe^{2+}去除能力影响显著。在滤料成熟阶段与稳定运行初期，滤柱除锰主要依靠生物作用，稳定运行后期物理化学作用占优势。

（3）当水温 15～17℃、Fe^{2+}浓度 7.3～12.3mg/L、Mn^{2+}浓度 0.5～1.2mg/L 时，若保证出水合格，最佳反冲洗参数控制为周期 24h、强度 $10L/(s \cdot m^2)$、时间 5min，工艺极限滤速为 16m/h。

（4）生物法进水中过高或者过低的铁浓度都会影响滤层的除锰能力。在中等总 Fe 浓度（2mg/L）条件下，铁锰氧化菌适应进水 Mn^{2+}浓度变化能力强，出水 Mn^{2+}浓度远低于饮用水标准（0.1mg/L）。

（5）CRH600 生物除铁锰工艺每日运行费用为 0.56 元/t，相比目前村镇每吨地下水处理成本而言，节约了 0.04 元，每年共计可节省资金 3.24 万元，经济效益较好。

第5章　HCPA-UF-MBR工艺净化严寒村镇高有机物高氨氮地表水

5.1　概　　述

针对严寒村镇面源污染地表水集中供水方式，研究严寒村镇高有机物高氨氮地表水净化技术，对保障饮用水水质具有重要意义。本章通过研发高浓度纯化凹凸棒土-超滤-生物膜反应器（HCPA-UF-MBR）组合工艺，探索处理低温高有机物高氨氮水源水且有效减缓MBR膜污染的新方法，并为HCPA-UF-MBR组合工艺的推广应用提供技术支持。测定在相同运行条件下，超滤-生物膜反应器（ultrafiltration- membrane bio-reactor, UF-MBR）、HCPA-UF-MBR两工艺高锰酸盐指数等有机污染物指标、NH_4^+-N等无机氮指标的去除率，考察高浓度纯化凹凸棒土（high concentration of purified attapulgite, HCPA）的投加对系统除污效能的影响。从污泥混合液浓度、活性、粒径分布、黏度、有机物相对分子质量分布等方面系统分析投加HCPA后MBR中污泥混合液性能的变化，间接考察凹凸棒土与膜污染之间的关系，探索缓解MBR中膜污染的新方法。分析UF-MBR、HCPA-UF-MBR长期运行过程中膜通量及跨膜压差（TMP）的变化情况，研究膜污染特性、清洗前后膜的微观性貌、洗脱液的物质成分，考察HCPA在减缓膜污染方面发挥的作用。

5.2 HCPA-UF-MBR 工艺与 UF-MBR 工艺运行效果对比

UF-MBR、HCPA-UF-MBR 两反应器运行分三个阶段：第 I 阶段（第 1～7d），进水为稀释的生活污水；第 II 阶段（第 8～84d），进水为松花江原水加入定量 NH_4Cl、底泥腐殖酸 HA、生物易降解的有机碳源葡萄糖配制；第III阶段（第 85～103d），进水为减少外加有机物的松花江原水（上述试验进水水质参数具体见 2.3.2 节表 2-5）。分别测定两反应器进水、污泥混合液以及出水的高锰酸盐指数、总有机碳（total organic carbon, TOC）、UV_{254}、色度值等指标，其中，进水、污泥混合液静置后的上清液需过 0.45μm 滤膜后再进行各项指标的测定，出水则直接测定。

5.2.1 有机物去除效果

1. 高锰酸盐去除效果

在相同进水与运行条件下（试验温度为 10℃），UF-MBR、HCPA-UF-MBR 两反应器对高锰酸盐去除效果如图 5-1 所示。进水三个阶段高锰酸盐指数分别为 12.17～12.74mg/L、5.76～6.95mg/L、3.66～4.07mg/L。由于反应器启动前期对污泥的驯化，UF-MBR、HCPA-UF-MBR 两平行系统在启动初期对高锰酸盐均具有很高的去除率。系统运行至第 8d 时更换进水，UF-MBR 对高锰酸盐的去除率骤然下降，而 HCPA-UF-MBR 组合工艺对高锰酸盐去除率仅呈现小幅度缓慢下降趋势。在第 8～84d 期间，UF-MBR、HCPA-UF-MBR 组合工艺对高锰酸盐的去除率分别为 51.77%～81.33%（平均 71.35%）、70.03%～86.51%（平均 80.77%）。研究显示，低温下 MBR 中的微生物活性将受到干扰，致使微生物降解作用对高锰酸盐去除贡献变小，甚至可达 20%以下[188]；在相同进水与运行条件下，Shi 等[189]测定 20℃

时 HCPA-UF-MBR 组合工艺对高锰酸盐的去除率为 73.20%～85.11%（平均 82.33%），与本章研究 10℃时高锰酸盐的平均去除率相近，表明该组合工艺在 10℃低温条件下对高锰酸盐的去除主要为 HCPA 的吸附作用。为探讨投加 HCPA 后 UF-MBR 的抗冲击负荷能力，在试验运行至第 85d 时，降低进水高锰酸盐指数值，此时出水高锰酸盐指数变化趋势与第 8d 时相同，HCPA-UF-MBR 组合工艺对高锰酸盐的去除率比 UF-MBR 高的优势在进水水质发生突变时表现得尤为明显。综上，投加 HCPA 使 UF-MBR 系统去除有机物的能力提高，且适用外界条件变化的范围增大。

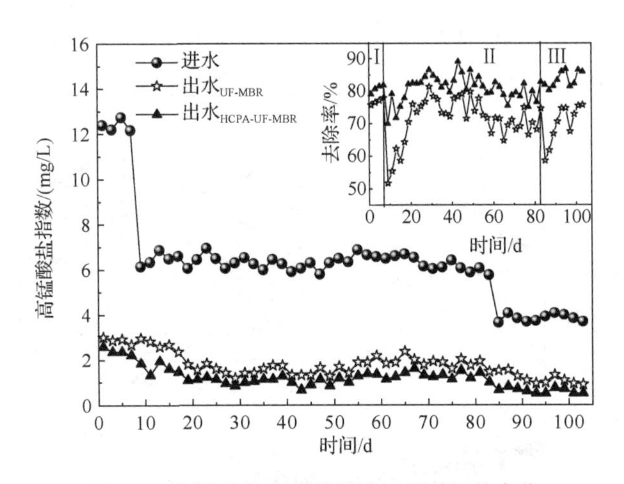

图 5-1　高锰酸盐去除效果随运行时间的变化

2. TOC 去除效果

在相同进水与运行条件下，UF-MBR、HCPA-UF-MBR 两反应器内各自的污泥混合液、膜后出水的 TOC 值及其去除率如图 5-2 所示。进水三个阶段 TOC 浓度分别为 13.16～13.46mg/L、6.66～7.83mg/L、4.41～4.85mg/L，两反应器的污泥混合液与出水在启动初期对 TOC 的去除率均较高。在第 1～7d 期间，UF-MBR 的污泥混合液与出水的 TOC 浓度平均值分别为 5.48mg/L、3.77mg/L，平均去除率约为 58.84%、71.67%；HCPA-UF-MBR 组合工艺的污泥混合液与出水的 TOC 浓度平均值分别为 1.78mg/L、1.53mg/L，平均去除率约为 86.81%、88.5%。系统运行至第 8d 时更换进水。在第 8～84d 期间，UF-MBR 的污泥混合液与出水的 TOC 浓度分别为 3.82～2.48mg/L（平均 2.73mg/L），3.07～1.90mg/L（平均 2.07mg/L），去除率分别为 46.15%～73.58%（平均 62.29%）、56.22%～81.84%（平均 71.41%）；HCPA-UF-MBR 组合工艺的污泥混合液与出水的 TOC 浓度分别为 2.47～0.87mg/L（平均 1.27mg/L）、1.08～0.50mg/L（平均 0.70mg/L），去除率分别为 60.8%～90.94%（平均 82.67%）、87.83%～95.00%（平均 90.45%）。由此可知，投加 HCPA 后，反应器污泥混合液与出水的 TOC 浓度分别提高了 20.38%、19.04%。后续低浓度进水时，HCPA-UF-MBR 组合工艺对 TOC 的去除效果仍好于 UF-MBR。

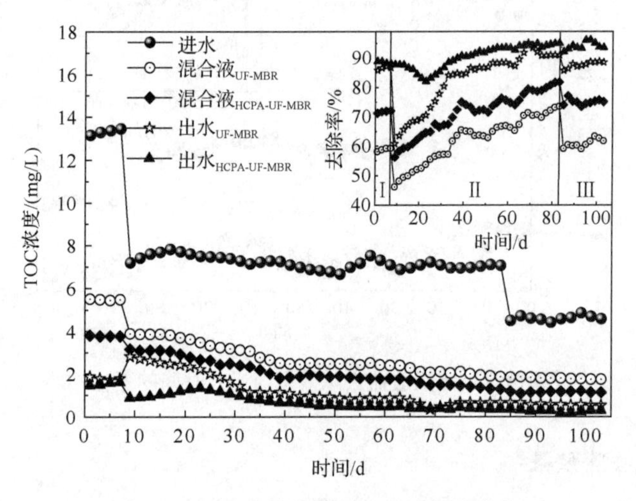

图 5-2 TOC 去除效果随运行时间的变化

两反应器的污泥混合液对 TOC 的降解作用表现为：①MBR 混合液中微生物因生长繁殖所需，可对水中易生物降解的有机物进行摄取[190]；②HCPA 对有机物（特别是腐殖酸 HA）具有良好的吸附效果，且投加后为微生物提供了更多的生长空间，即降解有机物的场所，使得 HCPA-UF-MBR 组合工艺污泥混合液出水的

TOC 浓度进一步减小，该变化趋势与 Yu 等[191]的研究结果相同。两反应器的出水对 TOC 的降解作用表现为：①UF 膜对大分子有机物的截留作用；②UF 膜表面泥饼层中微生物的降解作用，HCPA 投加后可改善泥饼层性能（具体见 5.3 节），使得 HCPA-UF-MBR 组合工艺在运行后期对 TOC 的去除率稳定在 85%以上，与传统给水处理工艺相比，体现了其优越性[192, 193]。

3. UV_{254} 去除效果

在相同进水与运行条件下，UF-MBR、HCPA-UF-MBR 两反应器对 UV_{254} 的去除效果如图 5-3 所示。在系统运行的前 7d 内，进水 UV_{254} 为 0.198～0.203cm^{-1}，两反应器出水 UV_{254} 分别稳定在 0.027～0.036cm^{-1}、0.020～0.021cm^{-1}，UV_{254} 平均去除率分别为 85.22%、89.76%。系统运行至第 8d 时更换进水，在第 8～84d 期间，进水 UV_{254} 为 0.154～0.177cm^{-1}，两反应器出水 UV_{254} 先增加后逐渐降低，稳定时，UV_{254} 平均去除率分别为 75.30%、82.62%。系统运行至第 85d，低浓度进水时，UV_{254} 去除率变化不明显。分析产生上述现象的原因如下：系统启动前期微生物活性强，处于旺盛生长期，其对有机物的需求量与摄入量大，故出水 UV_{254} 较低；

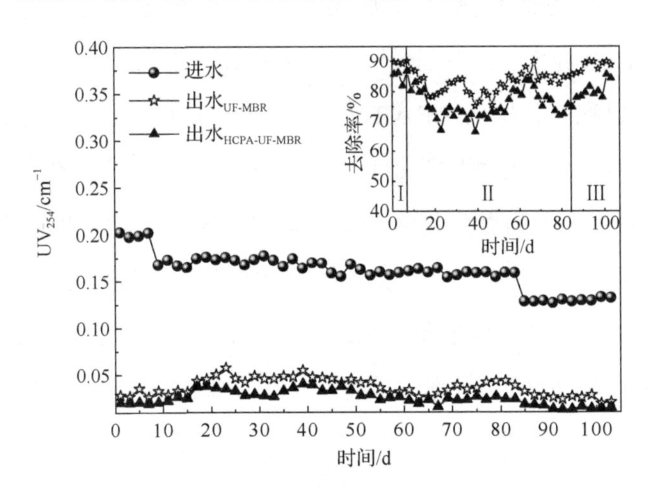

图 5-3　UV_{254} 去除效果随运行时间的变化

突然改变的进水水质使系统内的微生物处于驯化期，微生物主要利用分子量小且易被吸收的有机物，而使大分子量且难生物降解的有机物累积在反应器内，因 UV_{254} 所表征的紫外吸收的主体正是分子量大于 3000 的有机物，故出水 UV_{254} 呈现上升趋势；随后微生物逐渐适应新的进水水质，此时微生物将反应器内累积的腐殖酸 HA 大分子量有机物不断地降解为小分子量且易吸收的有机物。此外，UV_{254} 代表的是芳香族化合物或具有共轭双键的化合物，之前研究[194]表明这类有机物容易被 HCPA 吸附，既降低了反应器内 UV_{254} 含量，又减小了膜受有机物污染的概率，使 HCPA-UF-MBR 组合工艺对 UV_{254} 的去除效果及其稳定性略优于 UF-MBR 系统，最终两系统出水的 UV_{254} 又逐渐降低至系统启动前期水平。

4. 色度去除效果

测定 UF-MBR、HCPA-UF-MBR 两反应器进水、污泥混合液以及出水的 UV_{350}，根据色度与 UV_{350} 的关系方程 $y = 561.33x + 0.0304$（$R^2 = 0.9991$）[194]，考察各阶段色度去除效果，结果见表 5-1、图 5-4。从表 5-1、图 5-4 中可以看出，UF-MBR 污泥混合液中色度累积呈先增加至最大值后处于动态平衡的趋势，而 HCPA-UF-MBR 组合工艺污泥混合液中色度累积呈先增加后减小的趋势，且该系统内色度平均累积率仅约为 UF-MBR 的 1/4。这是由于以 UV_{350} 为代表的大分子有机物腐殖酸 HA 中难生物降解部分被膜截留后长期停留在反应器内发生累积，而 HCPA 的加入，为微生物营造了更适宜生长的环境，增强了污泥的活性，可通过与活性污泥的协同作用增强对大分子腐殖酸的去除效果。尽管 UV_{350} 在两反应器污泥混合液中大量累积，但在出水中的含量却很少，且投加 HCPA 后 UF-MBR 出水色度的平均去除率仅提高了 4.75%，由此可知膜截留在除色过程中起主要作用。

表 5-1　第 8～84d 期间 UF-MBR、HCPA-UF-MBR 两反应器进水、污泥中间混合液以及出水的色度

	进水		污泥中间混合液			出水		
	色度范围/度	色度平均值/度	色度范围/度	色度平均值/度	平均累积率/%	色度范围/度	色度平均值/度	平均去除率/%
UF-MBR	37.30～47.43	42.88	70.73～108.48	96.84	125.54	3.21～6.18	5.00	88.35
HCPA-UF-MBR			51.24～75.23	62.55	30.19	1.11～2.49	2.20	93.10

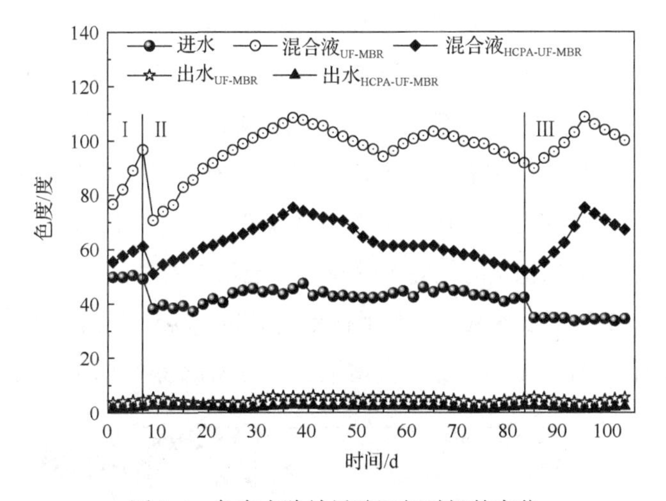

图 5-4　色度去除效果随运行时间的变化

5.2.2　无机氮去除效果

UF-MBR、HCPA-UF-MBR 两平行系统运行分三个阶段：第 1～8d、第 9～56d、第 57～105d，进水 NH_4^+-N 浓度分别为 13.44～13.60mg/L、6.60～7.60mg/L、2.26～3.07mg/L，进水 NO_2^--N 浓度分别为 0.0025～0.0074mg/L、0.0016～0.011mg/L、0.0016～0.031mg/L，进水 NO_3^--N 浓度分别为 0.73～0.90mg/L、0.022～0.20mg/L、0.022～0.48mg/L。进水 NO_2^--N、 NO_3^--N 浓度的波动是由于配制进水放置期间进水中的微生物发生了硝化反应，部分 NH_4^+-N 与有机氮化合物转化成了硝酸盐氮。

1．氨氮 NH_4^+-N 去除效果

在相同进水与运行条件下，UF-MBR、HCPA-UF-MBR 组合工艺对 NH_4^+-N 的去除效果如图 5-5 所示。两反应器对 NH_4^+-N 去除率的变化趋势基本一致：长达一个月以上的污泥驯化使系统实现了零启动。运行初期两平行系统对 NH_4^+-N 去除率分别达到了 98.14%～98.40%、99.19%～99.47%；系统运行至第 9d 时，进水更换为含有有机碳源配制的松花江原水后，与 UF-MBR 相比，HCPA-UF-MBR 组合工艺对 NH_4^+-N 的去除率骤减幅度更小；在系统运行的第 9～56d 期间，HCPA-UF-MBR 组合工艺运行至 13d 时，出水 NH_4^+-N 浓度逐渐降低，这是因为出现了亚硝化反应[195]，系统运行至第 25d 后，出水 NH_4^+-N 稳定在 98.44%。HCPA-UF-MBR 组合工艺对 NH_4^+-N 去除效果略好于 UF-MBR，且出水 NH_4^+-N 浓度的波动性小，达到稳定时间短。系统运行至第 57d 时，原水中 NH_4Cl 的投加量降低，进水 NH_4^+-N 浓度减小，两平行系统对 NH_4^+-N 的去除规律与第 9d 时相似，进一步验证了 HCPA 的投加大大增强了 UF-MBR 系统的抗冲击负荷能力。

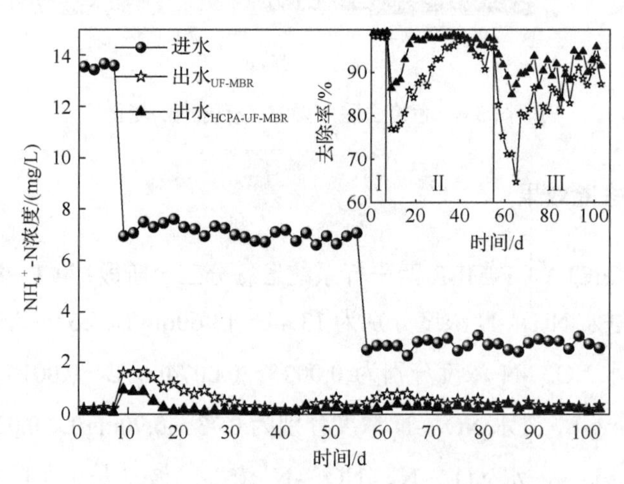

图 5-5　NH_4^+-N 去除效果随运行时间的变化

文献[195]研究表明，水温对 NH_4^+-N 去除有较大的影响，当水温低于 5～8℃

时，微生物活性受到抑制，NH_4^+-N 去除率较低，不能达标排放。但是 HCPA-UF-MBR 组合工艺在低温条件下对 NH_4^+-N 有很好的去除效果，表明了硝化细菌在此条件下活性很高，未受到抑制，究其原因是系统中投加了 HCPA。作为生物附着生长的载体，与普通生物填料相比，PA 具有发达的孔隙结构与较高的比表面积，为反应器内微生物尤其是硝化细菌提供了复杂而多样化的生存环境，增强了其适应外界环境变化的能力[196]。此外，HCPA 吸附了部分微生物代谢产物，减弱了产物对硝化细菌的抑制作用。

2. 亚硝酸盐氮 NO_2^--N 去除效果

在相同进水与运行条件下，UF-MBR、HCPA-UF-MBR 两反应器对 NO_2^--N 的去除效果如图 5-6 所示。在系统运行的第 1～8d 期间，两反应器出水的 NO_2^--N 未产生明显累积，与 UF-MBR 相比，HCPA-UF-MBR 组合工艺出水的 NO_2^--N 浓度基本保持在 0.03mg/L 以下，且波动性较小；在系统运行的第 9～95d 期间，UF-MBR、HCPA-UF-MBR 两反应器出水的 NO_2^--N 浓度自 13d 后均不断增加，分别在第 93d、第 95d 达到最大值 0.39mg/L、0.29mg/L，试验后期 NO_2^--N 浓度

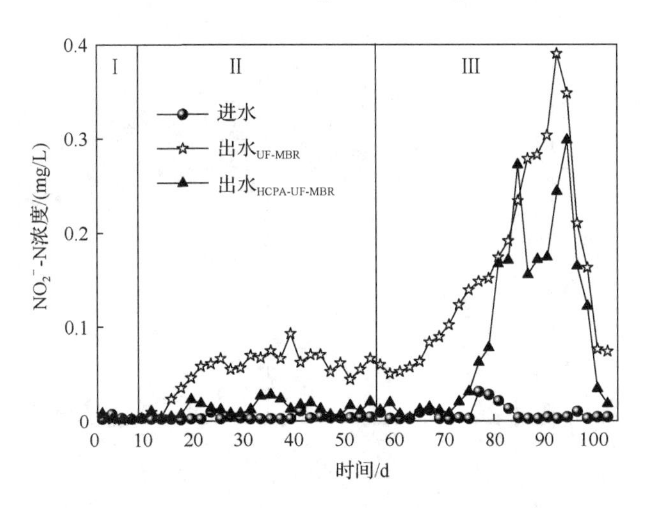

图 5-6　NO_2^--N 去除效果随运行时间的变化

明显累积的现象与 Monclús 等[197]的研究结果一致。这是由于长期运行使曝气装置部分堵塞，无法提供充分的好氧环境，NH_4^+-N 无法发生硝化反应生成 NO_3^--N。待曝气装置修复后，在系统运行的第96～103d期间，NO_2^--N浓度急剧下降。HCPA对稳定并降低出水中 NO_2^--N 浓度起到了明显的改善作用。

3. 硝态氮 NO_3^--N 去除效果

在相同进水与运行条件下，UF-MBR、HCPA-UF-MBR 两反应器对 NO_3^--N 的去除效果如图 5-7 所示。系统启动运行的第 1～8d，两反应器出水 NO_3^--N 浓度分别为 0～0.192mg/L、0～0.187mg/L，NO_3^--N 平均去除率分别为 77.2%、77.8%。系统运行的第 9～103d，两反应器出水 NO_3^--N 浓度始终高于其进水的 NO_3^--N 浓度，在 0.01～5.47mg/L 波动，低于《生活饮用水卫生标准》（GB 5749—2022）中的规定值 10mg/L。上述现象是由于系统始终保持曝气状态，反应器内溶解氧充足，随运行时间的延长，硝化菌与亚硝化菌得到积累且活性不断增强，NH_4^+-N 去除效果较好，最终导致 NH_4^+-N 在硝化菌与亚硝化菌的生化反应作用下转化成了 NO_3^--N。

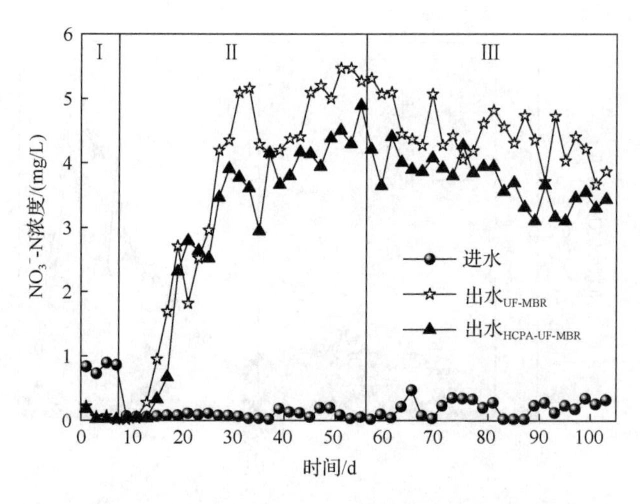

图 5-7　NO_3^--N 去除效果随时间的变化

4. 总氮 TN 去除效果

试验期间两系统一直处于好氧阶段，进水总氮（total nitrogen, TN）来源于配水投加的 NH_4Cl，主要以 NH_4^+-N 及其经硝化反应产生的 NO_2^--N、NO_3^--N 的形式存在，需通过反硝化反应将硝态氮转化为 N_2 从水中溢出，从而达到脱氮的目的。本章研究为了使反应器中 HCPA 与进水充分混合且避免其沉淀，采用了高强度曝气，从而使反应器内的缺氧微环境条件不充分。此外，MBR 同步硝化反硝化的 TN 去除率随着进水碳氮比（COD∶NO_x^+-N，C/N）的增加而增加[198]，C/N 在 2.5～6.0 范围内，TN 去除率最大可超过 80%[199]。其中，有机碳源可在污水生物脱氮处理中发挥重要作用，它是细菌代谢必需的物质与能量来源，是异氧好氧菌与反硝化细菌的电子供体提供者，但本章研究因 C/N 仅为 1∶1，不能提供足够的电子供体，从而不利于反硝化作用。综合上面所述因素，本试验两反应器对 TN 的去除能力有限。

随运行时间的延长，UF-MBR、HCPA-UF-MBR 组合工艺对 TN 的去除效果如图 5-8 所示。两系统对 TN 去除率的趋势一致。试验第 1～8d 内，TN 去除率均较低，在 30%以下。因系统运行过程中始终未进行排泥，加之膜的有效截留作用，MBR 内的污泥浓度随运行时间的延长而不断增加。尽管反应器内溶解氧很高，但基于微环境理论，在污泥浓度较高的情况下，污泥内部将会产生缺氧或厌氧环境[200]，因此，随系统运行时间的延长，污泥絮体的结构发生改变，污泥的浓度变大、粒径变大、絮体越来越密实，系统内的反硝化能力也越来越强，TN 去除率曲折上升。UF-MBR、HCPA-UF-MBR 组合工艺对 TN 的最高去除率分别为 36.61%、58.30%。第 57d 后，出水 TN 趋于稳定，其去除率也无明显升高，这也验证了两系统对 TN 去除能力有限的预测。

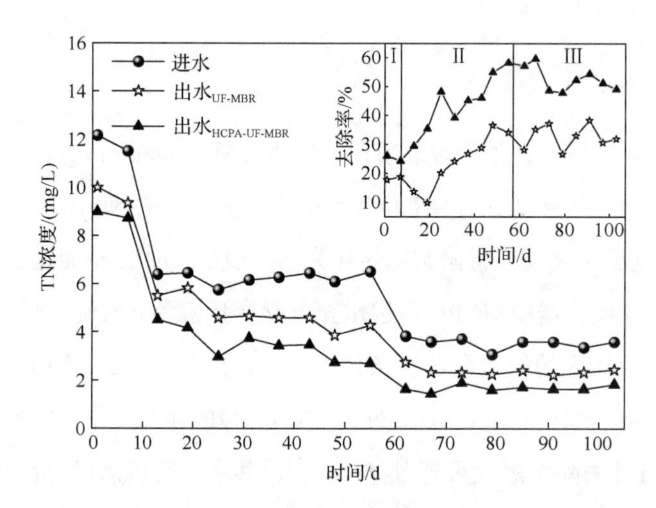

图 5-8 TN 去除效果随运行时间的变化

投加 HCPA 后，MBR 中污泥混合液的性能得以改善，污泥絮体以 HCPA 为中心，具有更加致密的结构，且从外到内形成了好氧区与缺氧区。缺氧区为反硝化细菌提供了良好的生存环境，使反应器内活性污泥更好地完成硝化和反硝化过程。

5.2.3 浊度去除效果

在相同进水与运行条件下，UF-MBR、HCPA-UF-MBR 两反应器对浊度的去除效果如图 5-9 所示。系统稳定运行期间的进水浊度为 6.50～9.39NTU，为考察进水浊度对膜出水浊度的影响，系统运行至第 32～58d 时，回流污泥作为浊度物质，使系统浊度大幅度增加，期间的浊度为 12.76～18.60NTU；两反应器出水浊度稳定且相近，分别为 0.108～0.288NTU、0.108～0.253NTU，且随时间延长，出水浊度值越来越小，这是由于膜丝表面逐渐形成滤饼层。

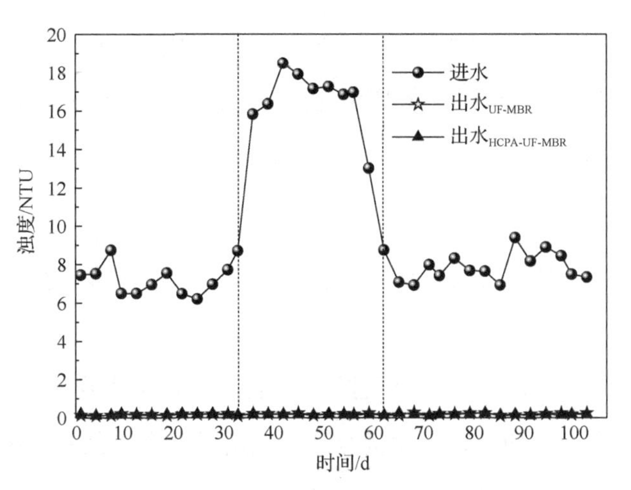

图 5-9　浊度去除效果随运行时间的变化

5.2.4　HCPA 的投加对反应器中温度的影响

在相同进水与运行条件下，对 UF-MBR、HCPA-UF-MBR 两反应器的温度进行测定，结果如图 5-10 所示。HCPA 的加入使 UF-MBR 反应器内污泥混合液的温度始终高 0.4～1.4℃，出现该现象可能是曝气使污泥混合液中 HCPA 颗粒上下翻

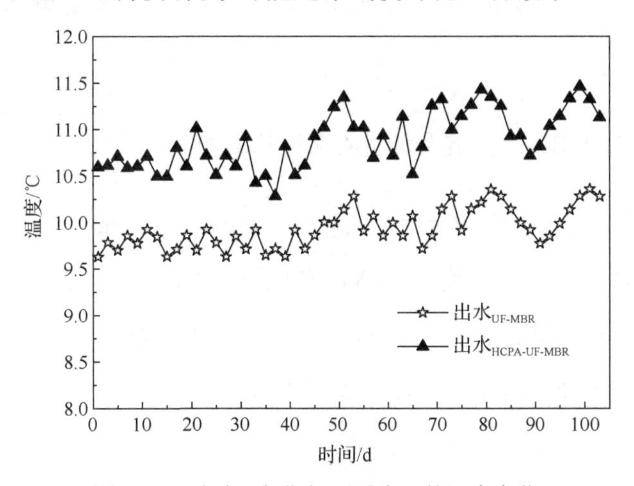

图 5-10　试验运行期间两反应器的温度变化

滚，摩擦生热所致。研究表明，在一定的压力与温度范围内，MBR 系统温度每升高 1℃，其膜通量将增加 1%～2%[201]，因此，HCPA 可间接减缓 UF-MBR 系统的膜污染，减少膜清洗次数。

5.3 HCPA 对 MBR 污泥混合液性能的影响

MBR 净化水质时，反应器内活性污泥的生物降解起主导作用，膜分离强化该降解过程[202]，因此反应器内污泥混合液的性质对整个工艺的除污染效能至关重要。此外，污泥混合液性质的变化或污泥絮体结构的改变对 MBR 的出水水质以及膜污染影响显著[203]。污泥混合液中含有无机与有机物质、胶体物质、悬浮颗粒物质、胞外聚合物、各种生物体及其代谢产物等多种成分，各组分均随进水水质与操作条件的变化而发生改变。本节将从污泥混合液浓度、活性、粒径分布、黏度、有机物相对分子质量分布等方面系统分析投加 HCPA 后 MBR 中污泥混合液性能的变化，间接考察凹凸棒土与膜污染之间的关系，探索缓解 MBR 中膜污染的新方法。

5.3.1 HCPA 对 MBR 污泥混合液生物活性的影响

MBR 中污泥混合液生物活性与耗氧速率（oxygen uptake rate, OUR）相关，OUR 越大，表明微生物代谢越旺盛，有机物与 NH_4^+-N 去除率越高。为表征 UF-MBR、HCPA-UF-MBR 两反应器中污泥总活性、硝化活性及其对有机物的降解活性，相应污泥耗氧曲线测定结果如图 5-11 所示。

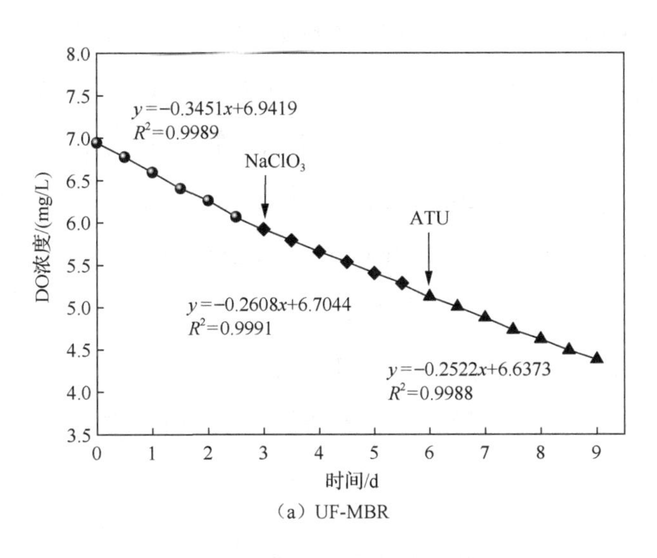

（a）UF-MBR

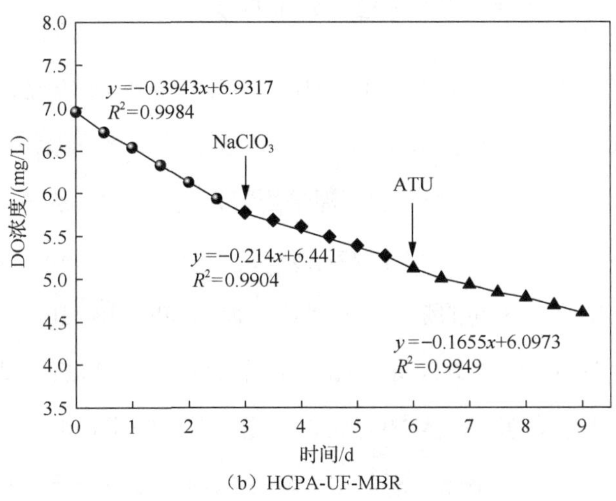

（b）HCPA-UF-MBR

图 5-11　污泥耗氧曲线

从图 5-11（a）中可以看出，抑制剂 $NaClO_3$、ATU 加入前后污泥耗氧速率曲线的线性关系均表现良好，分别计算其斜率。测得污泥 MLSS 浓度为 3.3g/L，根据 2.3.3 节中所述的试验原理，计算污泥总耗氧速率为 $0.11mg(O_2)/[g(MLSS)\cdot min]$，并将不同阶段的 OUR 相减，计算硝化耗氧速率及亚硝化耗氧速率分别为 0.027mg(O_2)/[g(MLSS)·min]、0.003mg(O_2)/[g(MLSS)·min]，则污泥总硝化活性为 0.03mg(O_2)/[g(MLSS)·min]。根据图 5-11（b）的污泥耗氧曲线，计算污泥总耗氧速率为 0.12mg(O_2)/[g(MLSS)·min]，硝化耗氧速率及亚硝化耗氧速率分别为 0.055mg(O_2)/[g(MLSS)·min]、0.012mg(O_2)/[g(MLSS)·min]，则污泥总硝化活性为 0.067mg(O_2)/[g(MLSS)·min]。由此可见，投加 HCPA 后，污泥混合液的总耗氧速率、硝化活性分别提高了 9.09%、123.33%，表明 HCPA 改变了污泥混合液微生物的结构组成，改善了微生物的生存环境，提高了污泥的活性，从而提高了系统的除污效能。

5.3.2 HCPA 对 MBR 污泥混合液粒径分布的影响

我们在试验运行过程中考察了 UF-MBR、HCPA-UF-MBR 的粒径分布随时间的变化情况，测定了第 10d、20d、30d、40d、50d 时两平行系统的污泥粒径分布情况，结果如图 5-12 所示。相应的污泥平均粒径见表 5-2。从图 5-12、表 5-2 中可以看出，UF-MBR 污泥混合液的粒径分布在 0.5μm～2.0mm 范围内，平均粒径＞100μm，其随运行时间的延长逐渐减小，而 HCPA-UF-MBR 污泥混合液的粒径分布峰较窄，在 0.5μm～0.8mm 范围内，平均粒径＜100μm，其随运行时间的延长逐渐增大。上述表明 HCPA-UF-MBR 污泥混合液的平均粒径远小于 UF-MBR 污泥混合液的平均粒径。Meng 等[204]认为微小颗粒与胶体易于沉积在膜表面而降低膜通量，Bai 等[205]研究发现粒径＜50μm 的颗粒将大幅度增加膜的滤饼比阻。而由 5.2 节研究可知，与未投加 HCPA 相比，HCPA 投加后 UF-MBR 污泥混合液中的有机物与无机氮的去除率均有所提高，原因如下。

（1）投加 HCPA 后，污泥混合液的粒度分布变化显著，这可能是由于 HCPA

的投加使反应器角落与边壁处的水力循环更加充分，从而使得HCPA-UF-MBR污泥絮体的大小趋于均匀，而未投加HCPA的UF-MBR中污泥絮体易在反应器的角落处黏附而产生团聚现象，进而形成大絮体，使粒径分布中大粒径颗粒所占百分比增加。

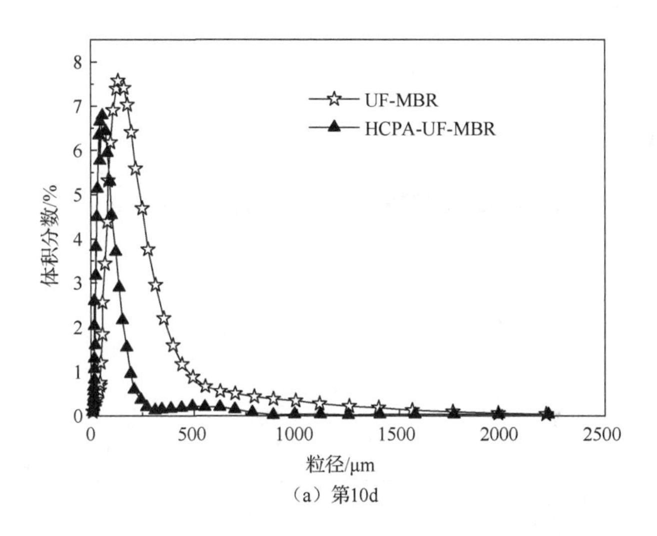

（a）第10d

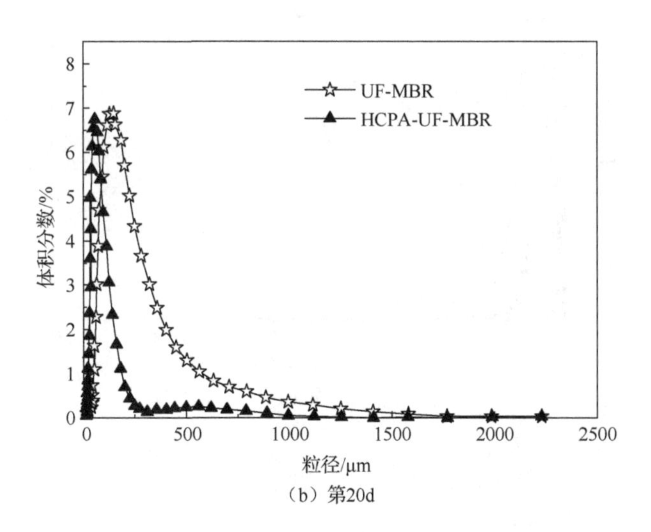

（b）第20d

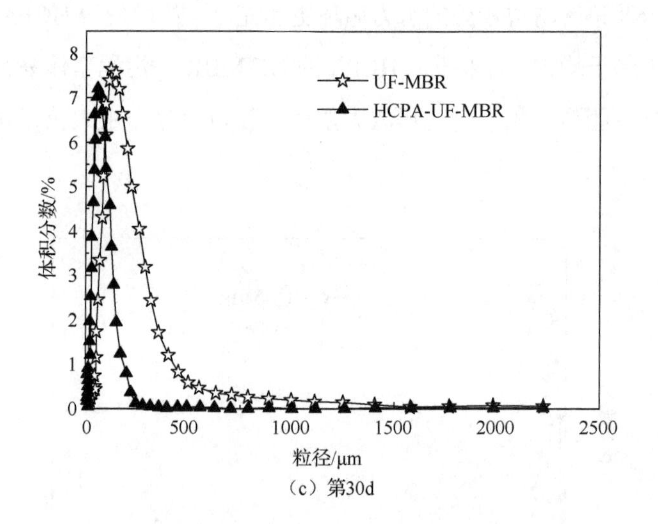
UF-MBR
HCPA-UF-MBR
体积分数/%
粒径/μm
0
1
2
3
4
5
6
7
8
0
500
1000
1500
2000
2500
（c）第30d

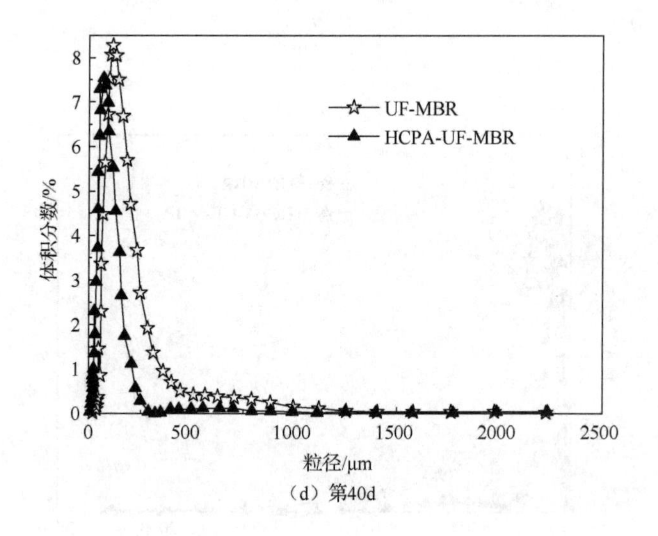
UF-MBR
HCPA-UF-MBR
体积分数/%
粒径/μm
0
1
2
3
4
5
6
7
8
0
500
1000
1500
2000
2500
（d）第40d

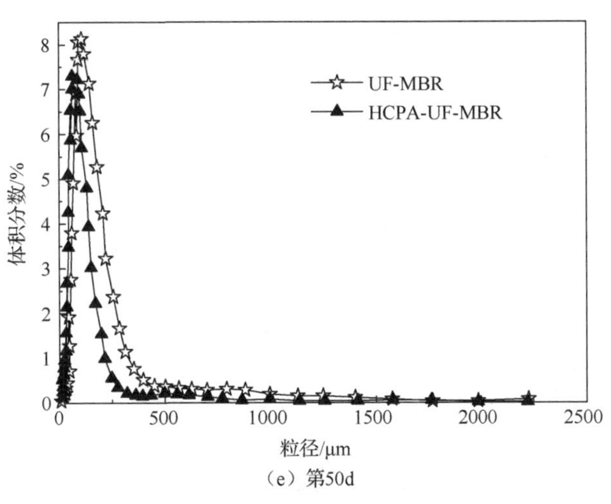

（e）第50d

图 5-12　污泥粒径分布

表 5-2　反应器污泥平均粒径　　单位：μm

	第 10d	第 20d	第 30d	第 40d	第 50d
UF-MBR	158.5	161.7	136.1	122.8	118.3
HCPA-UF-MBR	63.4	62.9	65.9	66.5	72.5

（2）HCPA 可作为载体降解污染物，且 HCPA 对腐殖酸 HA 等大分子有机物具有良好的吸附作用[194]。

5.3.3　HCPA 对 MBR 污泥混合液 Zeta 电位的影响

Zeta 电位常被用来表征混合液等分散系统的稳定性。相关研究表明活性污泥微生物新陈代谢产生的胞外聚合物（extracellular polymeric substances, EPS）中含有大量带负电的官能团（如—OH、—COOH 等），其含量、组成结构对污泥的活性、特性、沉降性以及絮体的性能特征均有重要影响，EPS 与污泥的 Zeta 电位具有良好的相关性，胞外聚合物的含量越大，相应污泥的 Zeta 电位就越大，其中蛋白质的含量对 Zeta 电位具有决定性的影响[206]。测定 UF-MBR、HCPA-UF-

MBR 污泥混合液 Zeta 电位随运行时间的变化，间接反映混合液中 EPS 的情况，结果如图 5-13 所示。

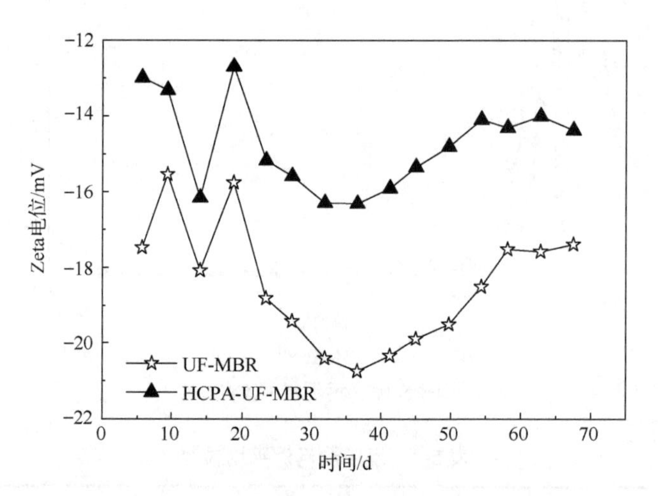

图 5-13　污泥混合液 Zeta 电位随运行时间的变化

从图 5-13 中可以看出，污泥颗粒表面带负电荷，污泥絮体颗粒之间将产生静电斥力，进而影响污泥颗粒大小；随试验运行时间的延长，两系统污泥混合液的 Zeta 电位变化趋势一致，系统运行前 39d，Zeta 电位呈逐渐上升趋势，在第 39d 时达到最大，分别为 20.75mV、16.31mV，随后 Zeta 电位逐渐上升，待系统运行至第 60d 左右时达到一个动态平衡水平。此外，HCPA 的投加对系统污泥混合液 Zeta 电位的影响较显著，HCPA-UF-MBR 污泥混合液的 Zeta 电位比 UF-MBR 低 11%～26%，表明 HCPA 改变了混合液的带电性，使 MBR 污泥絮体之间的静电排斥力减小，从而使絮体的凝聚力增强，污泥的沉降性能更好，抵抗外部条件变化的能力增强；从侧面也反映出投加的 HCPA 使 MBR 污泥混合液中 EPS 的含量减少，这可能是由于 HCPA 中的污泥混合液为微生物的生长繁殖提供了更舒适的环境，微生物的代谢活动旺盛且正常，部分 EPS 作为底物被微生物利用而降解。

5.3.4　HCPA 对有机物相对分子质量分布的影响

不同分子量的有机物在膜生物反应器中的去除率、去除规律不同，而且外加载体也会对其去除效果产生影响。在试验运行过程中对 UF-MBR 和 HCPA-UF-MBR 的进水、污泥混合液、出水的有机物相对分子量分布进行连续测定，其平均结果如表 5-3 和图 5-14 所示。

表 5-3　UF-MBR 和 HCPA-UF-MBR 的进水、污泥混合液、出水的有机物相对分子量分布

分布区间	UV_{254}/cm^{-1}					分布比例/%				
	进水	1-污泥混合液	2-污泥混合液	1-出水	2-出水	进水	1-污泥混合液	2-污泥混合液	1-出水	2-出水
100KD～0.45μm	0.0254	0.048	0.0304	0.003	0.001	15.80	43.64	40.21	4.85	1.97
10～100KD	0.0419	0.02	0.0042	0.003	0.004	26.06	18.18	5.56	4.85	7.89
3～10KD	0.0231	0.014	0.0063	0.019	0.007	14.37	12.73	8.33	33.76	15.19
＜3KD	0.0704	0.028	0.0347	0.032	0.035	43.78	25.45	45.90	56.54	74.95
总量	0.1608	0.11	0.0756	0.056	0.046					

注：1 代表 UF-MBR；2 代表 HCPA-UF-MBR。KD 表示分子量单位。

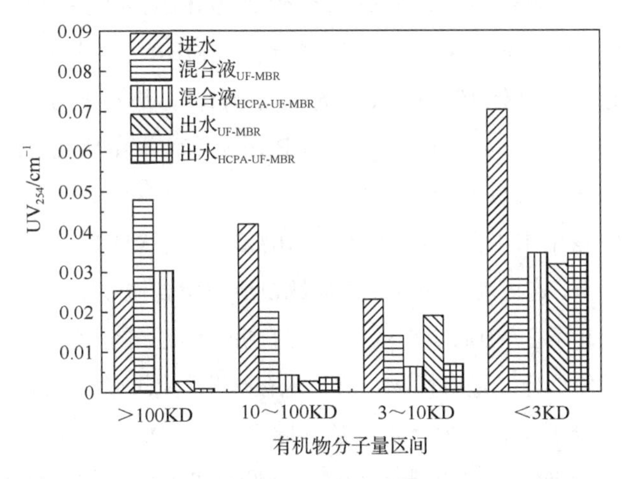

图 5-14　UF-MBR 和 HCPA-UF-MBR 的进水、污泥混合液、出水的有机物相对分子量分布

分析图 5-14，可得出以下结论。

（1）两个反应器污泥混合液中＞100KD 的有机物含量均大于进水的相应值，表明该分子量区间内的有机物不易被活性污泥降解却易被膜组件截留；进水中的分子量大的有机物含量较低，在污泥混合液中却具有较高含量，这部分大分子有机物主要为微生物的代谢产物，因难被微生物降解而在反应器内累积，随着污泥停留时间（sludge retention time, SRT）的延长，微生物得到驯化可逐步降解这部分大分子有机物[207]，故其不会在系统内无限累积。

（2）两反应器出水中＞100KD 的有机物含量均远小于其相应的污泥混合液与进水的含量值，主要由于膜截留所致，部分有机物在膜表面上黏附而成为滤饼层或凝胶层的组分，滤饼层或凝胶层一方面作为过滤介质进一步截留大分子有机物与颗粒，另一方面滤饼层或凝胶层中的微生物会进一步降解过滤水中的有机物，从而进一步有效地保障了过滤后的水质。

（3）UF-MBR 污泥混合液中＞100KD 的有机物积累量是 HCPA-UF-MBR 的近两倍，这可能由以下两个原因引起：①HCPA 吸附污泥混合液中部分有机物与微生物代谢产物，降低了由这些难降解有机物所产生的 UV_{254} 值；②投加 HCPA 后的污泥絮体相互聚集、黏结而形成生物-凹凸棒土，为微生物提供了优良的生存环境，增强了污泥活性，使得 HCPA-UF-MBR 比一般的 MBR 对有机物的降解能力更强。

（4）对于分子量介于 10～100KD 的有机物含量，进水中占 26.06%，UF-MBR 污泥混合液中占 18.18%，而 HCPA-UF-MBR 污泥混合液中仅占 5.56%，表明 HCPA 增强了系统对该区间有机物的去除效果。

（5）两反应器出水中分子量介于 3～10KD 与＜3KD 的有机物含量高于其污泥混合液中的含量，这可能是因为膜表面滤饼层中所含微生物将大分子量有机物部分降解为分子量介于 3～10KD 与＜3KD 的有机物，也可能是由于滤饼层微生物新陈代谢产生了部分小分子量有机物，其尚未被微生物摄取就已经脱离了系统所致。

（6）对于各分子量区间内有机物的去除率，HCPA-UF-MBR 的污泥混合液比 UF-MBR 提高 21.39%，出水提高 6.33%，可见 HCPA 的投加增强了系统除有机污染的能力，尤其增强了系统对大分子量有机物的去除效果。

5.3.5　红外光谱表征

对UF-MBR、HCPA-UF-MBR的进水、污泥混合液及相应膜表面滤饼层中的化合物进行FTIR分析，结果如图5-15所示。

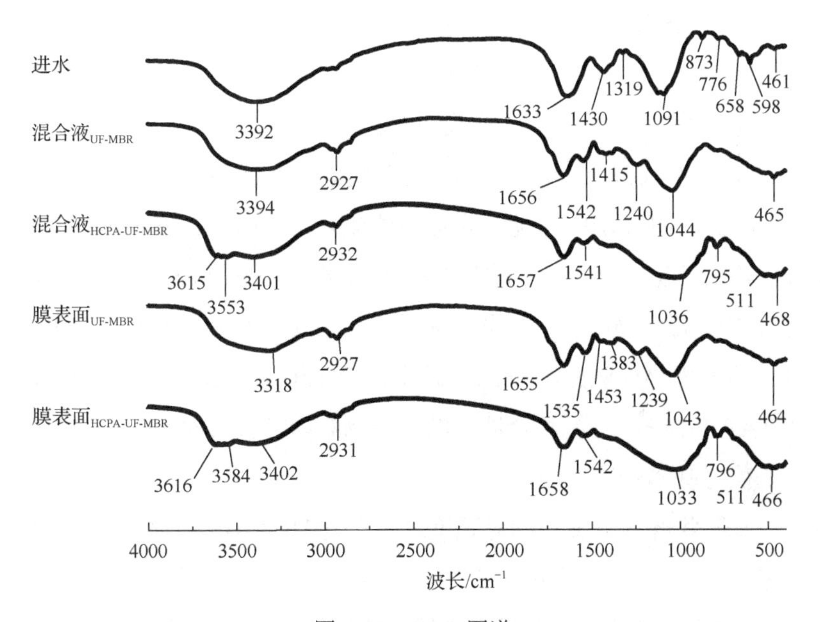

图5-15　FTIR图谱

从图5-15中可以看出，UF-MBR、HCPA-UF-MBR的进水、污泥混合液及其膜表面滤饼层中有机物所产生的吸收峰存在一定的差异。

高频区：①进水仅在3392cm^{-1}处有吸收峰，主要是由O—H、—NH_2或C—H等含H基团的伸缩振动引起的。②UF-MBR的污泥混合液中的化合物在3394cm^{-1}、2927cm^{-1}两处有吸收峰，分别为糖类O—H伸缩振动与糖类C—H伸缩振动[53]；HCPA-UF-MBR的污泥混合液中的化合物除上述两处吸收峰外，在3615cm^{-1}、3553cm^{-1}处出现了凹凸棒土的特征峰，分别归属于Al—OH—Al、(Fe^{3+}, Mg)—OH。③UF-MBR与HCPA-UF-MBR膜表面滤饼层中化合物的吸收峰位置，与②一致。

低频区：①UF-MBR 污泥混合液中的化合物在 1656cm^{-1}、1415cm^{-1}、1044cm^{-1}、465cm^{-1} 处保持进水原有吸收峰，分别为酰胺类化合物的 C═O 伸缩振动（酰胺Ⅰ带）、═CH 的变形吸收峰、C—O 振动、CCO 变形振动[208]；在 1542cm^{-1}、1240cm^{-1} 处出现了新的吸收峰，分别归属酰胺类化合物的 N—H 弯曲振动（酰胺Ⅱ带）以及乙醇、醚、碳水化合物中的 C—O 伸缩振动；这表明 UF-MBR 的污泥混合液中蛋白质（由 1656cm^{-1}、1542cm^{-1} 处特征峰表征）与多糖类物质（1044cm^{-1}、1240cm^{-1} 处特征峰表征）[208]增加，即微生物代谢分泌的 EPS 增加，将加剧膜污染。此外，873cm^{-1}、776cm^{-1}、658cm^{-1}、598cm^{-1} 处腐殖酸 HA 的特征峰减弱，表明腐殖酸 HA 被部分降解。UF-MBR 污泥混合液中的化合物黏附在膜表面内未发生改变，图谱中吸收峰的位置基本一致。②与 UF-MBR 相比，HCPA-UF-MBR 的污泥混合液中的化合物在 1240cm^{-1} 处的吸收峰消失，1415cm^{-1} 处的吸收峰强度减弱，表明投加 HCPA 后微生物代谢分泌的 EPS 减少；795cm^{-1}、511cm^{-1} 处为凹凸棒土的特征峰。HCPA-UF-MBR 污泥混合液中的化合物黏附在膜表面上未发生改变，图谱中吸收峰的位置基本一致。

综上，从吸收峰的数量与相对强度分析，与 UF-MBR 相比，HCPA-UF-MBR 污泥混合液与膜表面滤饼层中有机物的种类明显减少，含量降低近 50%，可见 HCPA 的投加提高了 MBR 除有机污染的效能，一定程度上减缓了膜污染速率。

5.3.6 荧光光谱表征

采用三维荧光光谱（three-dimension excitation emission matrix, 3D-EEM）检测 MBR 中溶解性有机质（dissolved organic matter, DOM）的情况，了解 DOM 在膜污染中的作用，进而探索预防或缓解膜污染的有效方法。图 5-16 为 UF-MBR、HCPA-UF-MBR 的进水、污泥混合液以及出水的三维荧光光谱图。该荧光光谱试验中各个水样的参数包括峰的位置、荧光强度等（表 5-4），其可用于定量分析。

从图 5-16 中可以看出，所测样品主要有 5 个荧光峰，A 峰为腐殖酸类腐殖质，

B 峰为富里酸类腐殖质，C 峰为氨酸类芳香族蛋白质，D 峰为色氨酸类芳香族蛋白质，E 峰为溶解性微生物代谢产物。UF-MBR、HCPA-UF-MBR 的进水、污泥混合液、出水水样谱图中的主要峰位置略有变化，但其荧光强度发生的变化较大，这可能是化合物结构的改变在其荧光特性上的反应[209]。

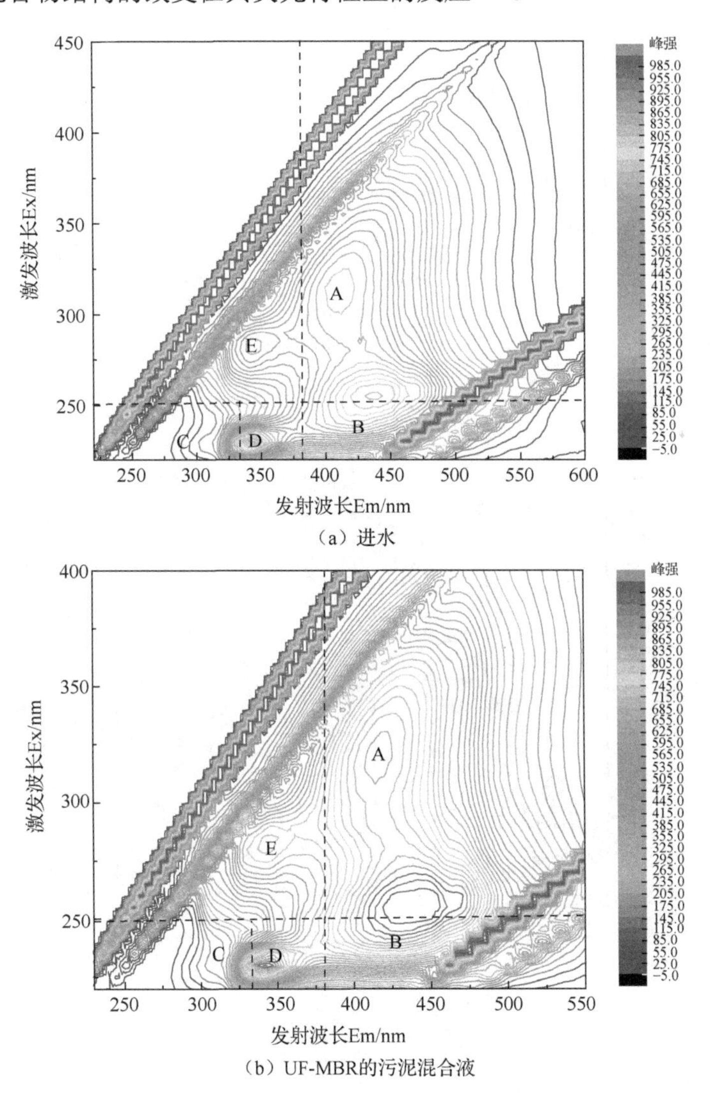

（a）进水

（b）UF-MBR的污泥混合液

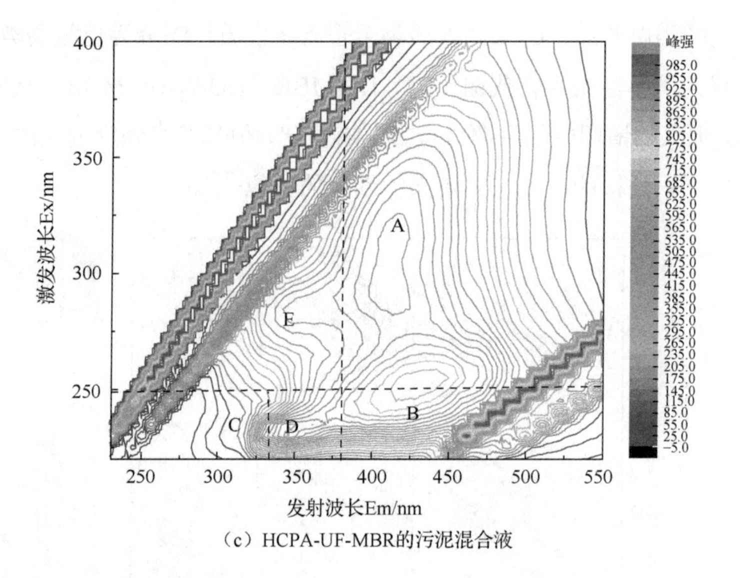

（c）HCPA-UF-MBR的污泥混合液

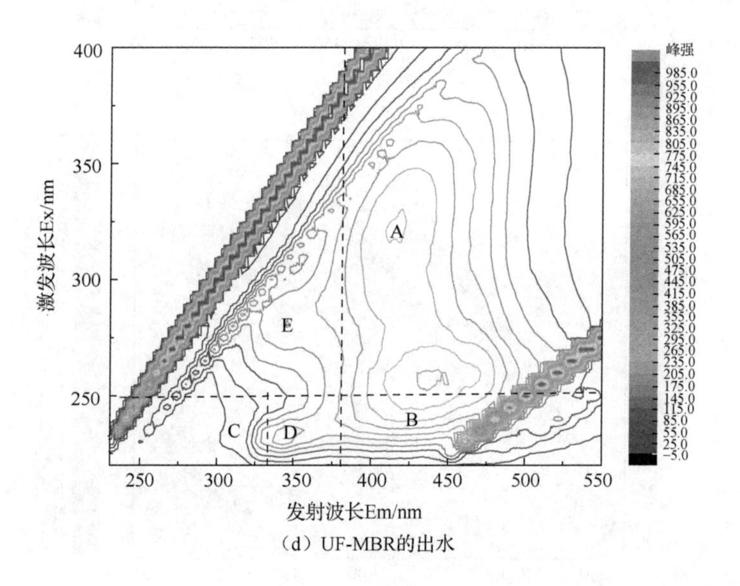

（d）UF-MBR的出水

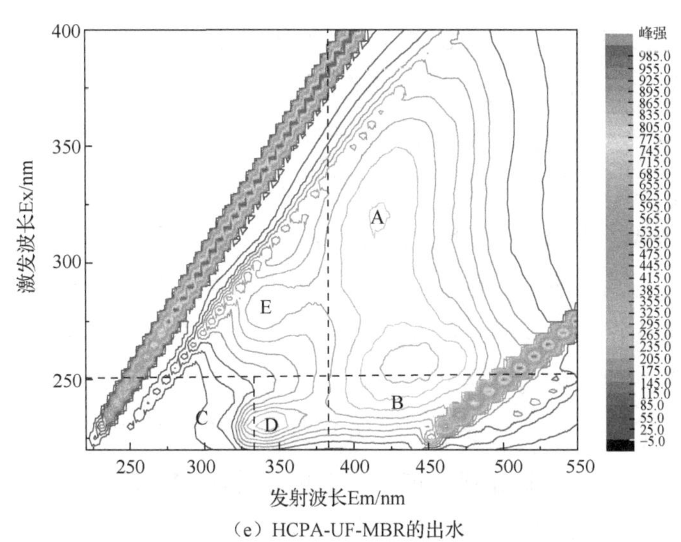

（e）HCPA-UF-MBR的出水

图 5-16　UF-MBR 和 HCPA-UF-MBR 的进水、污泥混合液以及出水的三维荧光光谱图

扫一扫查看彩图

表 5-4　三维荧光光谱图的参数

样品	A		B		D		E_1		E_2	
	Em/Ex	强度	Em/Ex	强度	Em/Ex	强度	Em/Ex	强度	Em/Ex	强度
进水	410/315	672	434/255	815	340/230	866	356/305	369	354/305	357
混合液$_{UF\text{-}MBR}$	414/320	879	436/255	998	340/230	953	342/280	694	352/305	402
混合液$_{HCPA\text{-}UF\text{-}MBR}$	412/295	584	428/250	707	346/230	595	352/285	490	358/310	291
出水$_{UF\text{-}MBR}$	416/320	268	434/255	309	340/230	290	342/280	228	358/310	120
出水$_{HCPA\text{-}UF\text{-}MBR}$	414/320	267	434/255	299	344/230	191	350/305	103	350/305	104

注：E_1 和 E_2 分别代表两种不同溶解性微生物代谢产物。

从表 5-4 中可以看出，①A 峰：出水$_{UF\text{-}MBR}$的 A 峰强度较进水降低了 60.1%，两反应器出水的 A 峰强度差别不大，进一步验证了天然大分子腐殖酸 HA 类有机物主要通过膜分离去除；混合液$_{UF\text{-}MBR}$的 A 峰强度较进水提高了 30.8%，混合液$_{HCPA\text{-}UF\text{-}MBR}$的 A 峰强度较进水降低了 13.1%。②B 峰：出水$_{UF\text{-}MBR}$的 B 峰强度较进水降低了 62.1%，出水$_{HCPA\text{-}UF\text{-}MBR}$的 B 峰强度仅比出水$_{UF\text{-}MBR}$高 1.2%；混合液$_{UF-MBR}$的B峰强度大于进水22.5%，混合液$_{HCPA-UF-MBR}$的B峰强度较进水降低了13.3%。③D峰：出水$_{UF-MBR}$的D峰强度较进水降低了66.5%，出水$_{HCPA-UF-MBR}$的D峰强度比出水$_{UF-MBR}$高11.4%；混合液$_{UF-MBR}$的D峰强度大于进水10.0%，混合液$_{HCPA-UF-MBR}$的D峰强度较进水降低了31.3%。④E峰：出水$_{UF-MBR}$的$E_1$峰强度较进水降低了38.2%，出水$_{HCPA-UF-MBR}$的$E_1$峰强度比出水$_{UF-MBR}$高近一倍；混合液$_{UF-MBR}$与混合液$_{HCPA-UF-MBR}$的$E_1$峰强度均大于进水。出水$_{UF-MBR}$的$E_2$峰强度较进水降低了66.4%，出水$_{HCPA-UF-MBR}$的$E_2$峰强度比出水$_{UF-MBR}$高4.5%；混合液$_{UF-MBR}$的$E_1$峰强度大于进水12.6%，混合液$_{HCPA-UF-MBR}$的$E_1$峰强度较进水降低了18.5%。②～④可进一步验证投加HCPA后可去除溶解性有机物，缓解膜污染，但滤饼层微生物新陈代谢产生的溶解性有机物易造成膜的不可逆堵塞，使水通量下降，进而影响出水效果。

5.4 膜污染及膜清洗对MBR污泥混合液性能的影响

5.4.1 膜污染及膜清洗对MBR污泥混合液生物活性的影响

试验运行过程中膜通量随时间的变化是膜污染状态的直观表现，常被用来考察MBR的运行性能，决定膜清洗周期以及膜的更换频率。跨膜压差（TMP）是反映膜运行情况的重要指标，随着膜污染的加重，膜阻力逐渐增加，为保证一定的膜通量，TMP需相应增加[210]。

1. 膜通量

两系统正常运行前，对膜组件进行清水膜通量测试，即在TMP条件下，以蒸馏水为滤液测定膜通量，绘制膜清水通量曲线，以此作为基准考察试验运行过程中膜性能的变化情况，结果如图5-17所示。控制TMP为0.025MPa，系统正常运行期间，每隔1d且同一时刻测定两反应器的膜通量，结果如图5-18所示，膜通量先快速下降，而后下降平缓；与 UF-MBR 相比，HCPA-UF-MBR 的膜通量 9d 前略低，9d 后稍高。

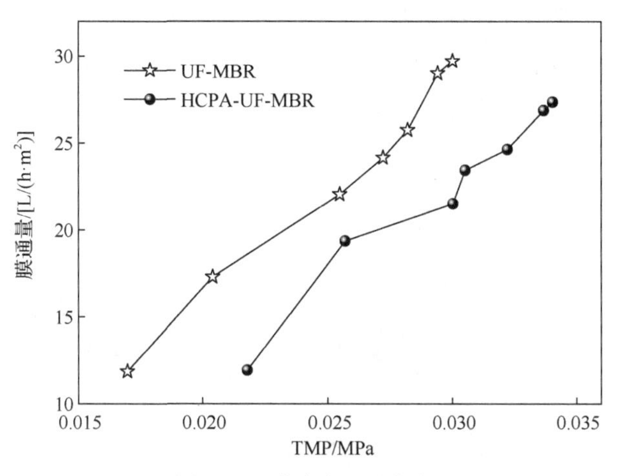

图 5-17　膜清水通量曲线

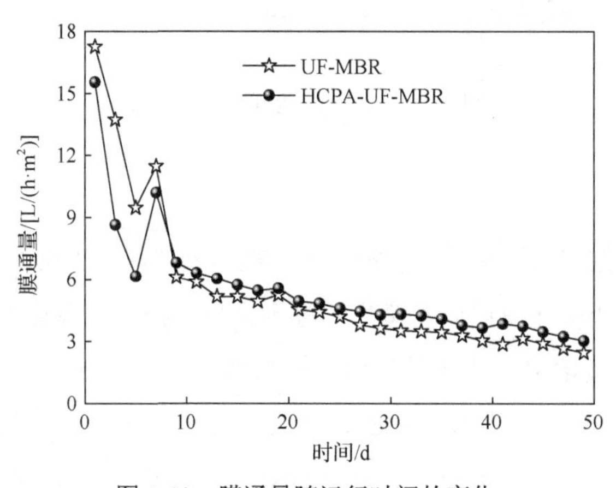

图 5-18　膜通量随运行时间的变化

2. 跨膜压差

膜清洗周期内 UF-MBR、HCPA-UF-MBR 两反应器中膜的 TMP 变化趋势相似，如图 5-19 所示。控制膜通量为 $22L/(h \cdot m^2)$，系统运行初期（第 1～13d），TMP

上升较快；第 14～35d 期间，TMP 缓慢上升；第 35d 时 TMP 再次快速上升，膜污染加剧；当 TMP 增至 0.055MPa 时，将膜取出后进行化学清洗，膜过滤性能得到恢复，TMP 基本减小到过滤初期的状态，而后继续遵循上一过滤周期的 TMP 变化趋势，该趋势与 Chang 等[211]、Chae 等[212]的研究结果一致，即 HCPA-UF-MBR 组合工艺的 TMP 上升速率大于 UF-MBR。

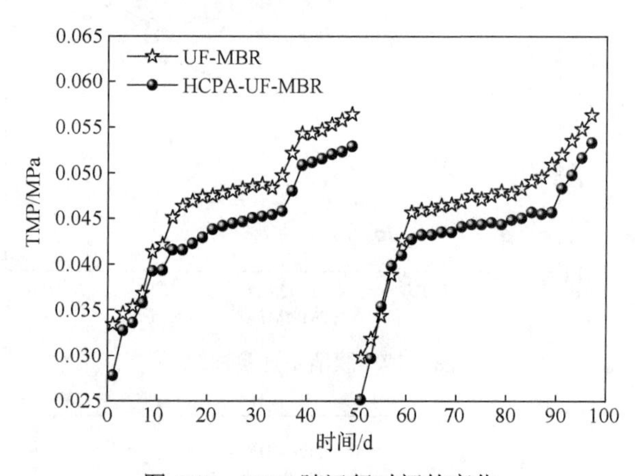

图 5-19　TMP 随运行时间的变化

3. 机理

系统运行初期（第 1～13d），投入的 HCPA 作为颗粒物质，与污泥混合液中的悬浮颗粒物、小分子物质以及微生物等污染物，在出水泵抽吸作用下迅速黏附到膜表面，膜孔被堵塞，致使膜阻力快速增加、TMP 迅速上升、膜通量迅速下降[204]。系统运行阶段（第 14～35d），膜表面的污染物浓度不断增加，沉积的污染物脱附膜表面向混合液扩散的作用也不断增强，当吸附与脱附两作用力达到平衡时，膜表面的污染层相对稳定，膜通量进入缓慢下降期，TMP 进入缓慢上升期，膜组件运行相对稳定，该时间段的长短与膜组件性能、运行操作条件等有关。投加的 HCPA 与污泥絮体间相互作用，形成黏度较小、粒径较均匀的絮体颗粒，一定程度上改善了污泥混合液的性能，使膜表面形成的滤饼层较为疏松，具有较好的透水性，膜阻力相对较小；此外，HCPA 还吸附了混合液中的部分有机物，使吸附到膜表面的有机物与微生物量减少，从而有效降低了膜污染程度，使膜阻力减小[213]。

5.4.2　膜清洗效果

膜污染可通过选择抗污染能力强的膜组件、改善污泥混合液性能、优化反应器运行条件等措施得到有效减缓，但却无法避免。对于污染严重的膜，当膜通量下降至无法保证反应器正常运行时，需对膜进行清洗，使其膜通量得到恢复，通常包括物理清洗与化学清洗。其中，物理清洗包括清水冲洗、水或气反冲洗、超声波清洗以及机械擦洗等；化学清洗是指用化学药剂（一般为强酸、强碱或强的氧化剂等）来浸泡清洗膜组件。MBR 在长期运行中，不可逆污染是膜污染中的重要角色，必须采用化学清洗清除，同时为避免反复化学清洗引发膜使用寿命缩短的现象，以及处置废化学试剂导致的环境问题[214]，常采用物理-化学组合清洗法。

1. 清洗方法选择

用于化学清洗膜的溶液一般分三大类：强碱（如 NaOH）、强氧化剂（如 NaClO）以及强酸（如 H_2SO_4、HCl 等）。其清洗机理不尽相同：强碱通过使溶液 pH 发生突变来增加污垢物与膜表面之间的静电斥力，迫使沉积物与膜表面分离；强氧化剂通过氧化分解膜上沉积的有机污染物，可使膜表面污染物与膜表面间的化学键断裂，进而使膜得到净化；强酸主要是通过水解膜表面的一些金属离子类污染物以致去除膜表面的无机污染物。

本试验采用物理-化学组合清洗法，当膜组件的 TMP 上升至 0.055MPa 时，进行膜清洗，步骤如下：①将污染的膜组件从反应器中取出，绘制其清水通量曲线；②用蒸馏水反复冲洗去除膜表面沉积的污泥层，绘制其清水通量曲线；③用 0.3% 的 HCl 溶液浸泡膜组件 12h，随后用蒸馏水反复冲洗掉去除膜丝上残留的 HCl 溶液，绘制其清水通量曲线；④用 0.5% NaOCl 溶液浸泡膜组件 8h，随后用蒸馏水反复冲洗掉膜丝上残留的NaOCl溶液，绘制其清水通量曲线；⑤待清洗完毕之后，将膜组件重新放入反应器中，使系统继续运行。

2. 清洗效果分析

考察上述各种方法清洗后UF-MBR、HCPA-UF-MBR两系统内膜组件的膜通量恢复率，即清洗后膜清水通量与新膜清水通量的百分比，结果见表5-5。

表5-5 水洗、酸洗、碱洗后UF-MBR、HCPA-UF-MBR两系统内膜组件的膜通量恢复率

单位：%

清洗方式	通量恢复率	
	膜$_{UF-MBR}$	膜$_{HCPA-UF-MBR}$
水洗	26	35
酸洗	32	48
碱洗	90	95

从表5-5中可以看出：①膜组件经清水冲洗后其膜通量的恢复率很小，经酸洗后膜通量小幅度上升，经碱洗后膜通量大幅度上升，表明该膜组件受有机物的污染最为严重；相对于物理清洗，化学清洗对污染物的去除更加彻底，经NaOCl清洗后尚有极少部分的膜通量未能恢复，表明膜上仍残留少量污染物，其已对膜造成了永久污染。②与MBR相比，HCPA-UF-MBR组合工艺膜通量清水冲洗的恢复效果要好，这是因为HCPA的污泥混合液在膜表面上形成的滤饼层具有相对较大的疏松性，易于被水冲刷掉；酸洗与碱洗对HCPA-UF-MBR组合工艺的膜通量恢复程度也相对较大，进一步证实了HCPA具有缓解膜污染的作用。

5.4.3 膜污染表征

1. 膜污染的微观表现

新膜使用一段时间后，膜表面会吸附一些微生物、胶体物质以及有机污染物等而形成很厚的滤饼层，表面粗糙。为进一步观察分析UF-MBR、HCPA-UF-MBR两系统的膜污染情况，对新膜与清洗后的污染膜进行微观观察，结果如图5-20所示。

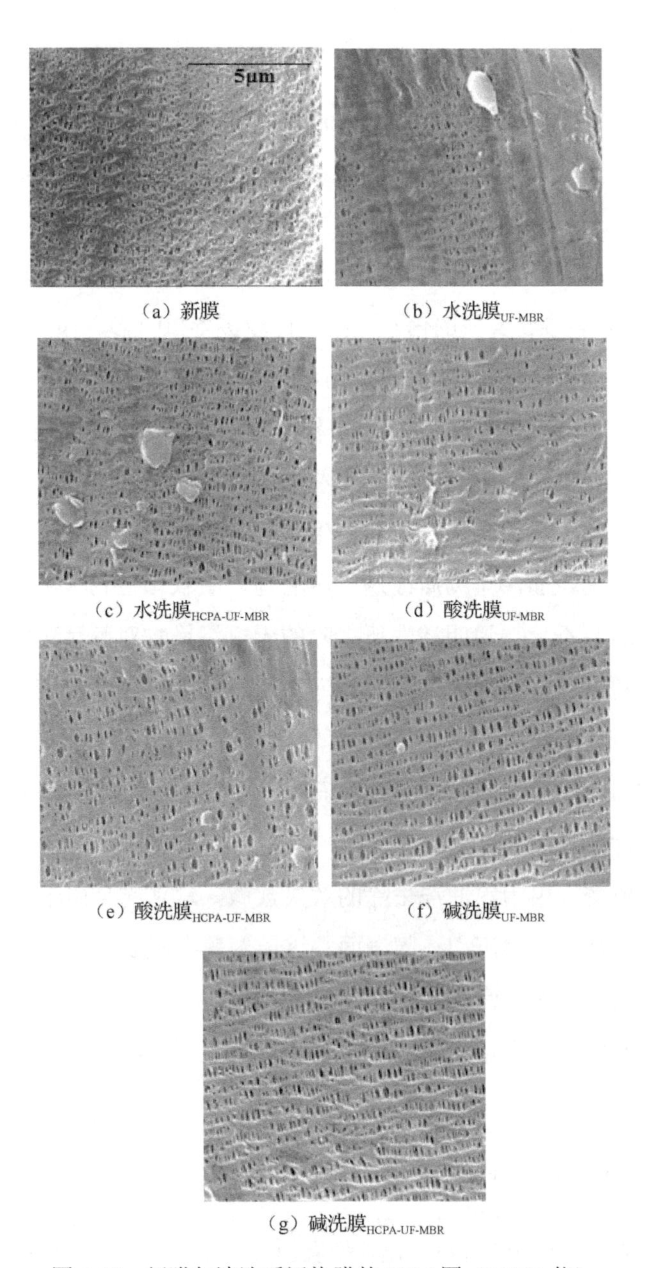

（a）新膜　（b）水洗膜$_{UF\text{-}MBR}$

（c）水洗膜$_{HCPA\text{-}UF\text{-}MBR}$　（d）酸洗膜$_{UF\text{-}MBR}$

（e）酸洗膜$_{HCPA\text{-}UF\text{-}MBR}$　（f）碱洗膜$_{UF\text{-}MBR}$

（g）碱洗膜$_{HCPA\text{-}UF\text{-}MBR}$

图 5-20　新膜与清洗后污染膜的 SEM 图（13000 倍）

比较图 5-20（b）、（c）可以看出，水洗膜$_{UF-MBR}$表面依然存在着一层较薄的黏性污染层，水洗膜$_{HCPA-UF-MBR}$表面的污染物大部分已脱落，这与表 5-5 所示的水洗膜$_{HCPA-UF-MBR}$通量恢复率比水洗膜$_{UF-MBR}$通量恢复率高的现象是一致的；比较图 5-20（d）、（e）可以看出，经酸洗后两膜表面污染物被进一步清洗掉，两者膜通量均有小幅度的上升，但相比较而言，酸洗膜$_{HCPA-UF-MBR}$的清洗效果要好于酸洗膜$_{UF-MBR}$，这与表 5-5 反映的信息一致；比较图 5-20（f）、（g）可以看出，经碱洗后两膜表面的污染物基本被去除，可清晰看到分布均匀的膜孔，尤其是碱洗膜$_{HCPA-UF-MBR}$，其 SEM 图与新膜几乎一样，这与表 5-5 反映的信息也是一致的，膜通量基本得到恢复。综上可知，清水冲洗的方法对膜通量的恢复效果不大，说明水洗所去除的悬浮颗粒物以及一些微生物残骸等物质并不是造成膜污染的主要因素；酸洗使得膜表面污染物质被进一步清理，块状颗粒物大部分被去除，但膜通量的恢复率增幅不大，说明酸洗所去除的无机污染物对膜污染的贡献也不大；碱洗对恢复膜通量的作用最大，说明碱液所清洗掉的膜表面凝胶层、有机污染物造成的膜污染最为严重。

从图 5-20 中还可以看出，同样运行条件下 HCPA-UF-MBR 中膜的污染程度比 UF-MBR 轻，污染物少、沉积层薄且疏松，更易被水冲洗掉；而 UF-MBR 膜表面的污染层厚且致密，仅用水冲洗去除的效果甚微，这可能是由于 HCPA 质轻、粒径小，运行初始会被吸附沉积在膜表面，这层覆盖在膜表面的 HCPA 作为过滤介质既起到了截留微生物、污染物的作用，又使微生物难以直接黏附到膜表面上而造成比较严重的生物污染。HCPA 的加入大大减轻了膜污染的程度，减少了膜清洗的次数。

2. 污染物的组分分析

从污染膜的 SEM 图中可以看出，膜表面除了活性污泥、颗粒物以及相互粘连的微生物以外，还可以看到一些有棱角的块状物质，这些可能是无机污染物质。

为进一步分析膜表面污染物的组成成分，本试验对膜清洗中各方法所得洗脱液的无机成分与有机成分进行检测，结果如表 5-6 所示。

表 5-6　污染膜洗脱液的组成成分

清洗方式	UV_{254}/cm^{-1}		TOC/(mg/L)		Ca/(mg/L)		Fe/(mg/L)	
	膜$_{UF-MBR}$	膜$_{HCPA-UF-MBR}$	膜$_{UF-MBR}$	膜$_{HCPA-UF-MBR}$	膜$_{UF-MBR}$	膜$_{HCPA-UF-MBR}$	膜$_{UF-MBR}$	膜$_{HCPA-UF-MBR}$
水洗	0.031	0.078	3.650	6.104	12.73	12.80	0.0066	0.1118
酸洗	0.165	0.152	2.066	0.9892	5.171	3.137	19.67	28.61
碱洗	4.000	4.000	30.24	13.41	1.223	1.477	0.09787	0.01175

清洗方式	Mg/(mg/L)		Mn/(mg/L)		Si/(mg/L)	
	膜$_{UF-MBR}$	膜$_{HCPA-UF-MBR}$	膜$_{UF-MBR}$	膜$_{HCPA-UF-MBR}$	膜$_{UF-MBR}$	膜$_{HCPA-UF-MBR}$
水洗	2.234	2.398	0.0201	0.0768	3.095	2.362
酸洗	0.6254	0.3538	0.1772	0.1550	0.5998	0.6703
碱洗	0.3316	0.2289	0.00105	0.00036	1.078	1.338

从表 5-6 中可以看出，水洗与酸洗主要去除无机污染物，碱洗可有效去除有机污染物。污染物中的无机成分主要有 Ca、Fe，其主要来源于松花江水。研究表明，Ca、Fe 元素的存在是引起膜污染的重要原因之一，这是由于 Ca、Fe 盐的溶解度很小，在膜表面发生浓差极化可能性大，Ca、Fe 盐在膜表面析出沉积而直接导致膜的无机污染；Ca、Fe 元素还通过改变水中其他污染物质存在的形态而间接造成膜污染问题，如 Ca^{2+}、Fe^{2+}、Fe^{3+}易与膜表面的阴离子生物聚合物、SO_4^{2-}、CO_3^{2-}、PO_4^{3-}、OH^- 反应生成沉淀物[215, 216]。从表 5-6 中还可以看出，污染膜$_{HCPA-UF-MBR}$水洗的洗脱液中有机物的含量是污染膜$_{UF-MBR}$的两倍多，进一步证明了上述“投加 HCPA 后膜表面形成的污染层较疏松，污染物与膜表面之间的黏结力小，用水冲洗就可将污染层较大部分清除掉”的观点。

5.5 综合效益分析

工艺运行成本主要包括药剂费、动力费、人工费、折旧费，以一个月为期限，其装置主要控制参数设定如下：出水量为120t/d($5m^3/h$)、HRT为6h、HCPA投加量为20g/L、曝气量为$10m^3/min$、反冲洗量为$10m^3/h$。估算各项费用，具体结果见表5-7，其中动力费与折旧费占总运行成本的近90%，动力费中抽吸泵贡献最大，达27.7%，其次为鼓风机，达1.7%，反冲洗泵与加药泵对运行成本的影响可忽略不计；折旧费中工艺核心膜组件每三年更换一次，远超出其他泵机设备的折旧费。通过经济成本分析，该工艺制水成本较为低廉，村镇居民均能接受。

表5-7 运行成本估算

项目		月均费用/元	吨水费用/(元/t)	所占比例/%
药剂费	HCPA	165	0.046	9.2
动力费	抽吸泵	500	0.139	27.7
	反冲洗泵	2	0.001	0.1
	加药泵	6	0.002	0.3
	鼓风机	30	0.008	1.7
人工费	日常维护管理补贴	100	0.028	5.5
折旧费	膜更换费	900	0.250	50
	其他泵机设备	100	0.028	5.5
合计		1803	0.502	100

该装置占地面积约$15m^2$，占地面积小；膜装置制水快捷，可满足村镇用水时间不集中、即产即用的特点；用水回收率较高，减少水源水的浪费。因常规水厂建设面积较大、运行维护较烦琐，不利于其在村镇推广，该技术凭借能耗低、过滤性能优良、占地面积小、运行维护简单等特点，可在村镇饮水工程中广泛推广。

5.6　本 章 小 结

本章测定 UF-MBR、HCPA-UF-MBR 两工艺高锰酸盐指数等有机污染物指标、NH_4^+-N 等无机氮指标的去除率，从污泥混合液浓度、活性、粒径分布、黏度、有机物相对分子质量分布等方面系统分析投加 HCPA 后 MBR 中污泥混合液性能的变化；同时，考察了 UF-MBR、HCPA-UF-MBR 长期运行过程中膜通量及跨膜压差（TMP）的变化情况，并研究了膜污染特性、清洗前后膜的微观性貌、洗脱液的物质成分，得出了如下结论。

（1）对比研究了 UF-MBR、HCPA-UF-MBR 组合工艺对低温高有机物高氨氮水源水的处理效果。HCPA-UF-MBR 组合工艺对高锰酸盐、TOC、NH_4^+-N、浊度等的去除效果均优于 UF-MBR，抗冲击负荷能力明显，反应器内的温度比 UF-MBR 高 0.5～1.0℃，可有效缓解低温的影响。

（2）考察了 UF-MBR、HCPA-UF-MBR 组合工艺污泥混合液的性能。投加 HCPA 后，UF-MBR 中污泥的总活性、硝化活性分别提高了 9.09%、123.33%，污泥颗粒粒径的分布趋于均匀，大粒径分子所占比例减少；降低污泥混合液的 Zeta 电位比 UF-MBR 的低 11%～26%，使絮体的凝聚力增强；提高了系统对大分子有机物的去除效果，改变了系统污泥混合液及其膜表面滤饼层中的有机物结构和组成，使有机物的种类和含量明显减少；对生物难降解的腐殖酸类物质和大分子蛋白质类有机物质的去除效果稍有改善。

（3）研究了 UF-MBR、HCPA-UF-MBR 的膜污染情况。投加 HCPA 后，系统运行初期的膜污染速率增加，长期运行时膜污染程度明显降低，膜表面形成的滤饼层比较疏松、透水性较好且容易被清洗掉，膜污染现象得以减缓。

第6章　热改性凹凸棒土净化严寒村镇嗅味地表水

6.1　概　　述

近年来，伴随着水污染形势日益严峻，水质恶化所引起的水体异味问题持续加重。严寒村镇地表水中常见的嗅味物质以 2-甲基异冰片（2-MIB）和土臭素（GSM）为代表。二者皆为饱和环醇类物质，均来自水中藻类和其他水生动植物的代谢产物或分解产物。其结构稳定，具有易挥发和不易氧化等特点。一旦该嗅味物质在水体中的浓度超过 10ng/L 就会引起严重的土霉味，令人感觉不适，严重的会导致死亡。由于常规饮用水处理工艺无法有效去除水中 2-MIB 和 GSM 等嗅味物质，因此，研发地表水中嗅味物质净化技术势在必行。

本章通过研发热改性凹凸棒土嗅味净化技术，着力解决目前严寒村镇地表水中普遍存在的嗅味问题。研究热改性凹凸棒土理化性质，探究其对地表水中嗅味物质 2-MIB 及 GSM 的吸附特征及影响因素，拓宽了凹凸棒土在严寒村镇嗅味水源水净化领域的应用。主要研究内容包括：基于傅里叶变换红外光谱仪（FTIR）、比表面积及孔结构分析 BET 法以及 X 射线衍射（XRD），对凹凸棒土的化学组成、内部结构及其理化性质特征进行表征分析；分别考察凹凸棒土的种类及投加量、溶液 pH、温度、水力条件、物质间的竞争吸附等因素对热改性凹凸棒土吸附地表水中嗅味物质 2-MIB 及 GSM 效果的影响；并利用线性回归拟合方程优选吸附等温线模型与吸附动力学模型，计算热改性凹凸棒土对 2-MIB 及 GSM 的吸附容量与吸附速率。

6.2　热改性凹凸棒土理化性质

6.2.1　热改性凹凸棒土化学成分

凹凸棒土常被用于土壤改良和环境修复等，但因其杂质含量较高，需要进行改性或提纯。常用的改性方法包括加热和酸处理，其中加热改性可以去除凹凸棒土结构内部的水分，有助于提高材料的比表面积并增强其吸附性能，而酸处理则可去除无用的非黏土成分[217, 218]。本章研究为达到增大凹凸棒土孔隙率与比表面积的目的，同时维持材料原有的针状纤维束结构，将凹凸棒土置于 300℃环境下热活化 2.5h[219, 220]。凹凸棒土改性前后矿物与化学成分如表 6-1 所示。在本章研究中，源自江苏盱眙的凹凸棒土（ATP）主要成分是 SiO_2、Al_2O_3、MgO、Fe_2O_3 等，其中硅元素占比最大。凹凸棒土被高温煅烧后，热改性凹凸棒土（T-ATP）主要内部成分未发生改变，但各成分的百分比含量较改性前均有不同程度的增大，这可能是由于凹凸棒土被加热后晶格内部分水分损失，热改性后的凹凸棒土中其他组分的相对百分比含量升高。

表 6-1　ATP 和 T-ATP 的矿物和化学成分　　单位：%

种类	Na_2O	MgO	Al_2O_3	SiO_2	P_2O_5	K_2O	CaO	TiO_2	Fe_2O_3
ATP	0.239	12.39	10.61	67.42	0.75	1.02	1.13	0.63	5.53
T-ATP	0.1	12.61	10.76	67.95	0.011	1.03	1.16	0.62	5.40

6.2.2　热改性凹凸棒土 FTIR 表征

对 ATP 及 T-ATP 进行红外光谱分析时，采用溴化钾压片制备成试样进行测定，图 6-1 显示了 ATP 和 T-ATP 的 FTIR 图谱。由图 6-1 可知，ATP 和 T-ATP 的大部分吸附带与其他研究中吸附带位置相同[221, 222]，即 T-ATP 与 ATP 所产生的吸收峰波数并无显著变化，该结果验证了 6.2.1 节的分析，即经过加热改性过后的凹凸棒土，其吸收特征峰谱与原土相比并无变化，究其原因可能是凹凸棒土的热改性仅去除了其内部部分水分，并未破坏其原有内部结构，也并未使其发生化学组分的变化。

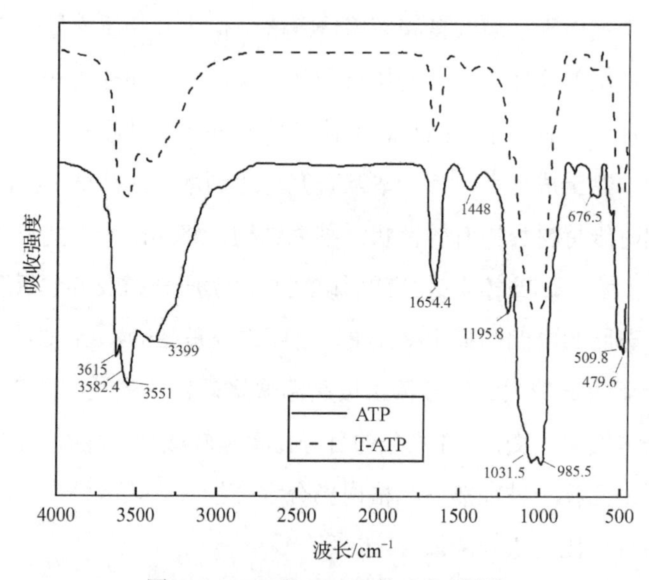

图 6-1 ATP 和 T-ATP 的 FTIR 图谱

具体而言，在 3615cm^{-1}、3582.4cm^{-1}、3551cm^{-1}、3399cm^{-1} 和 1654.4cm^{-1} 处的 5 个谱带强度降低，这与 ATP 四面体结构之间连接到 Mg 和 Al 的 O—H 键的拉伸振动有关[223]。其中，在 3399cm^{-1} 处的特征谱峰是由对应吸附水 O—H 键的拉伸振动所引起的峰值变化[224]。3582.4cm^{-1} 以及 3551cm^{-1} 处的特征谱峰是由凹凸棒土孔道边缘与 Mg 和 Al 相连的结合水中羟基的伸缩振动引起的峰值变化[225]。3615cm^{-1} 处的吸收峰则是由 ATP 四面体结构和八面体之间的 Mg 和 Al 相连的游离水中的羟基伸缩振动所引起的[226, 227]。而 1654.4cm^{-1} 处的特征谱峰是由羟基的变形振动引起的，一般羟基的变形振动都发生在 2000cm^{-1} 以下的低频段[228]。

T-ATP 在 3399cm^{-1} 处吸收峰变小，说明其内部吸附水成分降低。其在 1448cm^{-1} 和 676.5cm^{-1} 处含有的吸收峰是碳酸根离子中 C═O 的特征吸收峰，表明在 ATP 的晶体中存在碳酸盐[229]，且 676.5cm^{-1} 处的吸收峰是由碳酸盐的面内弯曲振动所造成的。ATP 中的 Si—O 键分别在 1031.5cm^{-1} 和 985.5cm^{-1} 处分裂产生两个吸收峰，其中 Si—O 键非对称伸缩振动向高频率方向移动，并大于 1100cm^{-1}，这表明其中可能存在两种不同的 Si—O 键联结方式[230]。

6.2.3　热改性凹凸棒土比表面积和总孔隙率

比表面积是表征吸附剂吸附性能的一个重要参数。ATP 内部存在较多孔道，致使其比表面积和孔隙率较高。ATP 的比表面积一般为 60～200m^2/g，通常情况下，T-ATP 的比表面积会有不同程度的增大，且大部分阳离子、水分子及较小的有机分子被直接吸附到 ATP 的孔道中[231, 232]。在本章研究中，对凹凸棒土比表面积及孔隙率的测定采用国际通用的比表面积及孔结构分析 BET 法，其测试结果如表 6-2 所示。ATP 和 T-ATP 的比表面积分别为 107.92m^2/g 和 123.28m^2/g，T-ATP 的比表面积增大了 14%。ATP 和 T-ATP 孔隙率分别为 0.3376cm^3/g 和 0.5570cm^3/g，T-ATP 的孔隙率增大了 65%。因此，此结论再次验证了热改性并未改变凹凸棒土的组分，仅损失掉孔隙中的部分水分[233]，且使得凹凸棒土的比表面积和孔隙率显著上升，增加了凹凸棒土中的吸附点与吸附面积，致使 T-ATP 表现出更好的吸附能力。

表 6-2　凹凸棒土及热改性凹凸棒土的比表面积及孔隙率

凹凸棒土种类	比表面积/(m^2/g)	孔隙率/(cm^3/g)
ATP	107.92	0.3376
T-ATP	123.28	0.5770

ATP 及 T-ATP 的吸附-脱附 N_2 等温线见图 6-2。由图 6-2 中 ATP 与 T-ATP 的吸附-脱附曲线形状可知，ATP 属于小孔结构。在相对压力 p/p_0<0.5（其中，p 代

表蒸汽压，p_0 代表饱和蒸汽压）时，ATP 及 T-ATP 的吸附-脱附 N_2 等温线均比较平缓，由此可知在相对压力 $p/p_0<0.5$ 时，ATP 与 T-ATP 发生单分子层吸附，微孔较少，其吸附性能较弱。当相对压力 $p/p_0>0.5$ 时，二者的吸附-脱附 N_2 等温线上升迅速，且 T-ATP 对 N_2 的吸附量比 ATP 高，说明经过加热改性后的 ATP 吸附性能效果显著增强。同时，还发现 T-ATP 的吸附-脱附 N_2 等温线存在吸附循环现象，表明 T-ATP 中存在中孔和大孔孔隙结构[234]。

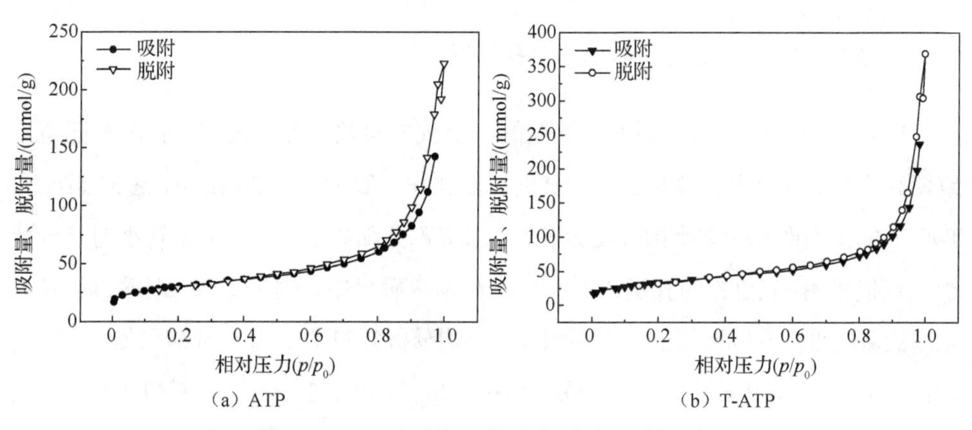

（a）ATP　　（b）T-ATP

图 6-2　ATP 及 T-ATP 的吸附-脱附 N_2 等温线

6.2.4　热改性凹凸棒土 XRD 表征

为进一步详细分析并确定 ATP 及 T-ATP 的组分和化学结构，对二者进行了 XRD 谱图分析。ATP 及 T-ATP 的 XRD 图谱见图 6-3。由图 6-3 可知，ATP 在 2θ=8.38°、13.72°、16.36°、19.84°处出现硅酸镁和铝盐的特征衍射峰。在 2θ 为 20.8°、26.66°处出现 SiO_2 的特征衍射峰。结合 ATP 的 FTIR 图谱可知，凹凸棒土原土的化学式为 $Mg_5(Si, Al)_8O_{20}(OH)_2 \cdot 8H_2O$。由图 6-3 可知，T-ATP 的特征衍射峰较 ATP 并无差异，表明热改性后的凹凸棒土结构和化学式并未发生显著变化。由于改性后凹凸棒土表面的吸附水、结晶水和结构水的损失，释放了原本被占据的空间，使其衍射峰强度减弱，但凹凸棒土的晶体结构被成功保留[235]。通过对凹凸棒土和改性凹凸棒土 XRD 物相图谱分析可知，凹凸棒土主要由白云石、石英、黝帘石等构成。

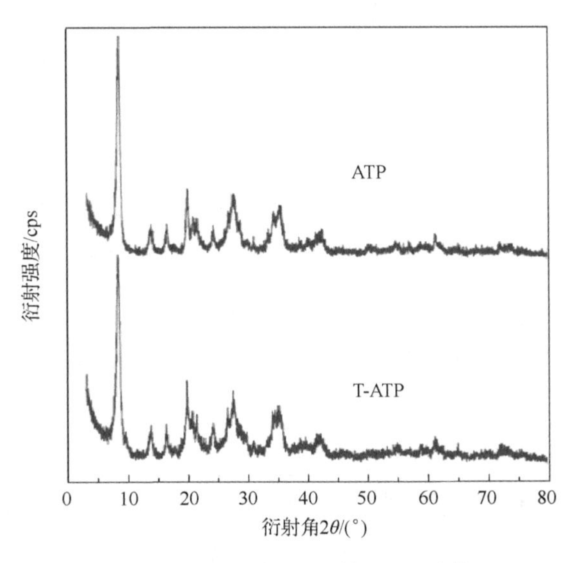

图 6-3　ATP 及 T-ATP 的 XRD 图谱

注：cps 表示每秒的计数

6.3　热改性凹凸棒土吸附 2-MIB 及 GSM 的影响因素

6.3.1　pH 的影响

溶液反应体系的酸碱度将对吸附剂的吸附性能产生重要影响。图 6-4 显示了 pH 对 T-ATP 吸附 2-MIB 及 GSM 的影响。由图 6-4 可知，反应溶液中 pH 对 T-ATP 吸附水中 2-MIB 和 GSM 均具有显著影响。随溶液 pH 的增大，T-ATP 对 2-MIB 和 GSM 的吸附去除率均先增大再减小。在 pH=4～8.5 范围内，T-ATP 对二者的去除率均大于强酸性（pH<4）及强碱性（pH>8.5）条件。由于 2-MIB 及 GSM

是憎水性小分子有机物，二者始终以分子形态存在于水中，且这两种嗅味物质在水中不会发生电离，因此，pH 对它们在水中的存在形态影响较小。溶液 pH 主要通过影响凹凸棒土的表面化学性质来影响 T-ATP 对 2-MIB 及 GSM 的吸附去除效果。酸性或碱性环境均会造成凹凸棒土表面化学性质的改变，使成孔径增大、孔隙率增加，故凹凸棒土活化基团性能和表面自由能会因溶液酸碱度的不同而产生差异，最终导致其在不同 pH 条件下的吸附性能差别较大[236]。由图 6-4 可知，当 pH=5.5 时，T-ATP 对水中嗅味物质 2-MIB 及 GSM 的去除率最高，说明 T-ATP 在酸性条件下可对二者具有更好的吸附作用。相关研究表明，凹凸棒土在酸性环境中能发挥最大的吸附性能[237-240]，本章研究与上述研究结论一致；但考虑实际饮用水处理过程中 pH 均为中性，故在后续吸附试验中 pH 取值为 6.5～7.5。

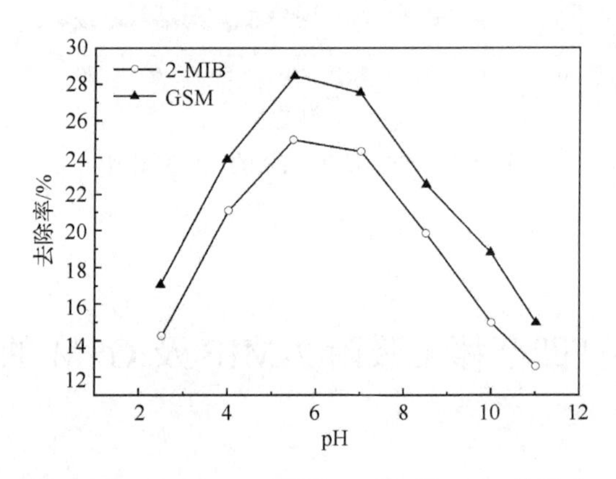

图 6-4　pH 对 T-ATP 吸附 2-MIB 及 GSM 的影响

6.3.2　温度的影响

温度对 T-ATP 吸附 2-MIB 及 GSM 的影响见图 6-5。由图 6-5 可知，吸附反应过程中温度对 T-ATP 去除水中 2-MIB 和 GSM 的影响显著。在 5～50℃范围内，T-ATP 对水中 2-MIB 及 GSM 的去除率与单位吸附量均随温度的升高而不断降低。

在 10℃条件下，2-MIB 的去除率为 21.71%，GSM 的去除率为 28.85%。当反应温度提升至 50℃，2-MIB 的去除率为 10.71%，GSM 的去除率为 15.71%。随反应温度的升高，T-ATP 对 2-MIB 的吸附性能呈现逐渐减小的趋势。当反应温度从 10℃升至 20℃时，2-MIB 的去除率下降 1.9%；在 40℃到 50℃时，2-MIB 的去除率下降 3.3%。其对 GSM 的去除率也有相似的变化趋势。这说明 T-ATP 对水中嗅味物质 2-MIB 及 GSM 的吸附反应是放热反应，即低温有利于 T-ATP 对二者的吸附。类似的研究结果也表明，纯化 ATP 对聚乙二醇-5M 硬脂醇辛酸酯的吸附行为[241]、阴离子-阳离子改性 ATP 对硝基苯酚的吸附行为[242]、改性 ATP 对铀酰[243]和聚甲基紫阳离子染料（聚丙烯酸-丙烯酰胺）的吸附行为[244]均是放热反应。尽管温度越低越有利于 T-ATP 吸附去除 2-MIB 及 GSM，但实际水处理过程均在常温条件下进行，因此后续吸附试验中温度取值为 25±1℃。

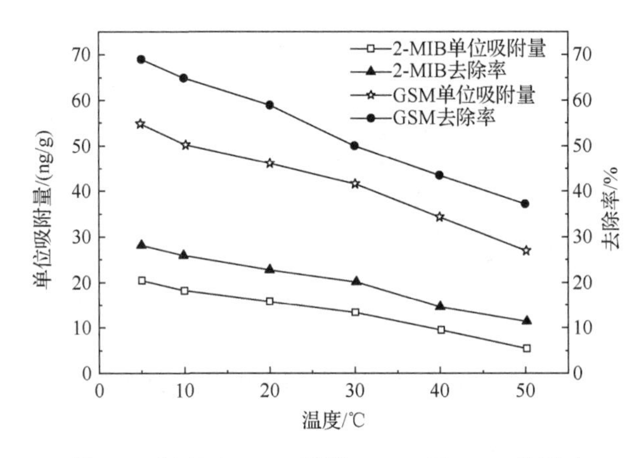

图 6-5　温度对 T-ATP 吸附 2-MIB 及 GSM 的影响

表 6-3 和图 6-6 显示了 T-ATP 对 GSM 的吸附热力学相关参数情况。由于焓变ΔH为负值（ΔH=−14.13kJ/mol），表明 T-ATP 对 GSM 的吸附是放热反应，因此可通过降低温度提高 T-ATP 对 GSM 的吸附效率。与此同时，熵变ΔS=−46.73kJ/(mol·K)，表明 GSM 在被 T-ATP 吸附的过程中，固体/溶液界面的随机性

降低，反应趋向稳定。此外，在 293K、303K 和 313K 温度下，GSM 对 T-ATP 吸附的吉布斯自由能变ΔG 分别为−0.43kJ/mol、0.02kJ/mol 和 0.50kJ/mol。较低的ΔG 值表明 GSM 在 T-ATP 上的吸附是非自发的，所以也可通过提高振荡频率进一步促进反应的发生。

表 6-3　T-ATP 对 GSM 的吸附热力学参数

温度/K	GSM		
	ΔG/(kJ/mol)	ΔH/(kJ/mol)	ΔS/[kJ/(mol·K)]
293	−0.43	−14.13	−46.73
303	0.02	—	—
313	0.50	—	—

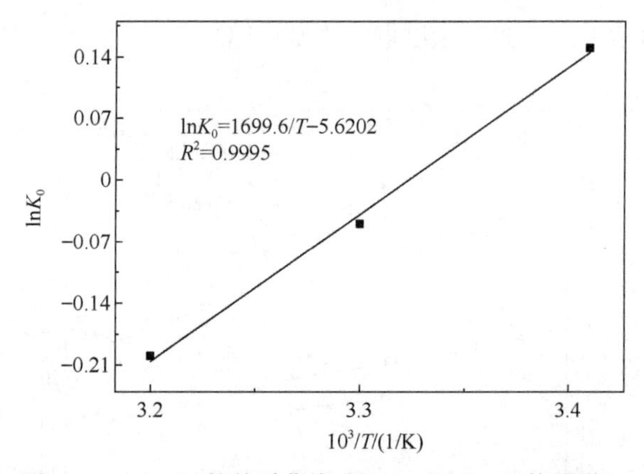

图 6-6　$\ln K_0$-1/T 的关系曲线（T-ATP 对 GSM 的吸附）

6.3.3　水力条件的影响

由上述分析可知，在研究 T-ATP 对 GSM 的吸附过程中，水浴振荡器的振荡速度等水力条件对 T-ATP 吸附水中嗅味物质具有一定影响，即振荡速度越快，其对嗅味物质的吸附去除率越高。如图 6-7 所示，振荡速度对 T-ATP 吸附水中 2-MIB 及 GSM 的影响如下：当水浴振荡器的振荡速度小于 130r/min 时，T-ATP 对 2-MIB

或 GSM 的去除率均较低，未达到 20%；当继续提高振荡速度时，溶液中两种嗅味物质的去除率显著增加，即增大振荡速度可以显著增强 T-ATP 与溶质间的吸附动力；当振荡速度达到 160r/min 后，再提升振荡速度，吸附率增加则较为缓慢。增大振荡速度能够增加嗅味物质与 T-ATP 之间的吸附动力，增强布朗运动，进而提高对 GSM 和 2-MIB 的去除率；但增大振荡速度，在一定程度上会增大设备耗能与维护管理费用[245]。因此，综合考虑后续吸附试验的振荡速度选用 160r/min。

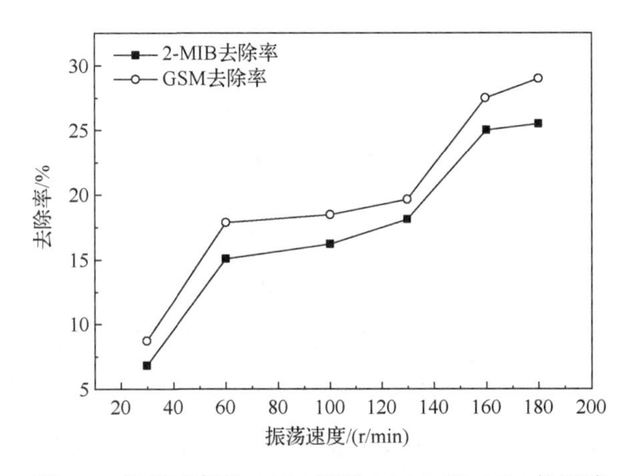

图 6-7 振荡速度对 T-ATP 吸附 2-MIB 和 GSM 的影响

6.3.4 竞争关系的影响

图 6-8 显示了两种嗅味物质 2-MIB 和 GSM 在水溶液共存时，T-ATP 对二者的吸附去除效果。由图 6-8 可知，当二者共存于水溶液中时，同一浓度的 T-ATP 对 2-GSM 的去除率普遍高于 MIB，存在较大差异。随着 T-ATP 投加量的增加，2-MIB 和 GSM 的去除率均呈显著上升趋势。当 T-ATP 的投加量达到 1g/L 时，反应溶液中 2-MIB 及 GSM 的去除率均接近最大值，且随着体系内 T-ATP 投加量的增大，反应溶液中 2-MIB 及 GSM 的去除率增长速度缓慢，当 T-ATP 的投加量达到 2g/L 时，其吸附率不再明显升高。

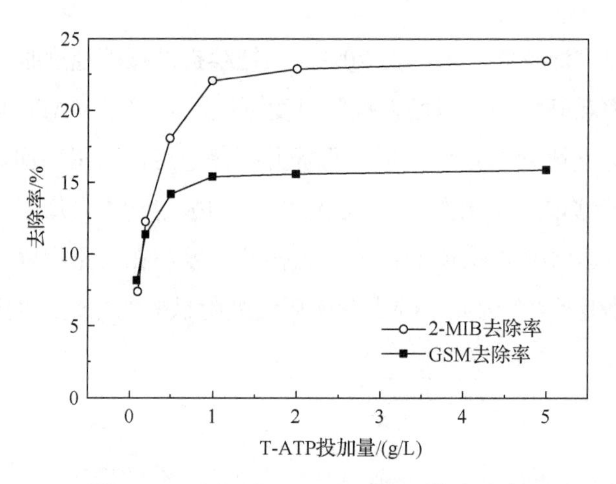

图 6-8　T-ATP 对 GSM 和 2-MIB 的去除率

图 6-9 显示了 ATP 和 T-ATP 对 2-MIB 和 GSM 在溶液中单独存在时的吸附情况。如图 6-9 所示，当溶液中 ATP 和 T-ATP 的投加量小于 1g/L 时，2-MIB 和 GSM 的去除率随着 ATP 和 T-ATP 投加量的增加均呈现增大趋势。当溶液中 ATP 和 T-ATP 的投加量大于 1g/L 时，随着溶液中 ATP 和 T-ATP 的投加量增加，二者的去除率保持不变。因此，ATP 和 T-ATP 的最佳投加量为 1g/L，与 ATP 相比，T-ATP

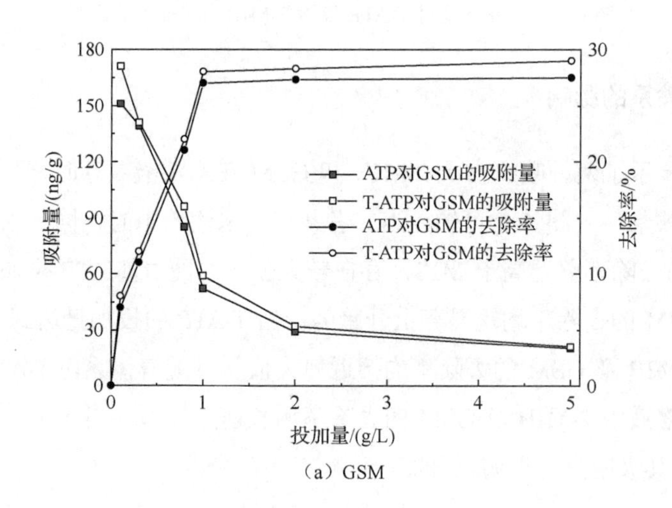

（a）GSM

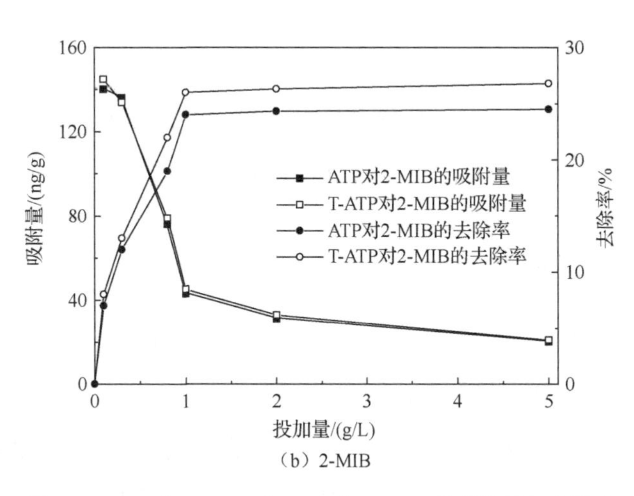

（b）2-MIB

图 6-9　ATP 和 T-ATP 对 GSM 和 2-MIB 的吸附量与去除率

对 GSM 和 2-MIB 的去除率（%）和吸附量（ng/g）分别提高了 7.3%和 2.7%、8.8ng/g 和 2.8ng/g。

表 6-4 显示了当水溶液中只含有 GSM 或 2-MIB 以及二者共存时，投加 1g/L 的 T-ATP 对它们的去除率。由表 6-4 可知，当溶液中 2-MIB 与 GSM 共存时，两种嗅味物质相互竞争 T-ATP 的吸附点位致使二者产生竞争吸附现象，同时，若实际水体中存在大分子有机物与金属离子，也可能与嗅味物质争夺 T-ATP 吸附点位。因此，应适当加大 T-ATP 的投加量，以便为 2-MIB 与 GSM 提供更多的吸附点位。

表 6-4　T-ATP 对 GSM 及 2-MIB 的去除率

物质类别	初始浓度/(ng/L)	GSM 去除率/%	2-MIB 去除率/%
GSM	200	27.85	
2-MIB	200		25.25
GSM 与 2-MIB 混合	200	22.1	15.4

6.4 热改性凹凸棒土对 2-MIB 及 GSM 的吸附特征

6.4.1 吸附热力学特征

吸附热力学主要研究吸附作用所能达到的程度，即通过研究在不同温度下吸附剂对不同初始浓度吸附质的吸附效果，得到一系列吸附热力学数据，并将这些试验数据进行拟合，可得到吸附等温线。吸附等温线的形状能比较真实、理想地反映吸附质与吸附剂之间的物理化学作用[246, 247]。在本章研究中，采用 Langmuir 模型、Freundlich 模型和 Temkin 模型线性化后的直线方程对 T-ATP 吸附水中 GSM 的试验数据进行线性回归拟合。图 6-10 和表 6-5 分别显示了 T-ATP 对 GSM 的吸附等温拟合结果和参数。由表 6-5 可知，Langmuir 模型和 Temkin 模型拟合直线的相关性系数 R^2 均小于 0.95，而 Freundlich 模型拟合直线的相关性系数 R^2 均大于 0.95，故 Freundlich 模型对 T-ATP 吸附水中 GSM 的试验数据拟合程度优于 Langmuir 模型和 Temkin 模型。相关研究表明，Freundlich 等温线通常用于模拟气

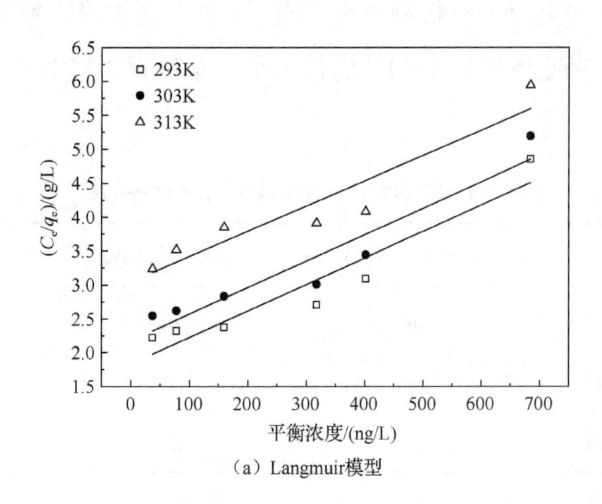

（a）Langmuir模型

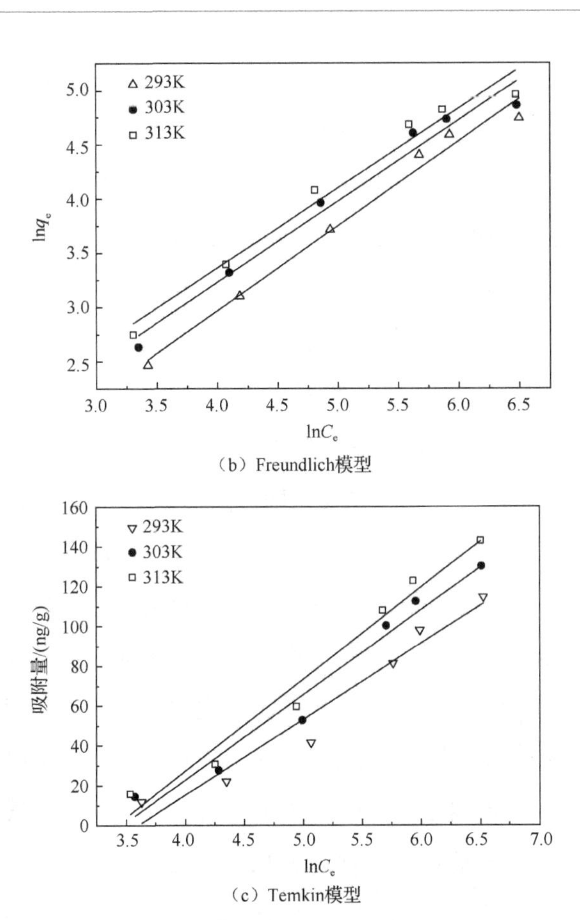

（b）Freundlich模型

（c）Temkin模型

图 6-10 T-ATP 对 GSM 的吸附等温曲线

注：q_e 为单位质量吸附剂对溶质的平衡吸附量，C_e 为平衡时溶液中剩余吸附质的量

表 6-5 T-ATP 对 GSM 的吸附等温拟合参数

温度/K	Langmuir 模型拟合参数			Freundlich 模型拟合参数			Temkin 模型拟合参数		
	q_m/(ng/g)	b	R^2	A	$1/n$	R^2	K_F	B	R^2
293	238.10	0.002452	0.9316	1.19	0.73	0.9798	0.3250	4.643	0.9245
303	243.90	0.00192	0.9287	0.99	0.78	0.9766	0.3095	4.284	0.9181
313	256.41	0.001306	0.8933	0.83	0.83	0.9859	0.2687	3.841	0.9031

注：q_m 为饱和吸附量，ng/g；b 为 Langmuir 常数；A、$1/n$ 为 Freundlich 常数；K_F、B 为 Temkin 常数；R^2 为相关性系数。

味化合物在水中的吸附[248-250]。指数 $1/n$ 的大小表示吸附剂对目标溶液中溶质的吸附能力，通常情况下 $1/n$ 值在 0.1～1 范围内显示吸附剂具有良好的吸附能力。该值越小，其吸附能力越好；该值越大，吸附能力越差；特别是在 0.1～0.5 范围内时，吸附质更容易被吸附剂所吸附。由表 6-5 可知，$1/n$ 的值均在 0.5 到 1 之间，表明吸附剂 T-ATP 对 GSM 的吸附相对较弱。

表 6-6 显示了在不同温度条件下 T-ATP 对 GSM 吸附热力学拟合参数。由 $\Delta H<0$ 可知，T-ATP 对水中嗅味物质 GSM 的吸附反应是放热反应，温度越低越有利于吸附反应的进行。由焓变 ΔH 数值的绝对值可知，T-ATP 对 GSM 的吸附是物理吸附，通常情况下物理吸附过程的焓变数值绝对值为 0～20kJ/mol。由于 T-ATP 对 GSM 吸附反应过程中的吸附焓随吸附量的增加而不断增大，即在吸附反应进行的过程中，已经吸附到 T-ATP 表面的 GSM 相互之间不仅会产生范德瓦耳斯力，而且还会产生分子斥力，阻碍更多的 GSM 吸附到 T-ATP 表面，因此，若使 T-ATP 吸附更多的 GSM 就需要不断提高吉布斯自由能以克服阻力，即反应过程中吸附焓变值会不断增大。由 $\Delta G<0$ 可知，T-ATP 对水中 GSM 的吸附反应是自发反应，不需要外界力量的参与。随着温度的降低，ΔG 值不断减小，说明在低温条件下更容易发生吸附反应。上述结论也呼应了前述 6.3.2 节中的结论。

表 6-6　T-ATP 对 GSM 吸附热力学拟合参数

q_e/(ng/g)	ΔH/(kJ/mol)	ΔG/(kJ/mol)		
		293 K	303 K	313 K
13.8	−4.551	−3.161	−3.119	−3.093
26.6	−4.010	−3.161	−3.119	−3.093
50.9	−3.873	−3.161	−3.119	−3.093
96.4	−3.232	−3.161	−3.119	−3.093
111.2	−2.335	−3.161	−3.119	−3.093
129.2	−1.217	−3.161	−3.119	−3.093

6.4.2 吸附动力学特征

T-ATP 对 GSM 吸附动力学曲线见图 6-11。由图 6-11 可知，吸附反应初始阶段 30min 内 T-ATP 对溶液中 GSM 的吸附速率较大，且在 30min 内，其对 GSM 的吸附量几乎可以达到平衡吸附量的 80%以上。2h 后吸附基本平衡，说明 T-ATP 能快速吸附水中嗅味物质 GSM 并使之快速达到吸附平衡状态。T-ATP 对 GSM 的快速吸附可归因于 T-ATP 上具有大量的有用吸附点位和孔隙结构。T-ATP 对 GSM 的吸附大致可分为两个阶段：快速吸附阶段和慢速吸附阶段。这种现象可能是由于在吸附开始阶段，T-ATP 具有较多的孔隙，其对 GSM 的吸附高亲和力使 GSM 迅速扩散到 T-ATP 表面。随后，介孔位置被大量 GSM 分子占据，导致 GSM 吸附缓慢上升，吸附容量逐渐趋于饱和状态。同时溶液提供的 GSM 浓度差推动力降低，导致吸附反应速率降低，直至吸附反应达到平衡，最后趋于稳定状态。

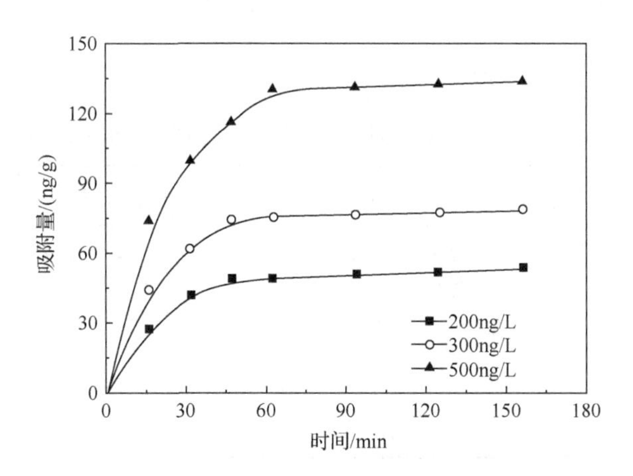

图 6-11　T-ATP 对 GSM 吸附动力学曲线

表 6-7 和图 6-12 分别显示了 T-ATP 对 GSM 的吸附动力学拟合参数和曲线。为了更深入分析 T-ATP 吸附水中 GSM 的吸附速率，分别采用两种简化的吸附动力学模型对试验数据进行拟合。固液之间的吸附体系最早是由 Lagergren 建立，Lagergren 一级吸附动力学方程描述了 GSM 从水体向凹凸棒土外表面扩散的过程，即描述吸附过程中的外部扩散；Lagergren 二级吸附动力学方程描述凹凸棒土内表面对 GSM 的吸附过程，即描述吸附过程中的反应阶段[251]。由表 6-7 和图 6-12 可知，Lagergren 二级吸附动力学模型的拟合程度最高，相关性系数 R^2 均在 0.99 以上，优于 Lagergren 一级吸附动力学模型。通过该相关性系数 R^2 来评估两个模型的适应性，结果表明 GSM 在 T-ATP 上的吸附更符合 Lagergren 二级吸附动力学模型。Lagergren 二级吸附动力学模型包含了吸附过程中的液膜扩散、内部扩散及表面细孔吸附反应等所有过程，能较真实地模拟 T-ATP 对 GSM 的复杂吸附过程[252]。先前研究的类似结果也表明，柚皮苷在改性黏土上的吸附行为[253]、溴丙磺酸在活性炭上的吸附行为[254]、藻臭剂（二甲基三硫化物和 β-环柠檬醛）在颗粒炭上的吸附行为[255]以及 GSM 在壳聚糖涂层颗粒活性炭上的吸附行为[256]均遵循 Lagergren 二级吸附动力学模型。

表 6-7　T-ATP 对 GSM 吸附动力学拟合参数

剂量/(ng/L)	q_e/(ng/g)	Lagergren 一级吸附动力学模型拟合参数			Lagergren 二级吸附动力学模型拟合参数		
		q_e/(ng/g)	K_1×10^{-2}/(1/min)	R^2	q_e/(ng/g)	K_2×10^{-3}/(1/min)	R^2
200	54.6	54	1.96	0.9786	53.48	2.25	0.9941
300	82.4	82	1.59	0.9525	81.30	2.28	0.9927
500	142.3	91.64	1.4	0.9653	140.85	0.935	0.9919

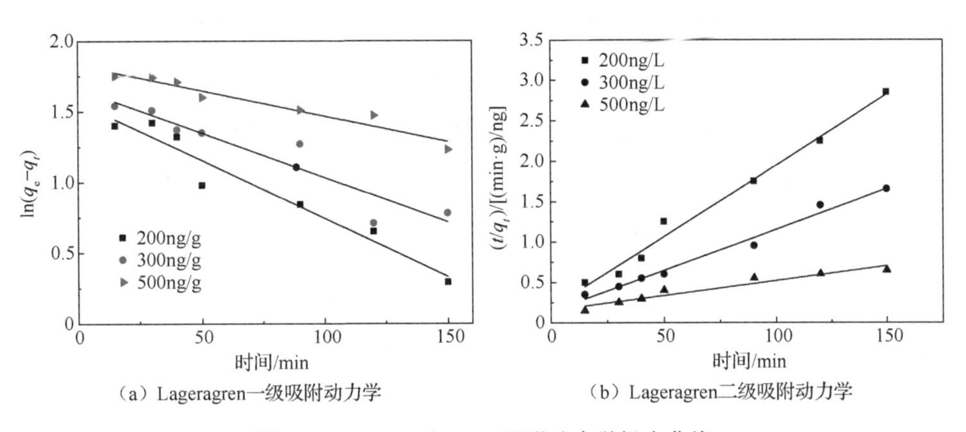

图 6-12　T-ATP 对 GSM 吸附动力学拟合曲线

注：q_t为任意时刻吸附量

6.5　本 章 小 结

本章基于傅里叶变换红外光谱仪（FTIR）、比表面积及孔结构分析，以及 X 射线衍射（XRD）对凹凸棒土的化学组成、内部结构及其理化性质特征进行了表征分析；同时还探究了 T-ATP 对水中嗅味物质 2-MIB 和 GSM 的吸附效能，以及 pH、温度、水力条件、竞争吸附等因素对 T-ATP 吸附去除 2-MIB 和 GSM 的影响，并对试验数据进行了吸附等温和吸附动力学拟合，最终得出以下结论。

（1）由凹凸棒土的表征分析结果可知，凹凸棒土的主要化学成分是 SiO_2、Al_2O_3、MgO、Fe_2O_3 等，其中硅元素所占比重最大。ATP 及 T-ATP 化学式均为 $Mg_5(Si, Al)_8O_{20}(OH)_2·8H_2O$，且经过加热改性后，T-ATP 比表面积及孔隙率显著增加。

（2）由 T-ATP 对嗅味物质的吸附影响因素结果表明，当 T-ATP 的添加浓度低于 1g/L 时，对 2-MIB 或 GSM 的去除率随着 T-ATP 浓度的增大而增加，且 T-ATP

对 GSM 的吸附去除率高于 2-MIB。pH 在 4～8.5 范围内，T-ATP 对水中嗅味物质 2-MIB 或 GSM 的去除率均大于强酸性（pH<4）及强碱性（pH>8.5）条件。由于 ATP 对 2-MIB 和 GSM 的吸附量和去除率均随温度的升高而下降，说明其对水中嗅味物质的吸附反应是放热反应。当 GSM 和 2-MIB 共存时会存在竞争吸附现象，且 T-ATP 对二者的吸附去除率均低于二者在水中单独存在的情况。

（3）吸附热力学和吸附动力学的结果显示，Lagergren 二级吸附动力学模型（R^2>0.99）和 Freundlich 模型（R^2＞0.95）能较好地描述 T-ATP 对水中 GSM 的吸附过程。其中，在吸附反应初始阶段 30min 内，T-ATP 对 GSM 的吸附量可达平衡吸附量的 80%以上，并在反应 2h 后达到吸附平衡。T-ATP 对 GSM 的吸附过程包含了液膜扩散、内部扩散及表面细孔吸附反应等过程。试验结束后，T-ATP 对 GSM 和 2-MIB 的去除率分别提高了 7.3%和 2.7%，能够对水中 GSM 和 2-MIB 进行有效去除。在反应过程中，Freundlich 模型的 $1/n$ 值均在 0.5 到 1 之间，表明 T-ATP 对 GSM 的吸附较弱，且由焓变ΔH 数值的绝对值介于 0～20kJ/mol 可知，T-ATP 对 GSM 的吸附是物理吸附。由$\Delta H<0$ 及$\Delta G<0$ 可知，T-ATP 对水中嗅味物质 GSM 的吸附反应是放热的自发反应。本章研究拓宽了改性凹凸棒土在净化严寒村镇嗅味地表水领域的应用。

第7章　凹凸棒土-稳定塘净化严寒村镇生活污水

7.1　概　　述

针对严寒村镇生活污水处理面临的低效率、高能耗、排水不达标等典型问题，本章提出凹凸棒土-稳定塘工艺处理严寒村镇生活污水。该工艺创新地通过可编程逻辑控制器自控试验设计，考察在10℃低温条件下工艺的最优运行参数，并首次采用一种可再生的、价格低廉的、吸附及载体性能良好的天然矿物材料——凹凸棒土来替代传统的树脂、纤维等有机填料，作为低温条件下污水处理反应器内微生物附着生长的载体。经平行对比试验，研究凹凸棒土作为载体填料对低温生活污水处理效果的影响，探讨了水力停留时间、曝气时间、pH对凹凸棒土去除污染物效果的影响。该工艺可有效去除严寒村镇生活污水中有机物及氮磷污染物，对削减农村水污染、降低水环境负荷及改善农村生态环境具有重要作用，同时也为凹凸棒土的应用拓展了新的方向。

7.2　装置运行步骤与具体参数

凹凸棒土-稳定塘工艺装置［图 2-7（a）］处理低温生活污水的运行步骤主要按照以下程序进行。

7.2.1 厌氧和好氧菌种污泥的投加

向兼性塘反应器 11 中投加厌氧菌种污泥，向好氧塘反应器 17 中投加好氧菌种污泥。其中，厌氧菌种污泥由以下方法获得：向含厌氧菌种的污泥中投加生活污水作为培养原水，所述的生活污水中化学需氧量（COD）∶N∶P=100∶5∶1，若COD 不足则注入生活污水，若氨氮不足则投加尿素来补充氮源，若磷不足则投加磷酸三钠。在密封状态下搅拌，保证污泥不沉淀在容器底，让厌氧菌自行生长繁殖，每 2d 向容器内注入 5L 的生活污水，在厌氧培养阶段每天分析容器内的 COD、氨氮（NH_3-N）和总磷（TP）浓度，10d 后分析显示容器中出水 COD 和氨氮浓度比进水降低了 15%以上，此时说明厌氧菌已经生成。驯化 8d 后，此过程严格控制溶解氧（DO）浓度在 0.2mg/L 以下，保证营养物质充足，7d 后，出水 COD、氨氮浓度比进水降低了 25%以上，此时厌氧菌已经形成，污泥的絮凝和沉淀性能良好，测得污泥混合液悬浮固体（MLSS）浓度为 3500～4000mg/L，得到厌氧菌种污泥。将所得到的厌氧菌种污泥投入装置后，运行环境参数设置如下：温度为 8～10℃，pH 为 7.5，DO 浓度低于 0.2mg/L。

此外，好氧菌种污泥则是由以下方法获得：向含好氧菌种的污泥中投加生活污水作为培养原水，连续闷曝 4d，闷曝期间，曝气量 DO 浓度控制在 1～2mg/L，并且曝气要均匀，每隔 12h 停止曝气并静置沉淀换水一次，每次进水后向容器内加入 10mL 的米泔水以确保污水中的营养物质充足；连续进水 8～10d 后在显微镜下可观察到活性污泥中含有活动的微生物，此时加大进水量，提高污泥负荷，每天运行两周期，每周期曝气 11h，间歇静置 1h，DO 浓度在 2.5～3.5mg/L；18～20d 后，污泥的絮凝和沉淀性能良好，测得污泥 MLSS 浓度为 3500～4000mg/L，得到好氧菌种污泥。将所得到的好氧菌种污泥投入装置后，运行环境参数设置如下：温度为 8～10℃，pH 为 7.5，DO 在污泥培养初期浓度为 1～2mg/L，在污泥培养成熟期浓度为 2.5～3.5mg/L。

7.2.2　低温生活污水溶解氧富集

投加厌氧和好氧菌种污泥后，在温度为 6～10℃条件下将低温生活污水装满于贮水箱 2 中，通过潜水泵 4 将低温生活污水通过导流管 3 输入高位水箱 1，污水从高位水箱 1 流经跌水装置 7，低温生活污水从跌水装置 7 以淋浴式的跌水形式跌落至集水箱 6 中形成跌水曝气，以增加低温生活污水中的溶解氧，得到富集溶解氧的低温生活污水。

7.2.3　兼性塘反应器的启动

在进行低温生活污水富集后，启动兼性塘反应器 11。该兼性塘反应器有效容积为 150L、半径为 17.5cm、高度为 156cm。第一次进水时人工开启进水电磁阀 9，使富集溶解氧的低温生活污水流入兼性塘反应器 11，保持液面高度在进水液位传感器 10 的上限液位探头 10-1 和下限液位探头 10-2 之间，进水液位传感器 10 将信号反馈给可编程逻辑控制器 26，此时由可编程逻辑控制器 26 内部的定时器Ⅰ控制兼性塘反应器 11 的水处理时间为 25d，可编程逻辑控制器 26 启动电机 12 来控制搅拌装置 13 的搅拌，人工向兼性塘反应器 11 内加入凹凸棒土填料，其投加量为 30g/L。当定时器Ⅰ计数 25d 结束后，由可编程逻辑控制器 26 控制出水恒流抽吸泵 16 的开启，使兼性塘反应器 11 内处理过的生活污水进入好氧塘反应器 17 中，由可编程逻辑控制器 26 控制兼性塘反应器 11 内的出水最低液面在出水液位传感器Ⅰ 14 的兼性塘最低液位探头 14-1 处，兼性塘反应器 11 停止出水，此时可编程逻辑控制器 26 控制进水电磁阀 9 的开启，第二次让富集溶解氧的低温生活污水流入兼性塘反应器 11，随后，兼性塘反应器 11 启动完成。

其中，添加的凹凸棒土填料的合成方法为：将粒径 175～185 目、比表面积大于 185m^2/g 的凹凸棒土制成球形多孔的吸附微生物的悬浮载体，球形多孔吸附微生物的悬浮载体孔径在 0.4～0.8mm、球径在 6.5～8.5mm，即为凹凸棒土填料。

7.2.4 好氧塘反应器的启动

在兼性塘反应器启动后，自动运行好氧塘反应器 17。该好氧塘反应器有效容积为 150L、半径为 35cm、高度为 39cm。出水恒流抽吸泵 16 关闭后，由可编程逻辑控制器 26 内部的定时器Ⅱ控制好氧塘反应器 17 的水处理时间为 25d，可编程逻辑控制器 26 通过变频器 21 启动空气泵 20，使曝气装置 18 进行曝气，并由可编程逻辑控制器 26 内部的定时器Ⅲ控制间隔曝气时间，同时人工向好氧塘反应器 17 内加入按上述步骤制得的凹凸棒土填料，其投加量也为 30g/L。当定时器Ⅱ计数 25d 结束后，可编程逻辑控制器 26 控制出水电磁阀 24 的开启，使好氧塘反应器 17 处理的低温生活污水进入清水箱 25，由可编程逻辑控制器 26 控制好氧塘反应器 17 内的出水最低液面在出水液位传感器Ⅱ 22 的好氧塘最低液位探头 22-1 处，好氧塘反应器 17 停止出水，即好氧塘反应器 17 启动完成。

7.2.5 稳定塘反应器的运行

在好氧塘反应器启动后，自动运行稳定塘反应器。其中，兼性塘反应器 11 和好氧塘反应器 17 外形均为圆柱形，且二者有效容积相等。由兼性塘反应器 11 和好氧塘反应器 17 所组成的底部同圆心的一体式反应器即为稳定塘反应器。启动反应器后，通过上位机 27 编辑兼性塘反应器 11 的进水系统、水处理系统、出水系统以及好氧塘反应器 17 的水处理系统和出水系统的运行情况程序，然后将编辑好的程序输入给可编程逻辑控制器 26，由可编程逻辑控制器 26 执行上位机 27 编辑好的程序，即利用可编程逻辑控制器 26 控制进水电磁阀 9、出水恒流抽吸泵 16 和出水电磁阀 24 的开关情况；利用可编程逻辑控制器 26 控制搅拌装置 13 的运行情况；利用可编程逻辑控制器 26 通过其内部的定时器Ⅰ、定时器Ⅱ分别控制兼性塘反应器 11 和好氧塘反应器 17 的水处理时间；利用可编程逻辑控制器 26 通过变频器 21 控制空气泵 20 的开关与运行情况；利用可编程逻辑控制器 26 内部的定时器III控制曝气装置 18 的间隔曝气时间，凹凸棒土-稳定塘复合式反应器正常运行后即可在清水箱 25 内收集到处理后的清水。

在整个装置运行过程中，上位机 27 编辑兼性塘反应器 11 的进水情况程序。当兼性塘反应器 11 内的液面低于进水液位传感器 10 的下限液位探头 10-2（在液位 130cm 处）端时，进水液位传感器 10 将信息反馈给可编程逻辑控制器 26，可编程逻辑控制器 26 控制进水电磁阀 9 的开启，富集溶解氧的低温生活污水由集水箱 6 经兼性塘进水管 8 自流进入兼性塘反应器 11，当兼性塘反应器 11 内液面接触到进水液位传感器 10 的上限水位探头 10-1（在液位 140cm 处）时，进水液位传感器 10 将信息反馈给可编程逻辑控制器 26，可编程逻辑控制器 26 控制进水电磁阀 9 的关闭。若出现故障使兼性塘反应器 11 内液面接触到进水液位传感器 10 的最高液位探头 10-3（在液位 150cm 处）时，进水液位传感器 10 将信息反馈给可编程逻辑控制器 26，并在上位机 27 上显示警告，此时可编程逻辑控制器 26 控制的凹凸棒土-稳定塘复合式反应器所有运行系统关闭。

此外，上位机 27 上显示警告时，需要关闭兼性塘反应器 11 的水处理系统，否则兼性塘反应器 11 水处理系统持续运行。待进水电磁阀 9 关闭后，可编程逻辑控制器 26 内部的定时器 I 开始计数 25d，可编程逻辑控制器 26 启动电机 12 来控制搅拌装置 13 的搅拌，使搅拌装置 13 持续以 35r/min 搅拌。且当可编程逻辑控制器 26 内部的定时器 I 计数 25d 结束后，可编程逻辑控制器 26 控制出水恒流抽吸泵 16 开启，使经兼性塘反应器 11 处理过的低温生活污水流入好氧塘反应器 17。当出水液位传感器 I 14 的兼性塘最低液位探头 14-1（在液位 30cm 处）露出液面时，出水液位传感器 I 14 将信息反馈给可编程逻辑控制器 26。可编程逻辑控制器 26 控制出水恒流抽吸泵 16 关闭，此时，可编程逻辑控制器 26 控制进水电磁阀 9 开启，兼性塘反应器 11 再次进水，进水结束后，可编程逻辑控制器 26 内部的定时器 I 又开始计数 25d。

在整个装置运行过程中，上位机 27 还负责编辑好氧塘反应器 17 的水处理情况的程序。当出水恒流抽吸泵 16 关闭后，可编程逻辑控制器 26 内部的定时器Ⅱ开始计数 25d。可编程逻辑控制器 26 通过变频器 21 启动空气泵 20 的运行，使曝气装置 18 以曝气量 490L/h 进行曝气。曝气量通过气体流量计 19 显示，数据反馈至可编程逻辑控制器 26，并在上位机 27 上显示出来。若气体流量计 19 在上位机 27 上显示的数据低于 450L/h 或高于 630L/h 时，可编程逻辑控制器 26 调节向变频器 21 输出的指令，控制空气泵 20 的转数，至曝气量在 490L/h 为止。同时，可编程逻辑控制器 26 内部的定时器Ⅲ控制曝气装置 18 的间隔曝气时间，每隔 4h 曝气一次，每次曝气 4h。而当可编程逻辑控制器 26 内部的定时器Ⅱ计数 25d 结束后，即到达好氧塘反应器 17 的出水时间。随后，可编程逻辑控制器 26 控制出水电磁阀 24 的开启，经好氧塘反应器 17 处理的低温生活污水经好氧塘出水管 23 自流进入清水箱 25，出水液位传感器Ⅱ 22 的好氧塘最低液位探头 22-1（在液位 35cm 处）露出液面时，出水液位传感器Ⅱ 22 将信息反馈给可编程逻辑控制器 26，可编程逻辑控制器 26 控制出水电磁阀 24 关闭。

7.3 凹凸棒土-稳定塘工艺装置运行参数优化

7.3.1 水力停留时间

试验期间，两塘污水各污染物的进出水浓度及去除率如图 7-1～图 7-6 所示。随水力停留时间（HRT）的变化，兼性塘与好氧塘对污水中各污染物的去除规律大致相同，COD、氨氮、TP 的去除效果均随 HRT 的延长而增强。这与 Traviesoa 等[257]的观点一致。水力停留时间描述了所处理污水在反应器内的平均停留时间，即污水与生物反应器内微生物作用的平均反应时间。分析认为，水力负荷越小，HRT 越长，可增加污水与反应器内微生物接触的时间，使微生物分解污水中有机物更彻底，系统除污效果更好；但若水力负荷过小，营养物质含量将不能满足微生物的新陈代谢作用，微生物将消耗自身所储备营养物质[258-261]。然而，Zekker 等[262]认为随 HRT 的延长，反应器对氨氮的去除率会在出现峰值后有所降低。本试验结果与此不符，这可能因为试验通过人工曝气装置向反应器内不断地提供溶解氧导致溶解氧充足，所以即使 HRT 不断延长，硝化细菌的生长繁殖受到的限制较小，对硝化作用的影响较小，所以氨氮的去除率也随 HRT 的延长而升高。在

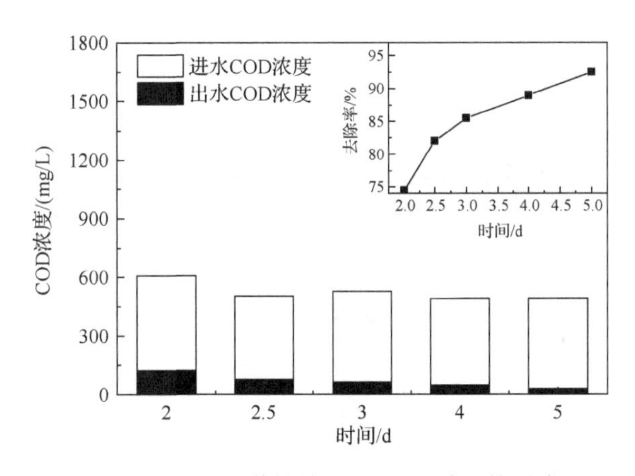

图 7-1　HRT 对兼性塘 COD 处理效果的影响

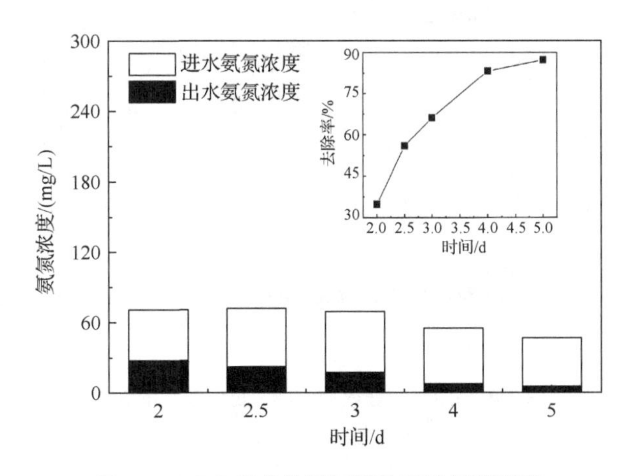

图 7-2　HRT 对兼性塘氨氮处理效果的影响

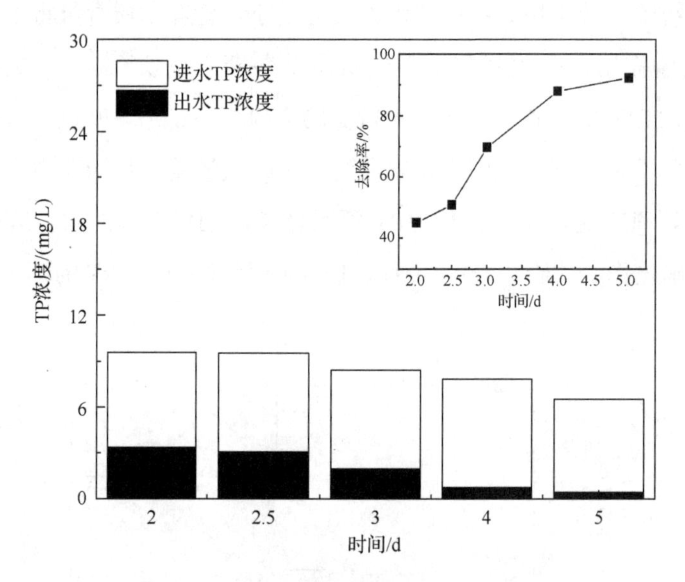

图 7-3　HRT 对兼性塘 TP 处理效果的影响

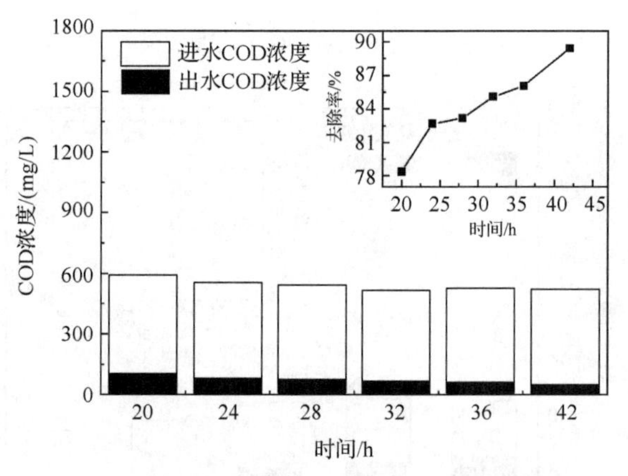

图 7-4　HRT 对好氧塘 COD 处理效果的影响

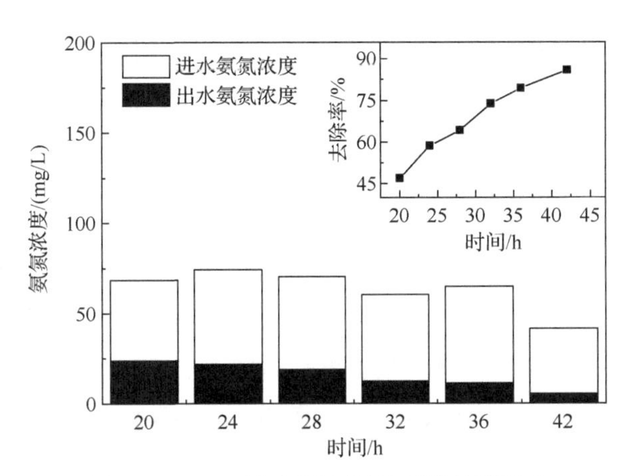

图 7-5　HRT 对好氧塘氨氮处理效果的影响

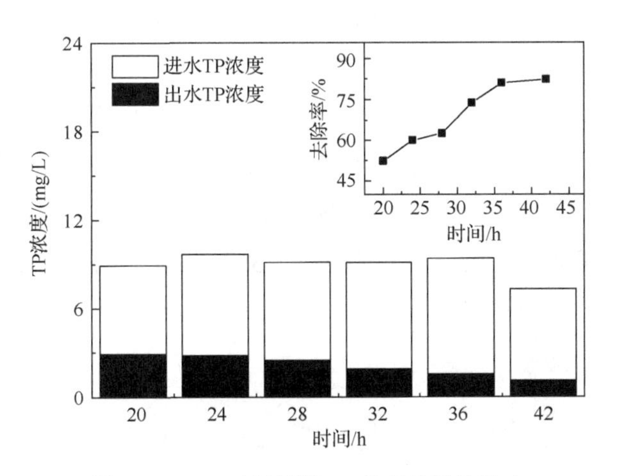

图 7-6　HRT 对好氧塘 TP 处理效果的影响

兼性塘中，当 HRT 为 2d、2.5d 时，处理后的污水排放效果不佳；当 HRT 为 4d、5d 时，对各污染物的去除率均在 80%以上，污水可满足《污水综合排放标准》（GB 8978—1996）和《农村生活污水处理设施水污染物排放标准》（DB 23/T2456—2019）规定的浓度限值。在好氧塘中，当 HRT 为 20h、24h 时，出水氨氮和 TP 的去除效果不佳；当 HRT 为 36h、42h 时，对各污染物的去除率均达到 80%以上，污水可满足《污水综合排放标准》（GB 8978—1996）和《农村生活污水处理设施水污染物排放标准》（DB 23/T2456—2019）规定的浓度限值。综合考虑兼性塘、好氧塘的污水处理效果与经济因素，分别选定两塘的 HRT 为 4d、36h。

7.3.2 曝气时间

曝气时间对污染物去除效果的影响如图 7-7～图 7-9 所示。COD、氨氮、TP 的去除率均随曝气时间的延长而增加，但增加幅度急剧下降，这与 Kumari 等[263]的试验结果相似。在本章研究中，当曝气时间为 4h、5h 时，污水去除率差别不大，特别是对氨氮的去除。这是因为曝气时间过长，导致污泥絮体细微化，引起出水水质变差，而且曝气时间过长，将过分消耗水中的有机物，严重影响沉淀段的反硝化脱氮效果。苏东霞等[264]采用序批式反应器（sequencing batch reactor, SBR）进行短程硝化试验过程所设计的 3 种曝停比即 3∶1、3∶2、3∶3，所对应的 COD 去除率分别为 76.71%、78.44%和 79.94%，呈现出时间间隔与去除率的正向关系。鲍晓伟等[265]的研究也指出，当曝停比为 3∶1 时，总氮（TN）和 TP 的去除率最高。而杨静超等[266]的研究也得出并非曝气时间越长污染物去除率越高的结果。上述结论均符合本章研究的结果，即间歇曝气的每次曝气时间不宜过长，因此，最终选定好氧塘每次曝气的时间为 4h。

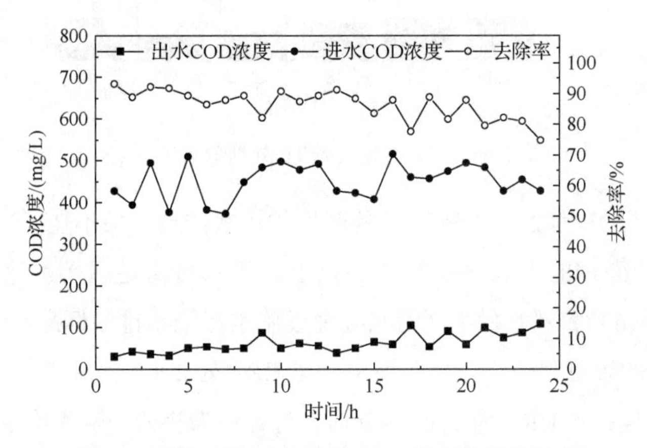

图 7-7　曝气时间对好氧塘 COD 处理效果的影响

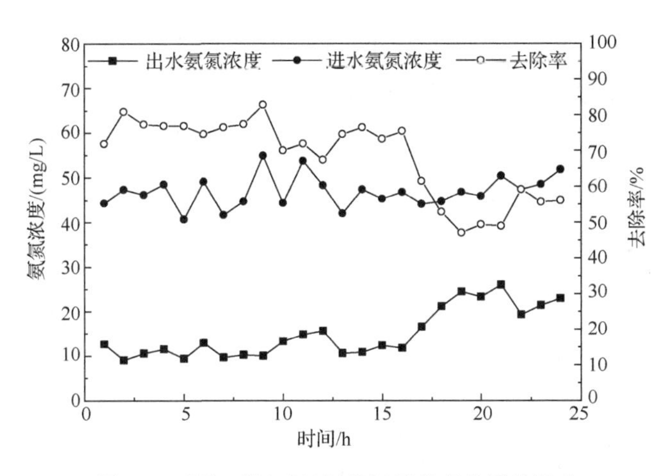

图 7-8　曝气时间对好氧塘氨氮处理效果的影响

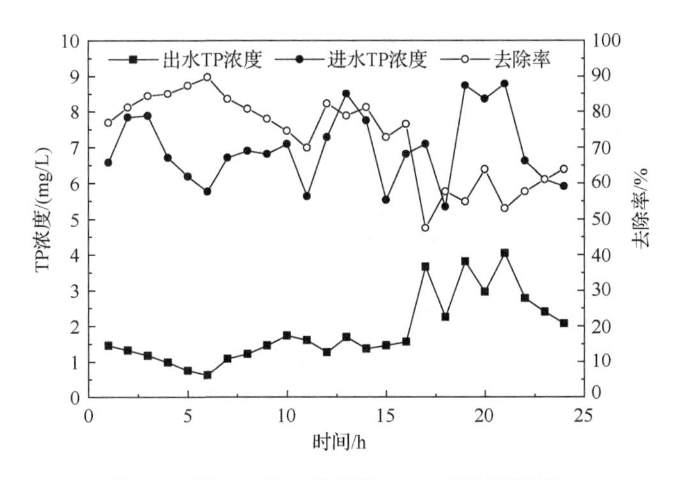

图 7-9　曝气时间对好氧塘 TP 处理效果的影响

7.3.3　pH

微生物的生命活动和物质代谢都与 pH 密切相关，需要在合适的 pH 环境范围内才能生存。如图 7-10～图 7-13 所示，COD 和氨氮的去除率均随 pH 的增加而缓慢增加，当 pH 为 7.0、7.5、8.0、8.5 时，COD 与氨氮的平均去除率分别为 82.2%、

84.9%、87.5%、88.3%与 74.6%、78.1%、82.2%、85.3%；当 pH 为 8.5 时，COD 和氨氮的去除效果最佳；当 pH 为 7.0、7.5 时，TP 的去除率分别为 76.6%、81.4%，去除率增加；当 pH 为 8.0、8.5 时，TP 的去除率分别为 75.5%、72.4%，去除率下降，与 Wang 等[267]的试验结果近似。这可能是因为 pH 过高会对细胞结构和功能产生影响，使聚磷菌活性降低，吸磷量减少。同时，刘淑丽等[268]研究了初始 pH

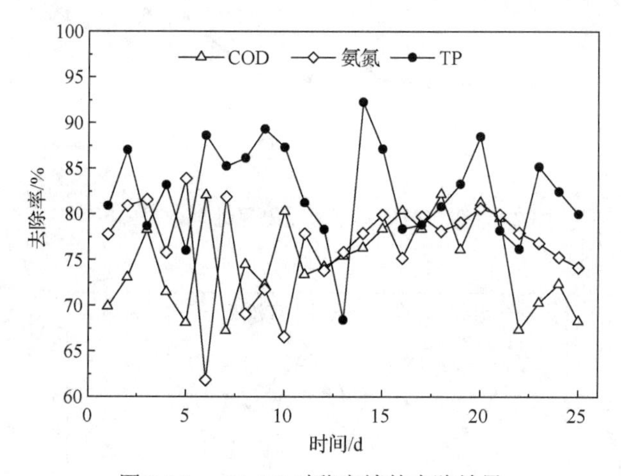

图 7-10　pH=7.0 时稳定塘的去除效果

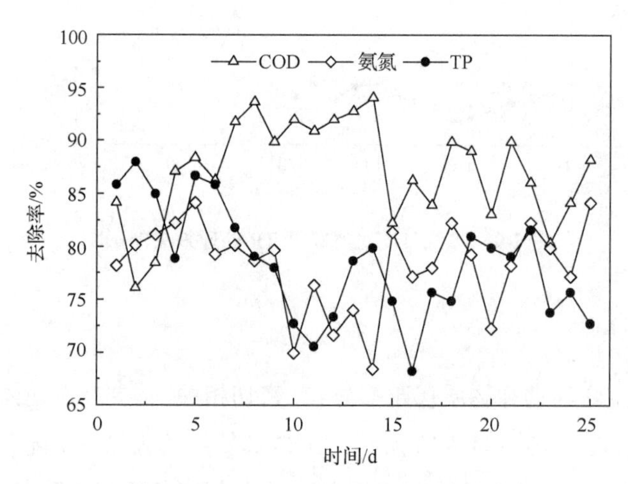

图 7-11　pH=7.5 时稳定塘的去除效果

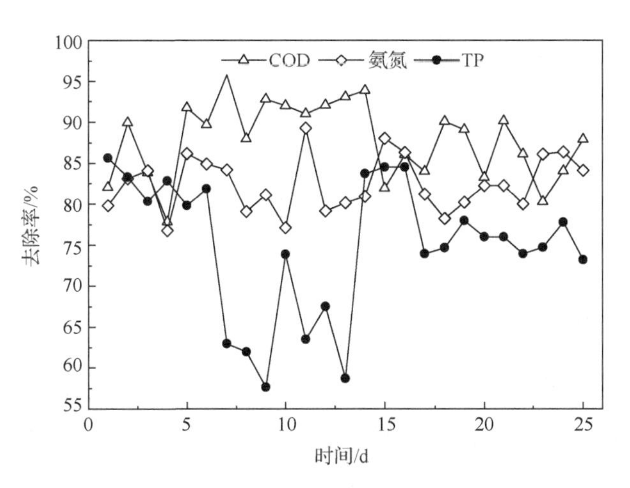

图 7-12　pH=8.0 时稳定塘的去除效果

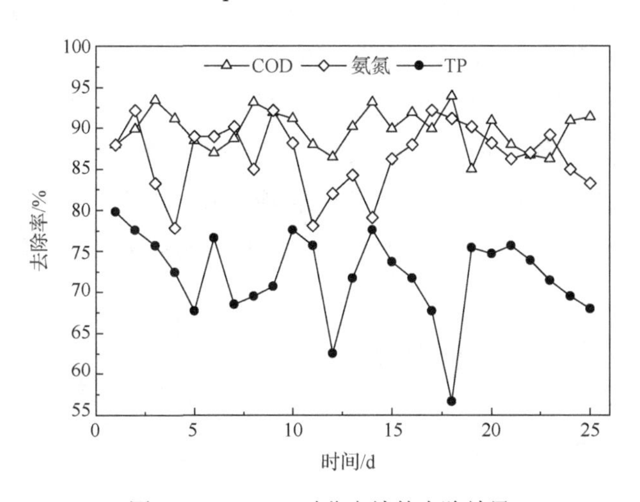

图 7-13　pH=8.5 时稳定塘的去除效果

对活性污泥硝化效能的影响，发现系统内亚硝化反应的最适 pH 为 8.0～9.0，而 NO_2^--N 氧化反应的最适 pH 为 7.5～8.0。郭尚黎等[269]的研究显示，在好氧曝气条件下，进水 pH 在 7.4～8.4 时，出水平均 pH 在 5.5，反应器中长期呈酸性，将会引起硝化反应的不完全，此时 NH_4^+的去除率一般也仅为 50%。由此可见，pH 对系统内污染物的降解率具有重要影响，需根据系统实际运行情况进行合理调节。在本章研究中，综合考虑 pH 对 COD、氨氮、TP 的去除效果，将反应器内 pH 控制在 7.2～7.8。

7.4 凹凸棒土对低温污水的处理效果

7.4.1 凹凸棒土对 COD 的去除效果

凹凸棒土对 COD 的去除效果见图 7-14。如图 7-14 可知，两平行试验 COD 平均进水浓度均为 418.6mg/L，经凹凸棒土-稳定塘工艺处理后，COD 平均出水浓度为 35.6mg/L，平均去除率为 91.5%，COD 出水浓度符合国家《污水综合排放标准》（GB 8978—1996）中规定的一级排放浓度限值。单一式稳定塘工艺处理后的 COD 平均出水浓度为 50.7mg/L，平均去除率为 87.9%，比凹凸棒土-稳定塘工艺降低了 3.6%。由试验分析可知，凹凸棒土-稳定塘工艺去除 COD 的效果优于单一式稳定塘工艺，这种优势在进水 COD 浓度发生骤变时更为显著，说明凹凸棒土不仅是微生物生长的良好载体，可增强系统去除有机物的能力，还可以提高系统运行稳定性及抗冲击能力[270-272]。凹凸棒土作为一种天然纳米材料，具有较大的比表

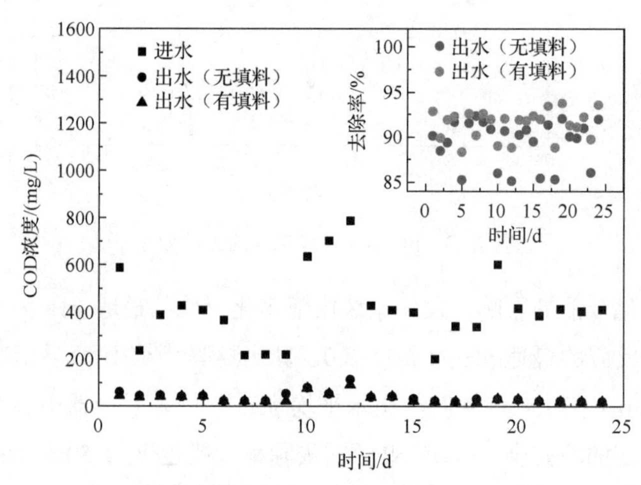

图 7-14 凹凸棒土对 COD 的去除效果

面积和较强的吸附性，可大量吸附微生物，使得微生物固定后缓慢被释放[273, 274]。当微生物固定后，其在凹凸棒土表面将会形成致密生物膜，进一步增加了微生物缓释时间，使得固定化微生物颗粒能持续地净化水中有机物，最终达到去除效果[275]。

7.4.2　凹凸棒土对氨氮的去除效果

凹凸棒土对氨氮的去除效果见图 7-15。如图 7-15 可知，氨氮平均进水浓度为 36.6mg/L，经凹凸棒土-稳定塘工艺处理后，氨氮平均出水浓度为 4.5mg/L，平均去除率达到 87.7%，氨氮出水浓度符合国家《污水综合排放标准》（GB 8978—1996）中规定的一级排放浓度限值。单一式稳定塘工艺处理后的氨氮平均出水浓度为 6.7mg/L，平均去除率降至 81.7%，比凹凸棒土-稳定塘工艺降低了 6.0%。由试验分析可知，凹凸棒土填料对氨氮的去除效果影响尤为明显，这可能因为凹凸棒土独特的结构特点，使其具有一定的吸附及离子交换氨氮的能力[276]。同时其作为载体填料不仅为反应器内的硝化细菌提供了适宜生长环境，还吸附了部分微生物代谢产物，减弱了微生物代谢产物对硝化细菌的抑制作用[277-279]。与此同时，凹凸棒土吸附氨氮还依赖于内部色散力和静电力的共同作用。由于凹凸棒土发挥

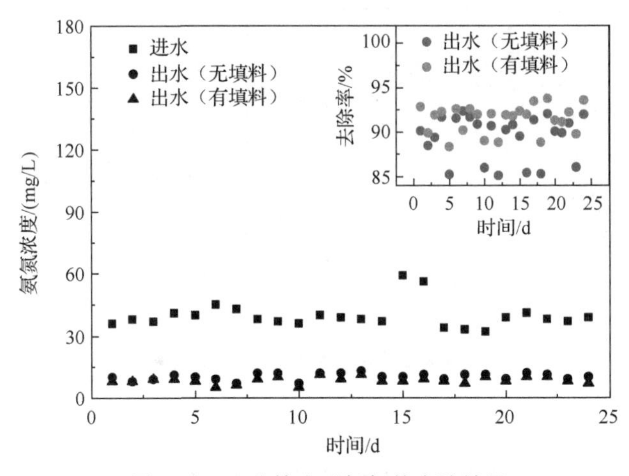

图 7-15　凹凸棒土对氨氮的去除效果

了分子筛的选择性吸附作用，其带有电荷的巨大比表面积可在吸附过程中提供较强的色散力，因而显著提高了其对氨氮的吸附效果[280]。

7.4.3 凹凸棒土对 TP 的去除效果

凹凸棒土对 TP 的去除效果见图 7-16。如图 7-16 可知，TP 的平均进水浓度均为 6.3mg/L，经凹凸棒土-稳定塘工艺处理后，TP 平均出水浓度为 1.0mg/L，平均去除率为 84.1%，出水 TP 浓度符合国家《污水综合排放标准》（GB 8978—1996）中规定的二级排放浓度限值。单一式稳定塘工艺处理后的 TP 平均出水浓度为 1.3mg/L，平均去除率为 79.4%，比凹凸棒土-稳定塘工艺降低了 4.7%。由试验分析可知，凹凸棒土-稳定塘工艺去除 TP 的效果略好于单一式稳定塘工艺，且运行更稳定，抗冲击能力强[281, 282]。这是由于凹凸棒土表面带有大量电荷和活性吸附点位，且其在水中呈胶体颗粒结构，TP 可通过物理-化学吸附的方式进入凹凸棒土表面或晶格孔道，迅速跟这些有效活性点位结合，凹凸棒土内部吸附点位逐渐被 TP 占据，从而实现对系统内 TP 的去除[283, 284]。

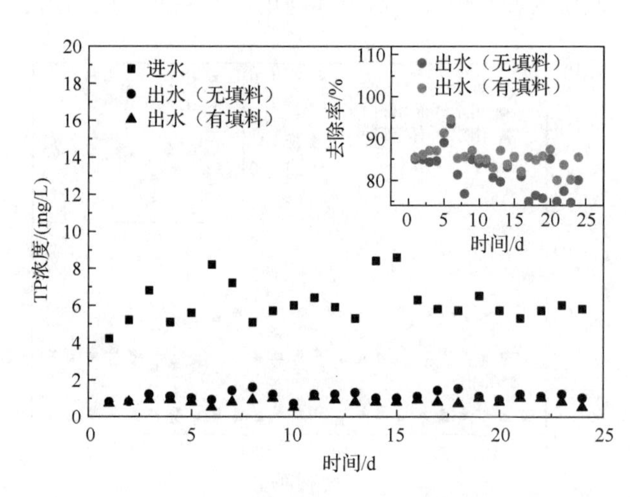

图 7-16 凹凸棒土对 TP 的去除效果

7.5　装置运行故障及处理措施

7.5.1　喷淋装置堵塞问题

当原水中含有杂质时，可在导流管出水端口处设置细小滤网以拦截水中杂质，避免产生二次污染问题。同时，也可在喷淋装置中加入少量清洗液作为简单液体进行清洁。如遇堵塞杂质层较薄，则可拆开喷淋装置将杂物取出，利用高压水枪清洗干净后重新装回，并对其使用状况进行定期检查。

7.5.2　反应器微生物增长缓慢问题

当遇系统内微生物增长较为缓慢时，为达到预期的净化效果，可控制合适的 C∶N∶P 比作为微生物生长的营养源。微生物除需要 C、H、O、N、P 外，可适当添加 S、Mg、Fe、Ca、K 等元素，以及 Zn、Ni、Cu、B 等微量元素。系统内培养微生物的环境温度一日内波动不宜过大，应控制适宜的水温并保持稳定。同时，进水 pH 和溶解氧浓度的突然变化会对微生物生长产生不可逆转的影响，故启动时要保证进水的溶解氧浓度和 pH 稳定，再逐渐提高进水量。

7.5.3　反应器泡沫问题

当反应器厌氧系统内温度波动或负荷突变等情况发生时，可导致系统运行不稳定和 CO_2 的产量增加，进而产生泡沫。同时好氧曝气以及微生物本身新陈代谢过程中产生的一些中间产物也会降低水的表面张力进而生成气泡。故应观察泡沫产生的周期、颜色、黏度、易碎性等并加以总结，从而了解泡沫性质及其产生的关键性原因，进而有针对性地加以解决。常用的解决方法有以下几种：①喷洒水，采用流速较高的喷洒水流或水珠能打碎浮在水面的气泡，被打散的部分污泥颗粒重新恢复沉降性能以减少泡沫量；②向曝气反应器内投加载体，加大装置内所投加的固定填料的量，使一些易产生污泥膨胀和泡沫的微生物固着生长，可增加曝气池内的生物量进而提高处理效果，又能减少或控制泡沫的产生；③投加消泡剂，消泡剂可在短时间内解决系统泡沫问题，且操作简单，反应速度快。

7.5.4 反应器浮泥问题

观察浮泥的颜色、黏度以及是否夹有泡沫，可对正常污泥及浮泥采用显微镜观察对比了解污泥性质，进而从根源处解决问题。①可通过增加污泥的回流量或及时排放污泥以减少系统内浮泥量；②减少曝气量或曝气时间，使系统内硝化作用降低，也可提高曝气池出口混合液溶解氧浓度，以保证系统内活性污泥不会因为缺氧而发生反硝化作用；③减少系统进水量，以减少装置内污泥总量，或加大活性污泥回流量；④如遇丝状菌导致的污泥上浮问题，可通过合理投加营养剂的方法辅之引入惰性物质，通过提升系统 pH，以及利用漂白粉抑制（杀灭）丝状菌膨胀。此外，还应保证曝气设备低故障、降低活性污泥浓度、避免活性污泥负荷的冲击等，以便有效解决反应器浮泥问题。

7.5.5 反应器污泥膨胀问题

应加强对可编程逻辑控制器的监管，经常检测污水水质、DO、污泥沉降比（settling velocity, SV）、污泥容积指数（sludge volume index, SVI）等相关指标。污泥膨胀问题可能受污泥负荷或 DO 的影响：若反应器处于缺氧状态，可加大曝气量，或适当降低进水量以减轻负荷，或降低 MLSS 值使系统需氧量降低；若污泥负荷过高，可提高 MLSS 值以调整负荷，必要时停止进水。除以上方法外，还可考虑采用絮凝法通过投加混凝剂的方式以及采用营养盐调整法对污泥膨胀现象进行控制。而当在污泥黏性膨胀较为严重的情况下，可考虑适当排出一些膨胀的污泥，重新向系统内添置新泥。

7.6 本章小结

本章基于可编程逻辑控制器自控试验设计，通过对凹凸棒土-稳定塘工艺运行参数进行优化，研究了水力停留时间（HRT）、曝气时间和 pH 对污染物去除效果的影响，并利用平行对比试验研究了凹凸棒土作为载体填料对低温生活污水中 COD、氨氮和 TP 处理效果的影响。经过凹凸棒土-稳定塘工艺处理的严寒村镇生活污水 COD 及氨氮的出水浓度符合国家《污水综合排放标准》（GB 8978—1996）一级排放浓度限值，TP 出水浓度符合国家二级排放浓度限值，并得出了以下结论。

（1）HRT、曝气时间和 pH 对凹凸棒土-稳定塘工艺处理低温生活污水均有不同程度的影响。基于效率最优化和经济最优化，低温条件下，工艺各运行控制参数如下：pH 在 7.2～7.8，兼性塘 HRT 为 4d，好氧塘的 HRT 与曝气时间分别为 36h、4h。

（2）在最优参数下运行组合系统可实现低温条件下生活污水的有效处理。COD、氨氮、TP 的平均去除率分别为 91.5%、87.7%、84.1%，平均出水浓度分别为 35.6mg/L、4.5mg/L、1.0mg/L，较好的去除效果为该工艺在严寒村镇地区的应用与推行奠定基础。

（3）凹凸棒土填料可作为微生物附着生长的良好载体，能够在低温条件下强化污水中各污染物的去除效果。无凹凸棒土填料的单一式稳定塘工艺对 COD、氨氮、TP 的平均去除率分别为 87.9%、81.7%、79.4%，与凹凸棒土-稳定塘工艺相比，分别降低了 3.6%、6.0%、4.7%。上述结果表明，凹凸棒土可增强系统去除有机物的能力，还可提高系统运行稳定性及抗冲击能力。由此证实了凹凸棒土填料可实现严寒村镇生活污水的生态高效处理，也为凹凸棒土的未来应用拓展了新的方向。

第8章　浮萍-藻类塘净化严寒村镇内分泌干扰物畜禽养殖废水

8.1　概　　述

近年来，严寒村镇畜禽养殖废水中的内分泌干扰物，特别是雌激素类物质，因其具有潜在的环境污染效应而受到越来越广泛的关注。本章选取雌酮（E1）、17β-雌二醇（E2）和 17α-乙炔雌二醇（EE2）等典型内分泌干扰物质，利用浮萍（*Lemnaminor*）和鱼腥藻（*Anabaena*）、绿球藻（*Chlorococcus*）、钝顶螺旋藻（*Spirulina platensis*）、小球藻（*Chlorella*）、四尾栅藻（*Scenedesmus quadricauda*）、柱胞鱼腥藻（*Anabaena cylindrica*）6 种藻类组成的浮萍-藻类塘工艺，采用静态吸附试验、动态吸附试验和连续流试验分别考察了上述内分泌干扰物的降解与吸附特性，并进行了静态吸附试验的质量平衡计算。此外，还采用酶联免疫法测定了 E1、E2 和 EE2 的相应质量浓度，进而探讨了它们在浮萍-藻类塘污水处理系统中的降解途径与机制。该研究的开展不仅拓宽了生态塘污水处理工程对严寒村镇畜禽养殖废水中内分泌干扰物去除的应用，而且为实际工程的投产运行提供了一定的理论基础，对严寒村镇的水环境保护具有重要意义。

8.2　浮萍-藻类塘对 E1、E2 和 EE2 的降解效果

8.2.1　静态吸附试验中浮萍和藻类对 E1、E2 和 EE2 的降解效果

在盛有人工配制较高质量浓度 E1、E2 和 EE2 废水的烧杯中，通过静态吸附

试验考察污染物在接种浮萍或藻类以及无接种情况下的降解规律。6d 静态吸附试验中，E1、E2 和 EE2 的质量浓度变化如图 8-1 所示。结果显示，三种雌激素类内分泌干扰物的降解趋势在试验条件下具有相似的变化规律。其中，6d 后有超过 95%的 E1、E2 和 EE2 被去除，而在接种藻类的废水中三种雌激素类内分泌干扰物仅有 50%的降解效率。总体而言，含有 E1、E2 和 EE2 的畜禽养殖废水在浮萍塘中的降解效果优于藻类塘。从图 8-1 中还可以看出，在接种浮萍时，E1、E2 和 EE2 降解速率更快，1d 内可去除 80%；然而，在无任何接种的废水中，相同时间内 E1、E2 和 EE2 只降解了 20%，而在接种藻类的试验中，E1、E2 和 EE2 的降解程度介于上述二者之间。作为对比试验，在整个试验期间，自来水中 E1、E2 和 EE2 质量浓度没有明显变化。但通过对比发现，1g 藻类（干重）对 E1、E2 和 EE2 的吸附量大于 1g 浮萍（干重）。藻类对 E1 的吸附浓度为 6.1μg/g，而同期浮萍对 E1 的吸附浓度仅为 2.34μg/g。故相同质量藻类的吸附能力强于浮萍的吸附能力。

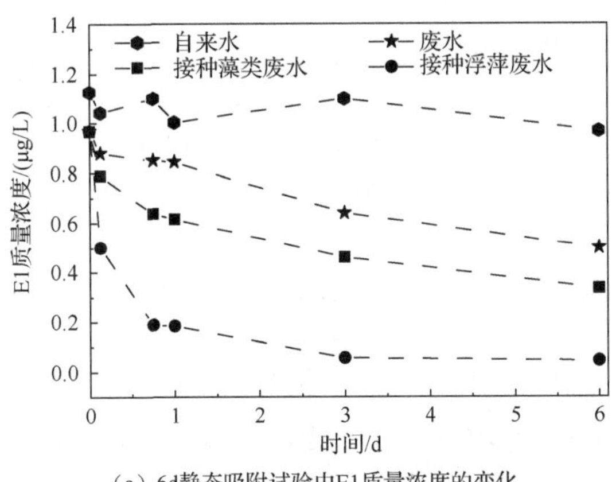

（a）6d静态吸附试验中E1质量浓度的变化

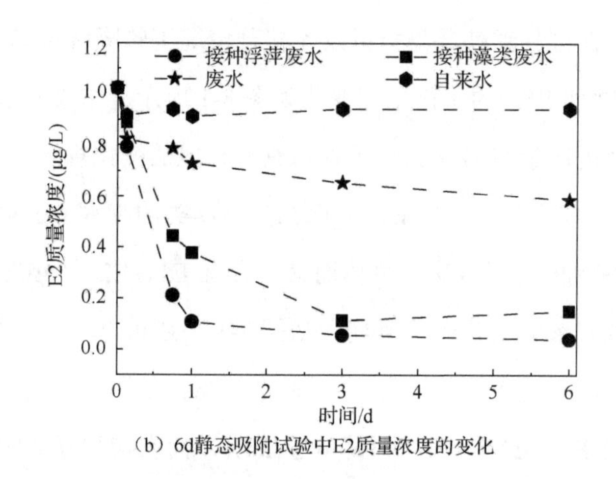

（b）6d静态吸附试验中E2质量浓度的变化

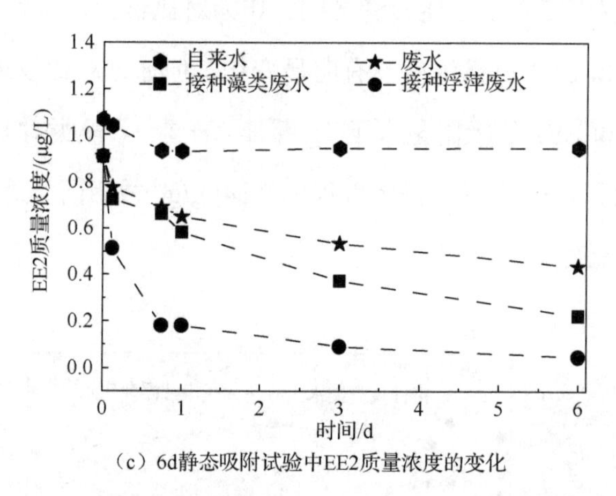

（c）6d静态吸附试验中EE2质量浓度的变化

图 8-1　6d 静态吸附试验中 E1、E2 和 EE2 质量浓度的变化

8.2.2　动态吸附试验中浮萍和藻类对 E2 和 EE2 的降解效果

采用动态吸附试验方法研究浮萍和藻类对 E2 和 EE2 的吸附作用（未包含 E1）。将定量的浮萍和藻类接种到自来水中密封并振荡，在不同接触时间分别取样，测定不同吸附时间内 E2 和 EE2 的质量浓度变化，以此区分浮萍和藻类对二

者的生物降解和物理吸附过程。动态吸附试验结果如图 8-2 所示。由图 8-2 可知，浮萍和藻类均可有效地去除废水中 E2 和 EE2。浮萍的去除率超过 80%，而藻类的去除率较低，分别为 35%和 25%。此外，浮萍吸附试验中出现了 3 个明显的吸附阶段，而藻类吸附试验只有快速吸附阶段，且自来水中 E2 和 EE2 的质量浓度在 3h 的动态吸附试验中没有明显变化。具体而言，在浮萍吸附试验中，快速吸附阶段的时间为 0～20min，吸附速率较快；慢速吸附阶段的时间为 20～60min，吸附速率变慢；60min 后，吸附速率进一步减缓。与之相比，在藻类吸附试验中，吸附速率较快，仅有快速吸附阶段，20min 后即达到吸附平衡。上述试验结果表明浮萍和藻类对 E2 和 EE2 的吸附过程具有一定差别。此外，图 8-2 中的试验结果进一步表明，与 6d 静态吸附试验相比，动态吸附试验中 EE2 的降解速率更快。在接种浮萍的吸附试验中，EE2 质量浓度从 1μg/L 降低到 0.2μg/L 仅需 180min；而在 6d 的静态降解试验中，达到同样的去除效果则需要 1d 的时间。该动态吸附试验的结果表明，浮萍和藻类对 E2 和 EE2 的吸附速率均较快，可以更加高效地去除废水中的内分泌干扰物，且在试验设计所模拟的自然环境中，浮萍的去除效果更加显著。

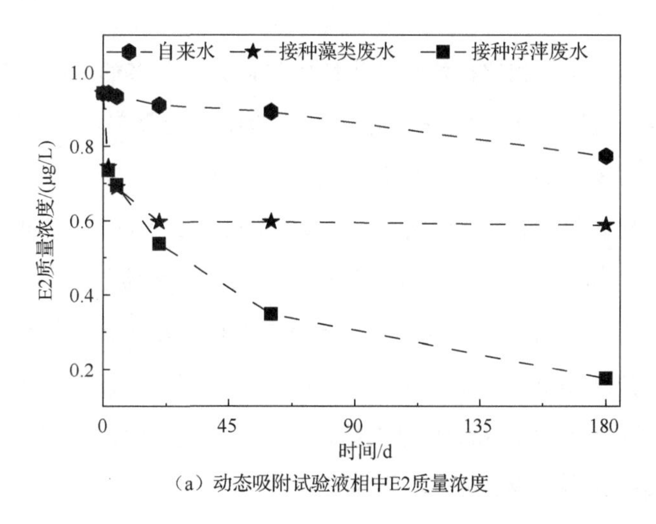

（a）动态吸附试验液相中E2质量浓度

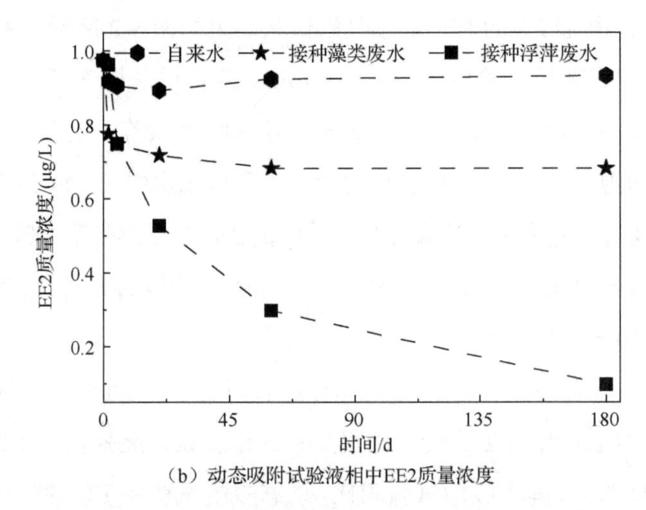

（b）动态吸附试验液相中EE2质量浓度

图 8-2 动态吸附试验液相中 E2 和 EE2 的质量浓度

8.2.3 E1、E2 和 EE2 在系统中的赋存规律

使用玻璃纤维滤纸过滤分离上述静态吸附试验的剩余水样以获得试验所需浮萍和藻类，利用质量平衡法计算其对 E1、E2 和 EE2 的吸附量，并分析相互转化的、被浮萍和藻类所吸附的，以及在液相中剩余的 E1、E2 和 EE2 所占比例。如图 8-3 所示，与藻类塘相比，浮萍从系统中可以去除更多的 E1、E2 和 EE2 等雌激素类内分泌干扰物，该结果与上述 6d 静态吸附试验及 3h 动态吸附试验的结果相吻合。由图 8-3 可知，在接种浮萍的废水中，79%的 E1、80%的 E2 和 86%的 EE2 从系统中被去除。而在接种藻类的废水中，只有 52%的 E1、54%的 E2 和 56%的 EE2 被去除。该结果同样也证实了浮萍较藻类具有更强的去除率。与此同时，在质量平衡试验中还发现，E1 和 E2 等雌激素类内分泌干扰物可相互转换。当向系统中分别单独添加 E1 或 E2 时，反应结束后在废水和沉积物中均检测到 E1 和 E2 等雌激素类内分泌干扰物，且藻类塘系统对二者的转化能力表现出比浮萍塘较高的潜力，其中约有 17%的 E2 转化为 E1。

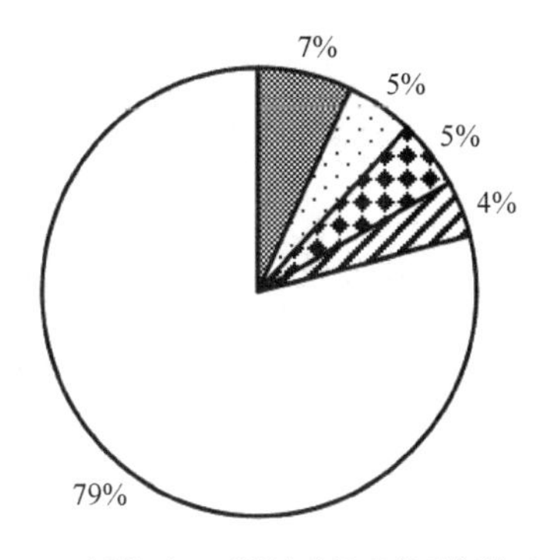

（a）浮萍对E1吸附试验的质量平衡情况

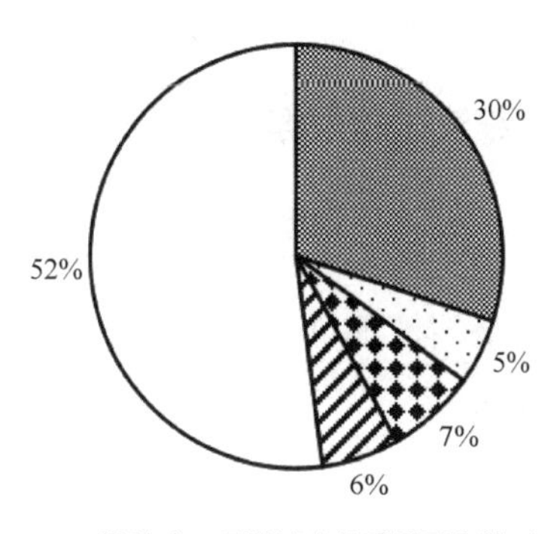

（b）藻类对E1吸附试验的质量平衡情况

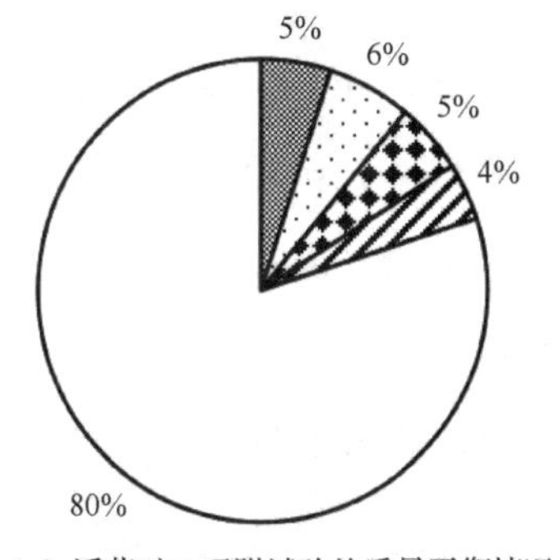

（c）浮萍对E2吸附试验的质量平衡情况

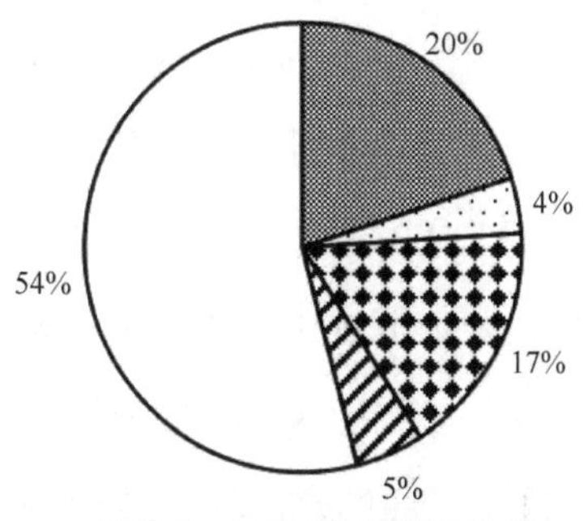

（d）藻类对E2吸附试验的质量平衡情况

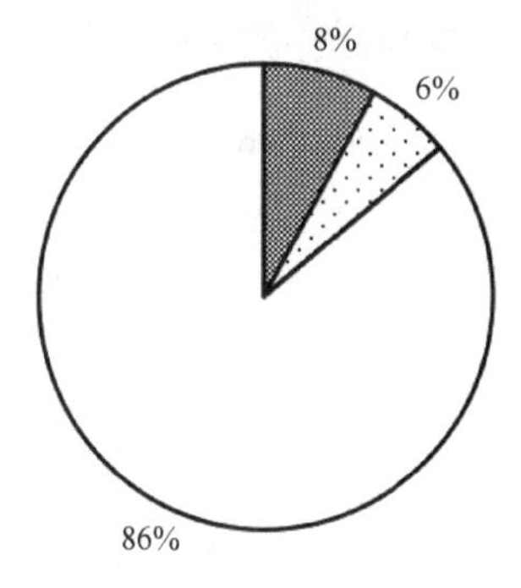

（e）浮萍对EE2吸附试验的质量平衡情况

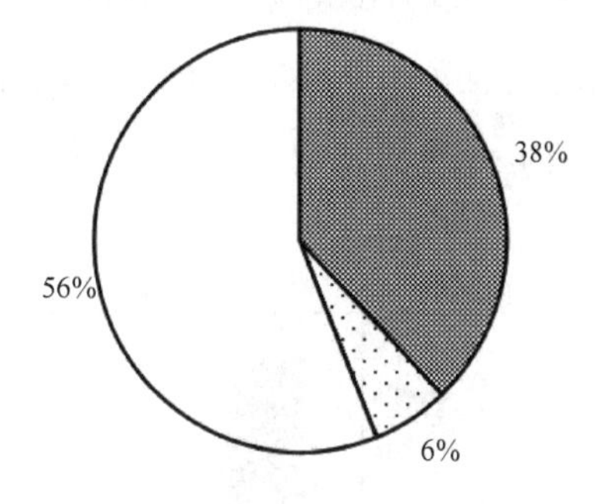

（f）藻类对EE2吸附试验的质量平衡情况

代表剩余 E1、E2 和 EE2 在液相废水中的比例

代表被藻类或浮萍沉积物吸附的 E1、E2 和 EE2 比例

代表 E1（E2）转化为 E2（E1）的比例

代表转化后的 E1、E2 和 EE2 被浮萍或藻类沉积物的吸附比例

图 8-3　浮萍和藻类对 E1、E2 和 EE2 吸附试验的质量平衡情况

8.2.4 连续流试验中浮萍和藻类对 E1、E2 和 EE2 的降解效果

连续流试验中设有浮萍塘序列装置和藻类塘序列装置，二者分别包括 3 个串联的玻璃水箱，连续进水，以此考察浮萍和藻类对生活污水中 E1、E2 和 EE2 的降解效果。

1. 废水中 E1、E2 和 EE2 的去除

图 8-4～图 8-6 分别显示了在连续流试验中，E1、E2 和 EE2 等雌激素类内分泌干扰物在藻类塘和浮萍塘中的赋存浓度和降解效率。试验结果表明，即使废水中 E1、E2 和 EE2 等内分泌干扰物的浓度水平较低（即 ng/L），这两个系统仍然可以有效地去除内分泌干扰物，最终实现降解目标。

通过图 8-4 和图 8-5 可以得出，藻类塘或浮萍塘的 1 号塘会比 2 号塘去除更多的 E1 和 E2 等雌激素类内分泌干扰物。其中，E1 在 1 号藻类塘和浮萍塘中的去除率分别为 76.8%和 85.4%；而在随后的 2 号藻类塘和浮萍塘中的去除率仅为 7.1%和 8.9%。总体而言，浮萍塘系统对 E1 和 E2 雌激素类内分泌干扰物的降解较藻类塘系统更为有效。

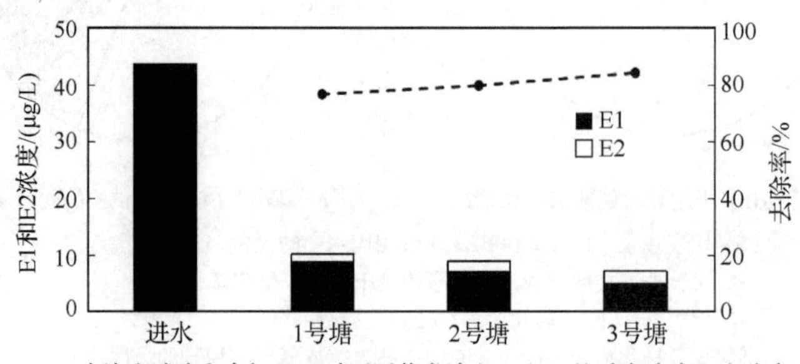

（a）连续流试验中当加入E1时不同藻类塘中E1和E2的赋存浓度和去除率

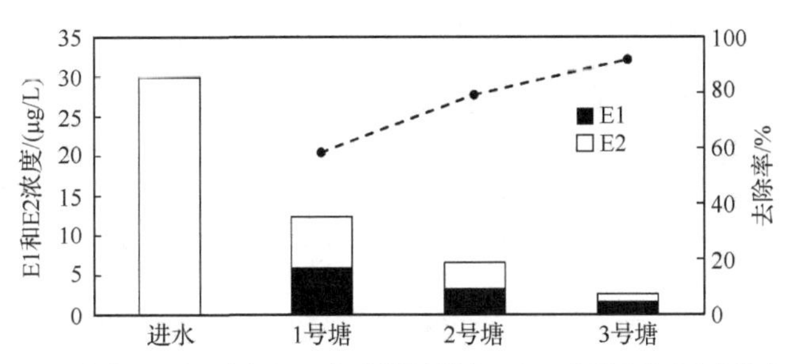

（b）连续流试验中当加入E2时不同藻类塘中E1和E2的赋存浓度和去除率

图 8-4 连续流试验中当分别加入 E1 和 E2 时，不同藻类塘中 E1 和 E2 的赋存浓度和去除率

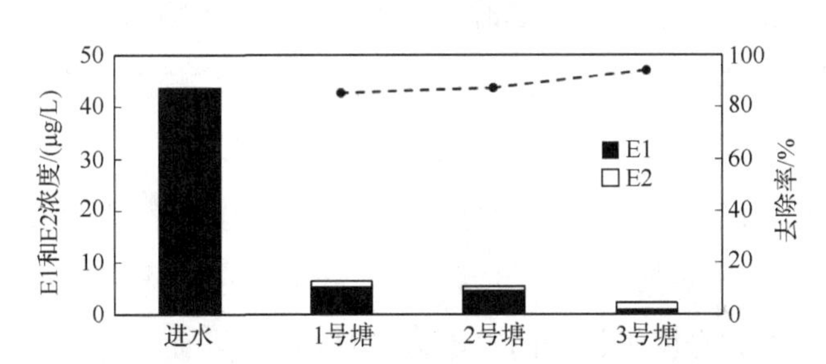

（a）连续流试验中当加入E1时不同浮萍塘中E1和E2的赋存浓度和去除率

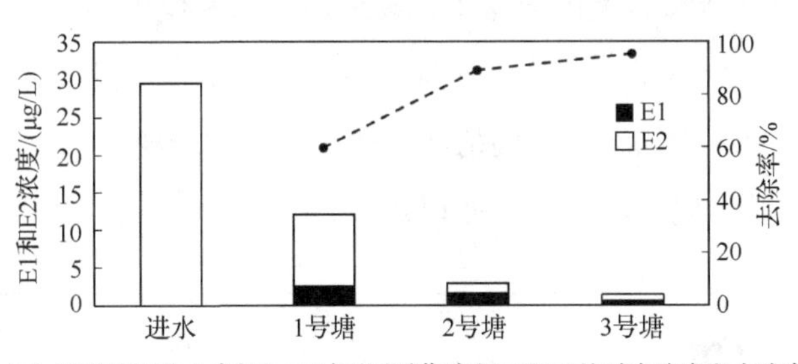

（b）连续流试验中当加入E2时不同浮萍塘中E1和E2的赋存浓度和去除率

图 8-5 连续流试验中当分别加入 E1 和 E2 时，不同浮萍塘中 E1 和 E2 的赋存浓度和去除率

如图 8-6 所示，含 EE2 雌激素类内分泌干扰物的废水在流经浮萍塘和藻类塘后可被有效去除，且在 1 号塘中的去除率大约为 70%，优于 2 号塘。就整个系统而言，浮萍塘对 EE2 的去除效果也均好于藻类塘。

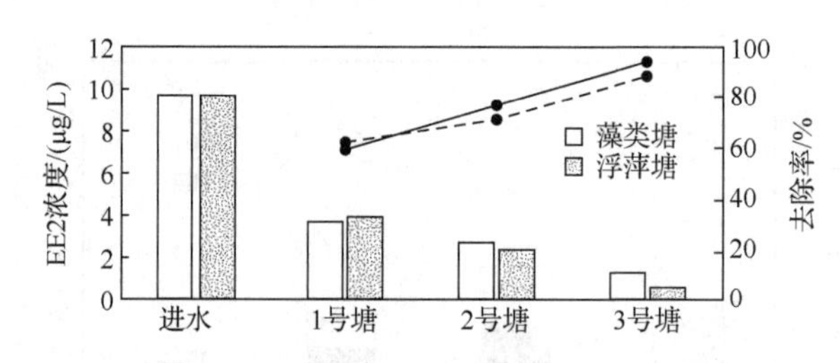

图 8-6　连续流试验中不同藻类塘和浮萍塘中 EE2 的赋存浓度和去除率

2. 沉积物中 E1 和 E2 的分布占比

在连续流试验中，E1 和 E2 等雌激素类内分泌干扰物的去除机制被认为与生态塘中的吸附和生物降解过程有关。本章研究表明，这些内分泌干扰物均可以从连续流试验中的藻类塘和浮萍塘里的沉积物中解吸出来。

根据解吸试验结果，图 8-7 展示了在连续流试验中，藻类塘和浮萍塘中 E1 和 E2 在沉积物中的分布占比。以 3 号塘为例，从 1g 藻类沉积物（干重）解吸出的 E1 与 E2 雌激素类内分泌干扰物的质量总和为 41.4ng，而 1g 浮萍沉积物（干重）解吸出的 E1 与 E2 雌激素类内分泌干扰物的质量总和仅为 8ng。这表明，藻类塘释放的 E1 和 E2 等雌激素类内分泌干扰物要比浮萍塘多。根据这一结果，在生态塘的设计和运营中，应该考虑不同植物和微生物对内分泌干扰物的吸附能力和解吸能力的差异，以实现更好的废水处理效果。

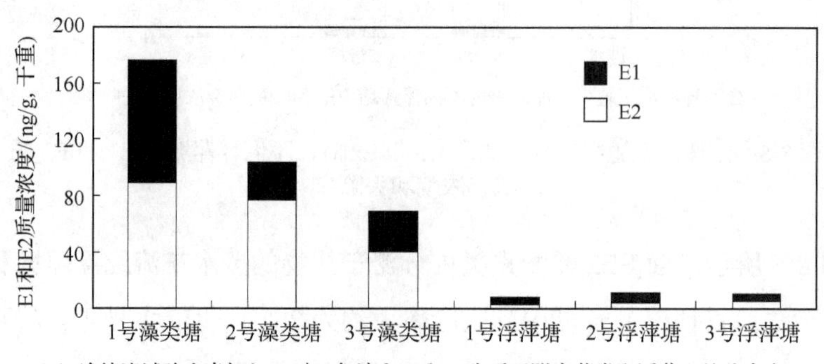

（a）连续流试验中当加入E1时，各塘中E1和E2先后吸附在藻类和浮萍上的分布占比

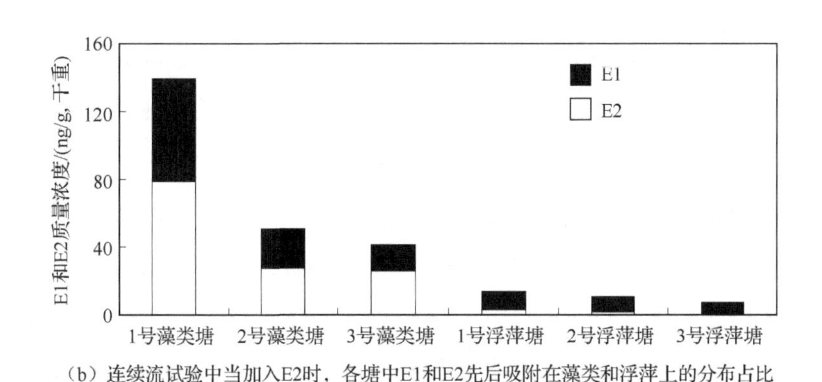

（b）连续流试验中当加入E2时，各塘中E1和E2先后吸附在藻类和浮萍上的分布占比

图 8-7　连续流试验中，各塘中 E1 和 E2 先后吸附在藻类和浮萍上的分布占比

8.3　浮萍-藻类塘对 E1、E2 和 EE2 的降解机制与转化途径

8.3.1　浮萍-藻类塘与其他废水处理系统技术参数比较

由上述连续流试验结果可知，藻类塘和浮萍塘对废水中 E1、E2 和 EE2 的降解去除率约为 83.9%和 95.4%。本章研究中所模拟的试验条件比较真实地模拟了废水处理塘的运行状况，故在实际应用的浮萍-藻类塘系统中，E1、E2 和 EE2 等雌激素类内分泌干扰物的去除率也能够达到类似上述数据的良好效果。藻类塘和浮萍塘作为一种低成本、高效的废水处理技术，在我国农村地区有着广阔的应用前景。在实践中，藻类塘通常被设计为 10～20d 的水力停留时间（HRT），废水中的总悬浮物（TSS）浓度约为 90mg/L[285]。这种设计主要考虑到藻类的生长和光合作用效率，以及废水中的营养物质浓度。同时，因为藻类可以利用废水中高浓度的有机物和氮磷进行生长代谢，因此，藻类塘能够有效去除这些污染物。相比之下，浮萍塘的设计应考虑植物的生长和收获。为保证植物的生长和去除污染物的效率，需要经常打捞浮萍，以保持 400～800g/m^2 的植物密度。此外，浮萍还可以

吸附和吸收水中的有机物和营养物质，以便能够更好地去除 TSS 和其他沉淀物中的污染物质[286]。在一些研究中，由于植物的生长速率和密度的限制，浮萍塘中的 HRT 约为 20d 或更长时间[287, 288]。在工程实际中，根据废水的特性和处理要求，相应采取的塘系统和设计参数也会有所差异。本章研究中所涉及的 HRT、TSS 等参数，以及浮萍与藻类密度和收获程序均经过对比分析并审慎选择，为模拟藻类塘和浮萍塘的实际运行环境、进而提高系统运行效率提供技术参数保障。

目前尚未发现其他采用藻类塘和浮萍塘系统去除水中雌激素类内分泌干扰物的研究，而活性污泥法及其衍生改良工艺是针对典型雌激素类内分泌干扰物应用最为广泛的常规水处理手段[289-292]。将本章研究中所得到关于 E1、E2 和 EE2 的去除率与文献报道中活性污泥废水处理系统的去除率进行比较，如表 8-1 所示。在活性污泥废水处理系统中，由于不同设备种类与效率设计、系统内运行工况、微生物种群、进水水质不同等因素，污染物去除率有所差异。其中，有研究显示，E1 的去除率可达到 61%～69%，E2 的去除率可达到 86%～96%[293, 294]，EE2 的去除率约为 71%[295]。通过对比可知，本章研究所涉及的藻类塘和浮萍塘的雌激素类内分泌干扰物去除率优于表中所述活性污泥系统。

表 8-1　各废水处理系统对内分泌干扰物的去除率

雌激素种类	进水浓度/(ng/L)	出水浓度/(ng/L)	去除率/%	污水处理厂类型	参考文献
E1	44	17	61	市政污水处理厂	文献[293]
	43.1	12.3	69	家庭污水处理厂	文献[294]
	43.5	7	83.9	菌澡塘	本章
	43.5	2.45	94.4	浮萍塘	本章
E2	11	1.6	86	市政污水处理厂	文献[293]
	28.1	1.2	96	家庭污水处理厂	文献[294]
	29.7	2.6	91.2	菌澡塘	本章
	29.7	1.38	95.4	浮萍塘	本章

续表

雌激素种类	进水浓度/(ng/L)	出水浓度/(ng/L)	去除率/%	污水处理厂类型	参考文献
EE2	4.84	1.4	71	家庭污水处理厂	文献[295]
	9.71	1.28	86.8	菌澡塘	本章
	9.71	0.59	93.9	浮萍塘	本章

8.3.2　浮萍-藻类塘对 E1、E2 和 EE2 的光降解作用

在降解机制方面，研究普遍认为吸附、生物降解和光降解等不同过程可能在处理废水内分泌干扰物的过程中发挥重要作用[296-299]。许多研究表明，吸附作用是现有方法针对废水中内分泌干扰物的一个重要去除机制，能够高效地吸附 E1 和 E2。此外，一些研究也指出，生物降解作用也可以有效去除 E1、E2 和 EE2。例如，一些细菌和真菌能够利用这些化合物作为碳源生长，从而将其分解为无害物质[300-302]。同时，光降解作为一种新兴的水中有机污染物去除方法，也被越来越多的研究者所关注[303-305]。以下将对本章研究中 E1、E2 和 EE2 的去除机制进行深入探讨，以确定吸附、生物降解和光降解三者的去除机制在不同环境条件下所发挥的主要作用。

在静态吸附试验中，自来水中的 E1、E2 和 EE2 等雌激素类内分泌干扰物质量浓度没有发生明显变化，因此可断定对照试验中没有吸附、生物降解和光降解现象的发生。这是因为自来水中既没有吸附质，也没有生物质，因此不会发生吸附和生物降解现象。尽管有报道称紫外光[306]甚至自然光[307]都可能促进水中内分泌干扰物的降解，但该对照试验却表明在文中提及的特定试验条件下没有发生 E1、E2 和 EE2 的光解。相反，在其余组试验中均观察到了 E1、E2 和 EE2 的质量浓度明显降低。因此，可以推断废水中接种的浮萍或藻类以及逐渐发展形成的微生物吸附和降解作用可能是生态塘系统中 E1、E2 和 EE2 等雌激素类内分泌干扰物主要的去除机制。

需要补充的是，尽管光降解不是本章研究发现的主要机制，但其仍然是一个值得关注的内分泌干扰物去除方法。一些先前的研究已经证明了光降解对污染物去除的有效性，尤其在一些特定条件下，如使用特殊的光源等[308, 309]。此外，一些研究也已发现了一些新型的催化剂，如纳米材料、金属氧化物等，在光催化降解内分泌干扰物方面具有很高的去除率[310, 311]。因此，在今后的研究中，可以考虑探究更加适合废水处理的光降解条件，以提高其去除率。同时，还可研究不同类型光源如紫外光、可见光等对内分泌干扰物去除率的影响，以探究不同光源对污染物的降解能力，以及其对系统内参与降解的微生物和植物生长作用的影响。

8.3.3 浮萍-藻类塘对 E1、E2 和 EE2 的吸附降解作用

本节探讨了浮萍和藻类对 E1、E2 和 EE2 等雌激素类内分泌干扰物的吸附降解作用，并指出接种的浮萍或藻类为上述污染物的吸附降解创造了有利条件。具体而言，因浮萍拥有较为发达的根系组织，而藻类本身就以悬浮态分散于水中，二者均可为水中 E1、E2 和 EE2 的有效去除提供丰富的吸附点位。此外，这些化合物本身的非极性和疏水性也使它们极易吸附在浮萍和藻类颗粒上。在静态吸附试验中，这些污染物均在与浮萍或藻类等生物质接触的早期阶段被快速吸附，其中在浮萍塘中，有高达 46%的 E1、22%的 E2 和 43%的 EE2 在前 3h 内被迅速去除。这一结果进一步支持了浮萍和藻类的吸附作用对 E1、E2 和 EE2 去除的重要性。

此外，在试验开始的 2min 内，浮萍和藻类就对 E1、E2 和 EE2 表现出了快速吸附过程，这也与 Ren 等[312]研究活性污泥在 10min 内可对 E2 从液相中快速去除的结论相符。总体而言，这些发现表明浮萍和藻类的吸附作用可以作为处理雌激素类内分泌干扰物的一种可行方法。以 EE2 为例，藻类对 EE2 的吸附在 20min 时即达到了吸附平衡，而浮萍对 EE2 却有较长时间的持续吸附作用，即藻类和浮

萍对 EE2 的吸附程度不同。这可能是藻类和浮萍的不同接种量造成的。试验中藻类生物质的接种量（约 128mg，干重）少于浮萍的接种量（约 190mg，干重）。由于接种的藻类生物质较少，其有效的吸附点位相对有限，这些吸附点位可能很快被完全占用，因此接种藻类的试验中吸附主要发生在前 20min，即在较短时间内便达到了吸附平衡。上述生物质接种量不同而导致的不同去除率，也从侧面证实了吸附现象在 EE2 中的降解作用。

同时，值得注意的是，在藻类和浮萍对内分泌干扰物的吸附平衡和吸附去除率方面，除了吸附质的种类和数量外，试验条件也是非常关键的因素。比较 EE2 的质量平衡试验结果和 3h 动态吸附试验结果，可以发现在质量平衡试验中只有少部分的 EE2（6%）被浮萍或藻类所吸附。原因是在动态吸附试验中，含 EE2 的废水和浮萍或藻类混合后，在随后的 180min 内保持连续振荡，这种振荡可以保证 EE2 和吸附质的有效接触，进而强化 EE2 的降解。

8.3.4　浮萍-藻类塘对 E1、E2 和 EE2 的生物降解作用

本章研究也揭示了生物降解作用对 E1、E2 和 EE2 等雌激素类内分泌干扰物降解的重要性。所接种的浮萍和藻类，因其表面可为微生物的生长繁殖提供栖息场所，进而为 E1、E2 和 EE2 的生物降解创造了有利条件。其不仅被活性污泥吸附，而且还可被其中所存在的微生物降解[313]。由质量平衡试验结果可知，浮萍塘或藻类塘对 E1、E2 和 EE2 的去除率高于单纯废水。尤其是在接种的浮萍塘和藻类塘的试验中分别有 86%和 56%的 EE2 得以从系统中去除，进一步佐证了生物降解的重要作用。同时，本章研究还发现各塘第 1d 和第 6d 的 E1、E2 和 EE2 等雌激素类内分泌干扰物浓度存在差异。试验结束后，观察到系统内浊度增加，且在未做任何接种的废水试验中也获得了约 35%的 EE2 去除率，这可能是在静态吸附试验的后期阶段，微生物大量繁殖导致降解作用加强。而在后续的解吸试验中，只有较少部分的 E1、E2 和 EE2 从浮萍和藻类中被解吸，也说明生物降解作用参

与了对内分泌干扰物的去除。此外，据 Janeczko 等[314]的研究报道，在 68 种植物中检测到 E1 和 E2 的赋存浓度，表明内分泌干扰物可以被植物吸收。而在本节中，植物摄取对其去除的作用仍需进一步研究。

与此同时，接种的浮萍和藻类也改变了微生物生长的环境条件，可能也在一定程度上促进了微生物的繁殖。在整个静态吸附试验期间，未做任何接种的废水中溶解氧（DO）浓度始终为 0mg/L。在接种浮萍的试验中，虽然浮萍始终覆盖在水体表面，影响水体复氧行为，但由于浮萍可通过根系向水体中释放部分氧气，因此，废水中的 DO 浓度始终处于 2.0mg/L 左右。而在接种藻类的试验中，由于藻类的光合作用受到光照/黑暗周期的影响，其废水中 DO 浓度也呈现出明显的周期性变化，即在光照条件下，DO 浓度可达 18mg/L，甚至更高；而在黑暗条件下，废水中 DO 浓度则逐渐降低，甚至趋近于 0mg/L。故不同的溶解氧环境也促进了好氧细菌和厌氧细菌的生长。在微生物降解方面，通常认为废水中的微生物主要通过共代谢途径降解内分泌干扰物。其中，内分泌干扰物并不是作为基质为微生物的生长提供能量和组成元素，而是被微生物生长过程产生的共酶（co-enzyme）所转化[315]，但也有文献报道在活性污泥系统中，有 50%～70%的内分泌干扰物被活性污泥吸附，进而被系统中的微生物所降解[313, 316]，并可能被矿化成为 CO_2[311]。从上述试验研究的结果也可推断，吸附和生物降解在浮萍-藻类塘去除 E1、E2 和 EE2 等雌激素类内分泌干扰物的过程中均起到了重要作用，即在废水中上述雌激素类内分泌干扰物首先会被藻类和浮萍等生物质吸附，而吸附过后，则会被废水中的微生物进一步降解。

8.3.5 浮萍-藻类塘中 E1 和 E2 的相互转化途径

对于环境中的雌激素类物质的代谢途径和代谢产物的研究有助于深入了解这些物质在水体中的归趋和影响，在一定程度上可为保护环境和人类健康提供科学依据，并为相关政策的制定和实施提供参考。在已有研究中，有氧和缺氧条件下的雌激素类物质代谢途径和代谢产物已经得到了比较全面的研究[317, 318]。据报道，在有氧条件下，E2 首先经过多个步骤被氧化为 E1，并可进一步被氧化为未知代谢物，直至最后被氧化为 CO_2 和 H_2O。在上述过程中需要多种氧化酶的协同作用；而在厌氧条件下，E1 也可通过厌氧微生物的代谢作用被还原为 E2，从而对 E2 的生物降解和去除具有重要意义[319-321]。这种可逆的相互转化也在本节中得到证实。当向系统中单独加入 E1 或 E2 时，在反应结束后，在废水和沉积物中同时检测到了 E1 和 E2。而由于藻类塘中同时存在好氧和厌氧等多种条件，其相互转换的过程可能更加复杂。

在藻类塘中，上述已提及，由于藻类的光合作用，白天测量到的 DO 浓度要比夜晚高出约 10mg/L，而 DO 在夜间可被藻类呼吸作用所消耗。在对浮萍塘的测试中，DO 的浓度总体较低，因为浮萍的密集覆盖可能会减少直接从大气中转移出的氧气量，使得塘内 DO 浓度介于 0～2mg/L[322]。本节测量的浮萍塘中 DO 浓度总是低于 2.0mg/L，但在质量平衡和连续流试验中检测到相互转换的 E1 与 E2。其转化率的总体趋势是 E2 转化为 E1 的比率高于 E1 转化为 E2 的比率，这可能是 E2 类内分泌干扰物的不稳定性导致[316]。此外，在本节中，当考察接种 E2 的池塘废水中剩余内分泌干扰物时，E1 的浓度约占所有三个藻类塘以及 2 号和 3 号浮萍塘中总内分泌干扰物浓度的 50%，这直接证实了从 E2 到 E1 转换率较高这一结论。

8.4　本 章 小 结

为考察生态塘污水处理系统中 E1、E2 和 EE2 等雌激素类内分泌干扰物的去除途径与转化机制，采用静态吸附试验、动态吸附试验和连续流试验研究了藻类塘和浮萍塘中内分泌干扰物的降解与吸附特性，通过静态吸附试验的质量平衡计算和酶联免疫法测定了上述三种内分泌干扰物的质量浓度，并对藻类塘和浮萍塘中 E1、E2 和 EE2 的降解去除情况进行了研究与评价，其结论如下所述。

（1）静态吸附试验和连续流试验均表明，生态塘污水处理系统中接种的浮萍和藻类加速了雌激素类内分泌干扰物的去除，同时能够为微生物的生长繁殖创造有利条件。废水中的 E1、E2 和 EE2 首先会被藻类和浮萍等生物质吸附，进而再被系统中形成的微生物群落进一步降解，其中浮萍塘显现出了比藻类塘更高的去除率。

（2）根据静态吸附试验和动态吸附试验结果可知，系统内所接种的浮萍和藻类为 E1、E2 和 EE2 的吸附提供了吸附点位，实现了对雌激素类内分泌干扰物的快速吸附。其对内分泌干扰物的吸附平衡，取决于系统中接种的浮萍和藻类含量。

（3）在连续流试验中，E1、E2 和 EE2 的浓度即使处在 ng/L 级水平，藻类塘和浮萍塘也能有效地将其从废水中去除，且 E1 和 E2 在浮萍塘和藻类塘系统中可相互转化。相比浮萍塘，藻类塘中的 E2 极容易转化为 E1。上述结论将为下一步鉴别浮萍-藻类塘中包括 E1、E2 和 EE2 的降解中间产物和最终产物奠定基础，并对研究浮萍-藻类塘系统对畜禽养殖废水中的雌激素类内分泌干扰物的降解去除具有重要意义。

第9章 总　　结

本书针对严寒地区特有地理气候条件及制约当前新农村建设与发展的典型突出问题，以建设绿色低碳、节能环保村镇为目标，制备碳化稻壳、改性凹凸棒土，培养活性污泥、浮萍-藻类，以其为载体，研发适用于严寒村镇的高铁锰地下水净化技术、高有机物高氨氮地表水净化技术、嗅味地表水净化技术、生活污水净化技术以及内分泌干扰物畜禽养殖废水净化技术，将为解决严寒村镇水污染治理难题提供技术支持和理论支撑。

（1）碳化稻壳吸附净化严寒村镇 Fe^{2+} 与 Mn^{2+} 地下水：经 600℃煅烧制备的改性稻壳颗粒 CRH600 对 Fe^{2+}、Mn^{2+} 的低温（10℃）吸附效果优于 700℃与 800℃煅烧的稻壳；与原稻壳相比，CRH600 比表面积与总孔容明显增大，疏松多孔，表面官能团含量增多，其中—OH 对铁锰去除贡献最大，凭借离子交换、表面络合作用吸附 Fe^{2+}、Mn^{2+}；混合溶液中 Fe^{2+}、Mn^{2+} 之间不存在竞争吸附；CRH600 吸附 Fe^{2+}、Mn^{2+} 的最优 pH 分别为 5、6，最佳投加量分别为 6mg/L、10mg/L。10℃ CRH600 对 Fe^{2+}、Mn^{2+} 具有良好的低温吸附效果，$q_{e\text{-}max}$ 分别为 5.85mg/g、2.83mg/g；Langmuir 等温线模型与 Lagergren 二级动力学模型更适于描述吸附过程，CRH600 对 Fe^{2+}、Mn^{2+} 的吸附反应速率受控于膜扩散与颗粒内扩散；吸附过程属自发放热，适于低温条件，物理与化学吸附并存。H_2SO_4 为 CRH600 中 Fe^{2+}、Mn^{2+} 的最佳解吸剂，最佳吸附-解吸循环次数分别为 5、3，再生 CRH600 的最大吸附量分别为解吸前饱和吸附量的 80%、90%。在 Fe^{2+}、Mn^{2+} 浓度为 20mg/L，进水溶液 pH=7，吸附剂装柱高度为 28cm 条件下，CRH600 对 Fe^{2+}、Mn^{2+} 的吸附饱和时间随流速的升高而降低，随吸附剂的装柱高度的升高而升高，溶液中共存离子的浓度越大，越容易达到吸附饱和。动态吸附过程的最佳运行参数为：反应器流速为15mL/min，高度为21cm。Thomas模型可用来拟合CRH600对Fe^{2+}的动态吸附过程（R^2=0.743～0.947）。上述结论将为严寒村镇地下水除Fe^{2+}、Mn^{2+}技术开发以及碳化稻壳推广提供参照借鉴及理论依据。

（2）碳化稻壳-生物菌耦合净化严寒村镇Fe^{2+}与Mn^{2+}地下水：优势菌液全循环、低滤速的运行方式使生物除铁锰活性滤膜成熟且稳定仅需15d；稳定运行时铁、锰、残余菌的平均去除率分别为96.28%、93.18%、75.43%，出水浓度均符合国家《生活饮用水卫生标准》（GB 5749—2022）所规定的出水浓度限制；生物法可加强总Fe、Fe^{2+}去除效果，滤速的提高对生物法中Fe^{2+}去除能力影响显著，进水总Fe浓度过高或过低均会影响滤层的除锰能力。生物滤柱Ⅰ以碳化稻壳颗粒为吸附滤料、接种巨大芽孢杆菌（*Bacillus megaterium*）优势铁锰氧化菌，采用全循环、低滤速方式实现15d快速启动滤层，运行中逐渐提升滤速与反冲洗强度顺应实际需求；滤柱Ⅱ采用柱状活性炭去除滤柱Ⅰ出水残余菌，稳定阶段出水符合国家《生活饮用水卫生标准》（GB 5749—2022）规定的出水浓度限值。除铁机理主要依靠物理化学作用，辅以生物作用，铁氧化菌加速了滤层对进水Fe^{2+}的氧化，增强了微生物对滤层截留铁氧化物的能力；滤速的提高对生物法中Fe^{2+}去除能力影响显著。在滤料成熟阶段与稳定运行初期除锰主要依靠生物作用，稳定运行后期物理化学作用占优势。当水温在15～17℃、Fe^{2+}浓度在7.3～12.3mg/L、Mn^{2+}浓度在0.5～1.2mg/L时，若保证出水合格，最佳反冲洗参数控制为周期24h、强度10L/(s·m^2)、时间5min，工艺极限滤速为16m/h。生物法中进水铁浓度过高或者过低都会影响滤层的除锰能力。在中等总Fe浓度（2mg/L）条件下，铁锰氧化菌适应进水Mn^{2+}浓度变化能力强，出水Mn^{2+}远低于饮用水标准（0.1mg/L）。CRH600生物除铁锰工艺每日运行费用为0.56元/t，相比目前村镇每吨地下水处理成本而言，节约了0.04元，每年共计可节省资金3.24万元。该研究将为建立严寒村镇高铁锰地下饮用水处理技术标准提供理论依据与技术支持，具有重要的学术价值。

（3）HCPA-UF-MBR 工艺净化严寒村镇高有机物高氨氮地表水：HCPA-UF-MBR 组合工艺对高锰酸盐指数、TOC、NH_4^+-N、浊度等的去除效果均优于 UF-MBR，抗冲击负荷能力明显，反应器内的温度比 UF-MBR 高 0.5～1.0℃，可有效缓解低温的影响。HCPA 投加后，UF-MBR 中污泥的总活性、硝化活性分别提高了 9.09%、123.33%，污泥颗粒粒径的分布趋于均匀，大粒径分子所占比例减少；污泥混合液的 Zeta 电位比 UF-MBR 的低 11%～26%，使絮体的凝聚力增强；提高了系统对大分子有机物的去除效果，改变了系统污泥混合液及其膜表面滤饼层中的有机物结构和组成，使有机物的种类和含量明显减少；对生物难降解的腐殖酸类物质和大分子蛋白质类有机物质的去除效果稍有改善。投加 HCPA 后，系统运行初期的膜污染速率增加，长期运行时膜污染程度明显降低，膜表面形成的滤饼层比较疏松、透水性较好且容易被清洗掉，膜污染现象得以减缓。该技术对保障和提高严寒村镇饮用水水质具有重要意义，并为 HCPA-UF-MBR 组合工艺的推广应用提供了相应技术支持。

（4）热改性凹凸棒土净化严寒村镇嗅味地表水：改性前后凹凸棒土的主要化学成分均为 SiO_2、Al_2O_3、MgO、Fe_2O_3 等，其中硅元素所占比重最大，且经过加热改性后的凹凸棒土（T-ATP）比表面积及孔隙率显著增加。T-ATP 对嗅味物质的吸附影响因素结果表明，当 T-ATP 的添加浓度低于 1g/L 时，对 2-MIB 和 GSM 的去除率分别随 T-ATP 浓度的增加而增大，且 T-ATP 对 GSM 的吸附去除率高于 2-MIB。在 pH=4～8.5 范围内，T-ATP 对 2-MIB 和 GSM 的去除率均大于强酸性（pH<4）及强碱性（pH>8.5）条件。由于 ATP 对 2-MIB 和 GSM 的吸附量和去除率均随着温度的升高而下降，说明其对水中嗅味物质的吸附反应是放热反应。当 GSM 和 2-MIB 在水溶液中同时存在时，二者会存在竞争吸附现象，且 T-ATP 对二者的吸附去除率均低于二者在水中单独存在的情况。吸附动力学和吸附热力学的结果表明了 Lagergren 二级吸附动力学模型（$R^2>0.99$）和 Freundlich 模型（$R^2>0.95$）能较好地描述 T-ATP 对水中 GSM 的吸附情况。其中，吸附反应初始阶段 30min 内，T-ATP 对 GSM 的吸附量可达到平衡吸附量的 80%以上，反应 2h 后即可达到吸附平衡状态。T-ATP 对 GSM 的吸附过程包含了颗粒外部扩散（液膜扩散）、内部扩散及表面细孔吸附反应等过程，且 T-ATP 对 GSM 和 2-MIB 的去除率分别提高了 7.3%和 2.7%，证明了 T-ATP 可对水中嗅味物质进行有效吸附。在反应过程中，Freundlich 模型的 $1/n$ 值均在 0.5 和 1 之间，表明 T-ATP 对 GSM 的吸附较弱，且由焓变ΔH数值的绝对值介于 0～20kJ/mol 可知，T-ATP 对 GSM 的吸附为物理吸附。由$\Delta H<0$及$\Delta G<0$可知，T-ATP 对 GSM 的吸附反应是放热的自发反应。该技术拓宽了凹凸棒土在严寒村镇嗅味水源水净化领域的应用，为去除地表水中 2-MIB 及 GSM 等嗅味物质提供了一种绿色清洁的水处理方法。

（5）凹凸棒土-稳定塘净化严寒村镇生活污水：HRT、曝气时间和 pH 对凹凸棒土-稳定塘工艺处理低温生活污水均有不同程度的影响。基于效率最优化和经济最优化考量，选定 pH=7.2～7.8、兼性塘 HRT 4d、好氧塘 HRT 36h 和曝气时间 4h 作为低温条件下工艺各运行控制参数。在上述最优参数下运行组合系统可实现低温条件下生活污水的有效处理。其中，COD、氨氮、TP 的平均去除率分别为 91.5%、87.7%、84.1%，平均出水浓度分别为 35.6mg/L、4.5mg/L、1.0mg/L，COD 和氨氮出水浓度符合国家《污水综合排放标准》（GB 8978—1996）中的一级出水浓度限值，TP 满足二级出水浓度限值。上述各污染物较好的去除效果为该工艺在严寒村镇地区的应用与推行奠定基础。与此同时，凹凸棒土填料可作为微生物附着生长的良好载体，能够在低温条件下强化污水中各污染物的去除效果。无凹凸棒土填料的单一式稳定塘工艺对 COD、氨氮、TP 的平均去除率分别为 87.9%、81.7%、79.4%，与凹凸棒土-稳定塘工艺相比分别降低了 3.6%、6.0%、4.7%。该工艺可有效去除严寒村镇生活污水中有机物及氮磷污染物，对削减农村水污染、降低水环境负荷及改善农村生态环境具有重要作用，同时也为凹凸棒土的应用拓展提供了新方向。

（6）浮萍-藻类塘净化严寒村镇内分泌干扰物畜禽养殖废水：生态塘污水处理系统中接种的浮萍和藻类为微生物的生长繁殖创造了有利条件。其中，废水中的 E1、E2 和 EE2 首先会被藻类和浮萍等生物质吸附，进而再被系统中形成的微生物群落进一步降解。系统内 E1、E2 和 EE2 的降解效率分别为 46%、22%和 43%，且浮萍塘的降解效果优于藻类塘。与此同时，系统内所接种的浮萍和藻类为 E1、E2 和 EE2 的吸附提供了吸附点位，在反应 3h 内便可实现对雌激素类内分泌干扰物的快速吸附。研究结果进一步显示，系统中所接种的浮萍和藻类浓度对上述污染物的去除发挥了至关重要的作用。即使 E1、E2 和 EE2 等雌激素内分泌干扰物的浓度处在 ng/L 级别，藻类塘和浮萍塘也能有效地将其从废水中去除，且 E1 和 E2 在浮萍塘和藻类塘系统中可相互转化，尤其是藻类塘中的 E2 极容易转化为 E1。上述结论将为后续鉴别浮萍-藻类塘中 E1、E2 和 EE2 降解的中间产物与最终产物奠定基础。

参 考 文 献

[1] Yang H Y, Yan Z S, Du X, et al. Removal of manganese from groundwater in the ripened sand filtration: Biological oxidation versus chemical auto-catalytic oxidation[J]. Chemical Engineering Journal, 2020, 382: 123033.

[2] Tang X B, Zhu X W, Huang K J, et al. Can ultrafiltration singly treat the iron- and manganese-containing groundwater?[J]. Journal of Hazardous Materials, 2021, 409: 124983.

[3] Mandal P, Yadav M K, Gupta A K, et al. Chlorine mediated indirect electro-oxidation of ammonia using non-active PbO_2 anode: Influencing parameters and mechanism identification[J]. Separation and Purification Technology, 2020, 247: 116910.

[4] Wang X N, Li J, Chen J, et al. Water quality criteria of total ammonia nitrogen(TAN) and un-ionized ammonia(NH_3-N) and their ecological risk in the Liao River, China[J]. Chemosphere, 2019, 243: 125328.

[5] 高蕴宬. 粉末活性炭-臭氧工艺去除水中嗅味中试研究[J]. 给水排水, 2022, 58(S1): 705-710.

[6] Guo Q Y, Chen X, Yang K, et al. Identification and evaluation of fishy odorants produced by four algae separated from drinking water source during low temperature period: Insight into odor characteristics and odor contribution of fishy odor-producing algae[J]. Chemosphere, 2023, 324: 138328.

[7] Zhang H H, Zhao D J, Ma M L, et al. Actinobacteria produce taste and odor in drinking water reservoir: Community composition dynamics, co-occurrence and inactivation models[J]. Journal of Hazardous Materials, 2023, 453: 131429.

[8] 廖涛, 杨玉平, 何建军, 等. GSM 和 2-MIB 在斑马鱼体内的富集及暂养效果研究[J]. 湖北农业科学, 2016, 55(16): 4272-4275.

[9] 史芳天，齐飞，徐冰冰，等. 我国典型城市冬季龙头水中卤代酚类嗅味污染特征[J]. 环境科学研究，2012, 25(11): 1257-1264.

[10] 杨舒, 吴梦怡, 王慕, 等. 太湖某饮用水厂嗅味物质迁移特征解析[J]. 中国给水排水, 2021, 37(1): 57-63.

[11] 卢泳珊，徐斌，张天阳，等. 饮用水中嗅味物质 N-氯代亚胺的分布规律研究[J]. 给水排水，2020, 46(12): 19-24.

[12] Zhu J, Stuetz R, Hamilton L, et al. Management of biogenic taste and odour: From source water, through treatment processes and distribution systems, to consumers[J]. Journal of Environmental Management, 2022, 323, 116225.

[13] Ma C, Zuo X T, Shi W X, et al. Adsorption of 2-methylisoborneol and geosmin from water onto thermally modified attapulgite[J]. Desalination and Water Treatment, 2014, 52, 4-6.

[14] Yong G W F, Horth H, Crane R, et al. Taste and odor threshold concentrations of potential potable water contaminants[J]. Water Research, 1996, 30(2): 331-340.

[15] Nakajima M, Ogura T, Kusama Y, et al. Inhibitory effects of odor substances, geosmin and 2-methylisoborneol, on early development of sea urchins [J]. Water Research, 1996, 30(10): 2508-2511.

[16] 王锐, 陈华军, 靳朝喜, 等. 冬季水库水源中 MIB 和土嗅素的产生与降解机理[J]. 中国环境科学, 2014, 34(4): 896-903.

[17] 马念念, 罗国芝, 谭洪新, 等. 枯草芽孢杆菌对土臭素和 2-甲基异冰片的降解动力学特性[J]. 环境科学, 2015, 36(4): 1379-1384.

[18] Yang B, Wang W. Treatment and technology of domestic sewage for improvement of rural environment in China[J]. Journal of King Saud University - Science, 2022, 34(7): 102181.

[19] 张悦, 段华平, 孙爱伶, 等. 江苏省农村生活污水处理技术模式及其氮磷处理效果研究[J]. 农业环境科学学报, 2013, 32(1): 172-178.

[20] 胡容华, 谢蓉蓉, 李家兵, 等. 水口水库 2015～2019 年水质污染变化特征及 PMF 溯源解析[J]. 环境科学学报, 2022, 42(12): 136-146.

[21] 中华人民共和国环境保护部. 2016 年中国环境状况公报[EB/OL]. (2017-06-05)[2023-08-10]. https://www.mee.gov.cn/gkml/sthjbgw/qt/201706/t20170605_415442.htm.

[22] 杜洋. 农村水污染问题现状的研究及解决对策的探讨[J]. 黑龙江环境通报, 2019, 43(4): 90-91.

[23] 陈苏春, 胡静博, 肖梦华, 等. 农村生活再生水灌溉调控对稻田养分的影响[J]. 排灌机械工程学报, 2022, 40(4): 411-418.

[24] 高永霞, 宋玉芝, 于江华, 等. 环太湖不同性质河流水体磷的时空分布特征[J]. 环境科学, 2016, 37(4): 1404-1412.

[25] Tong X, Mohapatra S, Zhang J, et al. Source, fate, transport and modelling of selected emerging contaminants in the aquatic environment: Current status and future perspectives[J]. Water Research, 2022, 217: 118418.

[26] Hansen P D. Risk assessment of emerging contaminants in aquatic systems[J]. Trends in Analytical Chemistry, 2007, 26(11): 1095-1099.

[27] 黄苑, 张维, 王瑞国, 等. 双酚类化合物污染现状和内分泌干扰效应研究进展[J]. 生态毒理学报, 2022, 17(1): 60-81.

[28] 赵飞, 杨艳羽, 汝少国, 等. 内分泌干扰物对鱼类跨世代毒性效应及机制的研究进展[J]. 生态毒理学报, 2022, 17(4): 1-16.

[29] 王淑婷, 饶竹, 郭峰, 等. 无锡-常州地下水中内分泌干扰物的赋存特征和健康风险评价[J]. 环境科学, 2021, 42(1): 166-174.

[30] Shi W X, Wang L Z, Rousseau D P L, et al. Removal of estrone, 17α-ethinylestradiol, and 17β-estradiol in algae and duckweed-based wastewater treatment systems[J]. Environmental Science and Pollution Research, 2010, 17, 824-833.

[31] 刘晓珍, 卢培泉, 李福香, 等. 壬基酚异构体NP42对小鼠RAW264. 7巨噬细胞的损伤作用[J]. 中国食品学报, 2022, 22(10): 58-65.

[32] 丁子媛, 王思婕, 李铁铮, 等. 双酚 A 水环境分布特征及其对水生生物的毒性效应[J]. 现代农业科技, 2022, 830(24): 125-128.

[33] 侯炳江, 沈吉敏, 王永强, 等. 激素类物质在松花江哈尔滨段的分布规律研究[J]. 给水排水, 2017, 53(7): 49-54.

[34] Tekerlekopoulou A G, Vayenas D V. Ammonia iron and manganese removal from potable water using trickling filters[J]. Desalination, 2007, 210(1-3): 225-235.

[35] 李圭白, 刘超. 地下水除铁除锰[M]. 北京: 中国建筑工业出版社, 1989.

[36] 张杰, 李冬, 杨宏, 等. 生物固锰除锰机理与工程技术[M]. 北京: 中国建筑工业出版社, 2005.

[37] 杜洪涛. SM 滤料工艺性能优化试验研究[D]. 北京: 北京科技大学, 2007.

[38] Mondal P, Majumder C B, Mohanty B. Effects of adsorbent dose, its particle size and initial arsenic concentration on the removal of arsenic, iron and manganese from simulated ground water by Fe^{3+} impregnated activated carbon[J]. Journal of Hazardous Materials, 2008, 150: 695-702.

[39] Doušová B, Lhotka M, Grygar T, et al. In situ co-adsorption of arsenic and iron/manganese ions on raw clays[J]. Applied Clay Science, 2011, 54: 166-171.

[40] 曾辉平. 含高浓度铁锰及氨氮的地下水生物净化效能与工程应用研究[D]. 哈尔滨: 哈尔滨工业大学, 2010.

[41] 周婕, 杨开, 王弘宇. 强化混凝-电气浮过滤处理低浊高色地下水[J]. 哈尔滨工业大学学报, 2009, 41(10): 138-141.

[42] Goher M E, Hassan A M, Abdel-Moniem I A. Removal of aluminum, iron and manganese ions from industrial wastes using granular activated carbon and Amberlite IR-120H[J]. The Egyptian Journal of Aquatic Research, 2015, 41(2): 155-164.

[43] Li X K, Chu Z R, Liu Y J, et al. Molecular characterization of microbial populations in full-scale biofilters treating iron, manganese and ammonia containing groundwater in Harbin, China[J]. Bioresource Technology, 2013, 147: 234-239.

[44] Yang L, Li X K, Chu Z, et al. Distribution and genetic diversity of the microorganisms in the biofilter for the simultaneous removal of arsenic, iron and manganese from simulated groundwater[J]. Bioresource Technology, 2014, 156: 384-388.

[45] 张盼, 董维红, 张玉玲, 等. 高锰地下水中除锰微生物的筛选与处理条件优化[J]. 中国农村水利水电, 2014, 9, 35-38.

[46] Cai Y A, Li D, Liang Y W. Effective start-up biofiltration method for Fe, Mn, and ammonia removal and bacterial community analysis[J]. Bioresource Technology, 2015, 176: 149-155.

[47] Carmichael M J, Carmichael S K, Santelli C M, et al. Mn(II)-oxidizing bacteria are abundant and environmentally relevant members of ferromanganese deposits in caves of the upper Tennessee River Basin[J]. Geomicrobiology Journal, 2013, 30(9): 779-800.

[48] 廖水娇, 王革娇. 锰氧化菌及其生物锰氧化物在环境污染修复中的应用研究进展[J]. 华中农业大学学报, 2013, 32(5): 9-14.

[49] 程群星, 张璐, 许旭萍. 去除铁锰离子微生物活性滤料的研制[J]. 水处理技术, 2013, 39(6): 29-33.

[50] 李冬, 杨宏, 张杰. 首座大型生物除铁除锰水厂的实践[J]. 中国工程科学, 2003, 5(7): 53-57.

[51] 郜玉楠, 傅金, 高国伟, 等. 生物增强技术净化含铁、锰、氨氮微污染地下水[J]. 中国给水排水, 2013, 29(21): 11-14.

[52] Qin S Y, Ma F, Huang P, et al. Fe(II) and Mn(II) removal from drilled well water: A case study from a biological treatment unit in Harbin[J]. Desalination, 2009, 245: 183-193.

[53] 程庆锋, 李冬, 李相昆, 等. 高铁锰氨氮地下水生物净化滤池的快速启动[J]. 哈尔滨工业大学学报, 2013, 45(8): 23-27.

[54] 赵焱, 李冬, 李相昆, 等. 高效生物除铁除锰工程菌 MSB-4 的特性研究[J]. 中国给水排水, 2009, 25(1): 40-44.

[55] 李冬. 生物固锰机理与工程技术[M]. 北京: 中国建筑工业出版社, 2005.

[56] 李冬. 除铁除锰生物滤层最优化厚度的研究[J]. 中国给水排水, 2007, (13): 94-97.

[57] Stembal T, Markic M, Briski F, et al. Rapid start-up of biofilters for removal of ammonium, iron and manganese from groundwater[J]. Journal of Water Supply Research and Technology-Aqua, 2004, 53(7): 509-518.

[58] 赵海华, 刘林斌. 生物法去除地下水铁锰的影响因素研究[J]. 工程建设与设计, 2013(3): 128-130.

[59] Kang X R, Liu Y L. Microbial community analysis in bio-filter bed of iron and manganese removal treating high iron, manganese and ammonia nitrogen groundwater[J]. Advanced Materials Research, 2013, 777: 238-241.

[60] 曾辉平, 李冬, 高源涛, 等. 生物除铁除锰滤层的溶解氧需求及消耗规律研究[J]. 中国给水排水, 2009, 25(21): 37-40.

[61] 李灿波. 溶解氧对含氨氮地下水生物除铁除锰效果的影响[J]. 供水技术, 2009, 3(3): 16-18.

[62] Hoyland V W, Knocke W R, Falkinham J O, et al. Effect of drinking water treatment process parameters on biological removal of manganese from surface water[J]. Water Research, 2014, 66: 31-39.

[63] 汪洋, 黄廷林, 文刚. 地下水中氨氮、铁、锰的同步去除及其相互作用[J]. 中国给水排水, 2014, 30(19): 34-35, 39.

[64] 李灿波. 溶解氧对含氨氮地下水生物除铁除锰效果的影响[J]. 供水技术, 2009, 3(3): 16-18.

[65] 程庆锋, 李冬, 李相昆, 等. 反冲洗周期对生物除锰滤池去除效果的影响[J]. 环境工程学报, 2014, 8(1): 72-76.

[66] 李冬, 路健, 梁雨雯. 低温生物除铁除锰工艺快速启动与滤速的探求[J]. 中国环境科学, 2016, 36(1): 82-86.

[67] 张杰, 梅宁, 刘孟浩, 等. 滤速与水质对低温含铁锰氨地下水中氨去除的影响[J]. 环境科学, 2020, 41(3): 1236-1245.

[68] 杨宏, 熊晓丽, 段晓东, 等. 贫营养条件下生物除铁除锰滤池生态稳定性研究[J]. 环境科学, 2010, 31(1): 99-103.

[69] Suzuki I, Sahabi D M, Takeda M. Bacterial diversity and mechanism of drinking water treatment using bio-filtration for removal of iron and manganese from ground water[J]. Journal of Bioscience and Bioengineering, 2009(108): S90.

[70] Hu P Y, Hsieh Y H, Chen J C, et al. Characteristics of manganese-coated sand using SEM and EDAX analysis[J]. Journal of Colloid and Interface Science, 2004, 272: 308-313.

[71] Stumm W, Morgan J J. Aquatic chemistry, chemical equilibria and rates in natural waters[M]. 3rd ed. New York: John Wiley & Sons, Inc. 1996: 464-467.

[72] Anschutz P, Dedieu K, Desmzes F, et al. Speciation, oxidation state, and reactivity of particulate manganese in marine sediments[J]. Chemical Geology, 2005, 218: 265-279.

[73] Cui H J, Qiu G H, Feng X H, et al. Birnessites with different average manganese oxidation states synthesized, characterized, and transformed to todorokite at atmospheric pressure[J]. Clay and Clay Minerals, 2009, 57(6): 715-724.

[74] Graveland A. Removal of manganese from groundwater[D]. Netherlands: Technical University Delft, 1971.

[75] Graveland A, Heertjes P M. Removal of manganese from groundwater by heterogeneous autocatalytic oxidation[J]. Transactions of the Institution of Chemical Engineers, 1975, 53: 154-164.

[76] 国家发展和改革委员会. 2005～2006 年农村饮水安全应急工程规划[Z]. 北京: 国家发展和改革委员会, 2005.

[77] Li J K, Shen B, Dong W, et al. Water contamination characteristics of a resprentative urban river in northwest China[J]. Fresenius Environmental Bulletin, 2014, 23: 239-253.

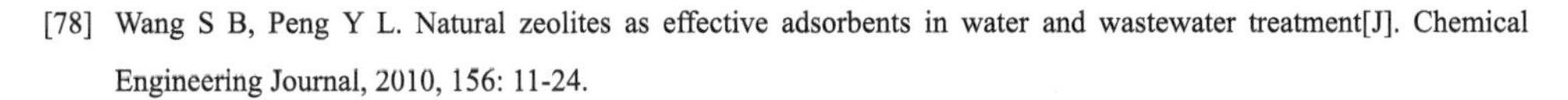

[78] Wang S B, Peng Y L. Natural zeolites as effective adsorbents in water and wastewater treatment[J]. Chemical Engineering Journal, 2010, 156: 11-24.

[79] Choi H J, Lee S M, Choi C H, et al. Influence of the wastewater composition on denitrification and biological P-removal in the S-DN-P-process: (c)dissolved and undissolved substrates[J]. Journal of Environmental Sciences. 2009, 21: 1071-1079.

[80] Ersahin M E, Ozgun H, Dereli R K, et al. A review on dynamic membrane filtration: Materials applications and future perspectives[J]. Bioresource Technology, 2012, 122: 196-206.

[81] 史嘉璐, 龙超, 李爱民. 饮用水源水中致嗅物质去除技术研究进展[J]. 环境科学与技术, 2012, 35(3): 122-126.

[82] 张童, 杨舒, 孟向军, 等. 不同氧化剂对铜绿微囊藻及其嗅味物质氧化作用研究[J]. 给水排水, 2022, 58(12): 18-26.

[83] 田家宇, 金圣超, 韩正双, 等. $NaHSO_3$活化$KMnO_4$氧化去除水中嗅味物质的优化控制[J]. 工业水处理, 2022, 42(9): 64-71.

[84] 陈如勇, 徐华明, 王益军, 等. 基于强化去除水厂嗅味物质的炭砂滤池升级改造[J]. 净水技术, 2022, 41(S2): 13-22.

[85] Han Y P, Wang Y, Chai F G, et al. Biofilters for the co-treatment of volatile organic compounds and odors in a domestic waste landfill site[J]. Journal of Cleaner Production, 2020, 277: 124012.

[86] Rybarczyk P, Szulczyński B, Gębicki J, et al. Treatment of malodorous air in biotrickling filters: A review[J]. Biochemical Engineering Journal, 2019, 141, 146-162.

[87] Ruiz-Muñoz A, Siles J A, Márquez P, et al. Odor emission assessment of different WWTPs with extended aeration activated sludge and rotating biological contactor technologies in the province of Cordoba(Spain)[J]. Journal of Environmental Management, 2023, 326, Part A: 116741.

[88] 徐斌, 周晓阳, 卢泳珊, 等. 活性炭对卤代苯甲醚类嗅味物质的吸附特性[J]. 同济大学学报(自然科学版), 2021, 49(9): 1211-1217, 1208.

[89] 贲岳, 陈忠林, 徐贞贞, 等. 聚氨酯固定高效优势耐冷菌处理低温生活污水[J]. 哈尔滨工业大学学报, 2009, 41(2): 76-80.

[90] 吴树彪, 董仁杰, 翟旭, 等. 组合家庭人工湿地系统处理北方农村生活污水[J]. 农业工程学报, 2009, 25(11): 282-287.

[91] 吴迪, 高贤彪, 李玉华, 等. 两级回流生物膜工艺处理农村生活污水效果[J]. 农业工程学报, 2013, 29(1): 218-224.

[92] 汪泽锋, 操家顺, 王超越, 等. 农村生活污水处理技术与模式研究情况[J]. 应用化工, 2022, 51(9): 2669-2674, 2680.

[93] 郑效旭, 李慧莉, 徐圣君, 等. SBR串联生物强化稳定塘处理养猪废水工艺优化[J]. 环境工程学报, 2020, 14(6): 1503-1511.

[94] 刘洪喜. 农村生活污水处理技术的探讨[J]. 污染防治技术, 2009, 22(3): 30-31, 78.

[95] 张巍, 路冰, 刘峥, 等. 北方地区农村生活污水生态稳定塘处理示范工程设计[J]. 中国给水排水, 2018, 34(6): 49-52.

[96] Alvarado A, Vedantam S, Goethals P, et al. A compartmental model to describe hydraulics in a full-scale waste stabilization pond[J]. Water Research, 2010, 46(2): 521-530.

[97] 胡坚, 陈天宇. 稳定塘工艺深度处理污水厂二级出水的研究[J]. 中国给水排水, 2012, 28(1): 19-21.

[98] 赵冀平, 张智, 陈杰云, 等. 低温下稳定塘系统对二级出水的处理效果[J]. 中国给水排水, 2012, 28(7): 9-11, 16.

[99] Forbes D A, Reddy G, Hunt P G, et al. Comparison of aerated marsh-pond marsh and continuous marsh constructed wetlands for treating swine wastewater[J]. Journal of Environmental Science and Health Part A, 2010, 45(7): 803-809.

[100] 万喜萍, 谭益民, 周跃云, 等. 农村生活污水生态强化处理技术研究进展[J]. 农业灾害研究, 2022, 12(12): 118-120.

[101] 陈翰, 马放, 李昂, 等. 低温条件下污水生物脱氮处理研究进展[J]. 中国给水排水, 2016, 32(8): 37-43.

[102] 王子月, 王亚炜, 张长平, 等. 厌氧塘处理畜禽养殖废水的研究进展[J]. 环境保护科学, 2018, 44(6): 67-74.

[103] 朱乐辉, 孙娟, 龚良启, 等. 升流厌氧污泥床/生物滴滤池/兼性塘处理养猪废水[J]. 水处理技术, 2010, 36(7): 126-128.

[104] 杨月姣, 刘昱洁, 陈小弯, 等. 曝气时长对中试曝气塘-浮萍塘联合系统中污染物去除的影响[J]. 环境工程学报, 2021, 15(6): 2133-2142.

[105] Rice J, Westerhoff P. High levels of endocrine pollutants in US streams during low flow due to insufficient wastewater dilution[J]. Nature Geoscience, 2017, 10, 587-591.

[106] 王凌云, 张锡辉, 宋乾武. 重污染型河水中典型内分泌干扰物的臭氧氧化去除研究[J]. 环境科学, 2011, 32(5): 1357-1363.

[107] 许锴, 刘康乐, 彭思伟, 等. 水中内分泌干扰物(EDCs)去除技术研究进展[J]. 应用化工, 2020, 49(5): 1251-1255.

[108] Braga O, Smythe G A, Schäfer, A I, et al. Fate of steroid estrogens in australian inland and coastal wastewater treatment plants[J]. Environmental Science & Technology, 2005, 39(9): 3351-3358.

[109] Andersen H R, Hansen M, Kjølholt J, et al. Assessment of the importance of sorption for steroid estrogens removal during activated sludge treatment[J]. Chemosphere, 2005, 61(1): 139-146.

[110] Kresinova Z, Linhartova L, Filipova A, et al. Biodegradation of endocrine disruptors in urban wastewater using *Pleurotus ostreatus* bioreactor[J]. New Biotechnology, 2018, 43, 53-61.

[111] Janeczko A, Skoczowski A. Mammalian sex hormones in plants[J]. Folia Histochemica et cytobiologica, 2005, 43(2): 71-79.

[112] Dalu J M, Ndamba J. Duckweed based wastewater stabilization ponds for wastewater treatment(a low cost technology for small urban areas in Zimbabwe)[J]. Physics and Chemistry of the Earth, 2003, 28: 1147-1160.

[113] 陈婷婷. 稻壳灰及改性稻壳灰吸附性能研究[D]. 南京: 南京理工大学, 2013.

[114] Georgizeva V G, Tavlieva M P, Genieva S D, et al. Adsorption kinetics of Cr(VI) ions from aqueous solutions onto black rice husk ash[J]. Journal of Molecular Liquids, 2015, 208: 219-226.

[115] Xu X Y, Cao X D, Zhao L. Comparison of rice husk- and dairy manure-derived biochars for simultaneously removing heavy metals from aqueous solutions: Role of mineral components in biochars[J]. Chemosphere, 2013, 92: 955-961.

[116] Önal M, Sarıkaya Y. Some physicochemical properties of a clay containing smectite and palygorskite[J]. Applied Clay Science, 2009, 44(1-2): 161-165.

[117] Shuali U, Nir S, Rytwo G. Chapter 15-Adsorption of surfactants, dyes and modelling[J]. Developments in Clay Science, 2011, 3: 351-374.

[118] Wang M S, Liao L B, Zhang X L, et al. Adsorption of low concentration humic acid from water by palygorskite[J]. Applied Clay Science, 2011, 67-68: 164-168.

[119] Wang J H, Han X J, Ma H G, et al. Adsorptive removal of humic acid from aqueous solution on polyaniline/attapulgite composite[J]. Chemical Engineering Journal, 2011, 173(1): 171-177.

[120] 杨慧, 宁海丽, 裴亮. 凹凸棒土的氨氮吸附性能研究[J]. 环境工程学报, 2011, 5(2): 343-346.

[121] 张秀丽, 王明珊, 廖立兵. 凹凸棒石吸附地下水中氨氮的实验研究[J]. 非金属矿, 2011, 33(6): 64- 67.

[122] Boehm H P. Surface oxides on carbon and their analysis: A critical assessment[J]. Carbon, 2002, 40(2): 145-149.

[123] 魏复盛. 水和废水监测分析方法[M]. 4 版. 北京: 中国环境科学出版社, 2002: 390-394.

[124] Yi X S, Shi W X, Wang Y, et al. Isotherm and kinetic behavior of adsorption of anion polyacrylamide(APAM) from aqueous solution using two kinds of PVDF UF membranes[J]. Journal of Hazardous Materials, 2011, 189(1-2): 459-501.

[125] 王静, 雷宏杰, 岳珍珍, 等. 大孔树脂对红枣汁中棒曲霉素的吸附动力学[J]. 农业工程学报, 2015, 31(23): 285-291.

[126] 袁亚宏, 蔡露阳, 岳田利, 等. 磁性壳聚糖微球吸附苹果渣多酚的动力学及热力学分析[J]. 农业工程学报, 2012, 28(16): 264-269.

[127] Chu K H. Fixed bed sorption: Setting the record straight on the Bohart-Adams and Thomas models[J]. Journal of Hazardous Materials, 2010, 177(1-3): 1006-1012.

[128] Wang D, Chen N, Yu Y, et al. Investigation on the adsorption of phosphorus by Fe-loaded ceramic adsorbent[J]. Journal of Colloid and Interface Science, 2016, 464: 277-284.

[129] Jia J B, Zhang P Y, Chen L. Catalytic decomposition of gaseous ozone over manganese dioxides with different crystal structures[J]. Applied Catalysis B: Environmental, 2016, 189: 210-218.

[130] Sokolová R, Tarábek J, Papoušková B, et al. Oxidation of the flavonolignan silybin. In situ EPR evidence of the spin-trapped silybin radical[J]. Electrochimica Acta, 2016, 205: 118-123.

[131] Nguyen L N, Hai F I, Kang J, et al. Removal of trace organic contaminants by a membrane bioreactor-granular activated carbon(MBR-GAC) system[J]. Bioresource Technology, 2012, 113: 169-173.

[132] Fallah N, Bonakdarpour B, Nasernejad B, et al. Long-term operation of submerged membrane bioreactor(MBR) for the treatment of synthetic wastewater containing styrene as volatile organic compound(VOC): Effect of hydraulic retention time(HRT)[J]. Journal of Hazardous Materials, 2010, 178(1-3): 718-724.

[133] 陈永玲. MBR 及其组合工艺处理微污染地表水的试验研究[D]. 天津: 天津大学, 2006.

[134] 王建龙, 吴立波, 齐星, 等. 用氧吸收速率(OUR)表征活性污泥硝化活性的研究[J]. 环境科学学报, 1999, 19(3): 225-229.

[135] Sari A, Tuzen M, Soylak M. Adsorption of Pb(II) and Cr(III) from aqueous solution on Celtek clay[J]. Journal of Hazardous Materials, 2007, 144: 41-46.

[136] Wasay S A, Haron M J, Uchiumi A, et al. Removal of arsenite and arsenate ions from aqueous solution by basic yttrium carbonate[J]. Water Research, 1996, 30: 1143-1148.

[137] Ho Y S, McKay G. The kinetics of sorption of divalent metal ions onto sphagnum moss peat[J]. Water Research, 2000, 34, 735-742.

[138] 徐斌, 周晓阳, 卢泳珊, 等. 活性炭对卤代苯甲醚类嗅味物质的吸附特性[J]. 同济大学学报(自然科学版), 2021, 49(9): 1211-1217, 1208.

[139] 李一兵, 方华, 韩正双, 等. 活性炭指标对吸附去除 2-MIB 和土臭素效能的影响[J]. 工业水处理, 2021, 41(10): 91-96.

[140] Bulut E, Ozacar M, Sengil I A. Adsorption of malachite green onto bentonite: Equilibrium and kinetic studies and process design[J]. Microporous and Mesoporous Materials, 2008, 115(3): 234-246.

[141] Bulut E, Ozacar M, Sengil I A. Equilibrium and kinetic data and process design for adsorption of congo red onto bentonite[J]. Journal of Hazardous Materials, 2008, 154(1-3): 613-622.

[142] Zhu L D, Hiltunen E, Shu Q, et al. Biodiesel production from algae cultivated in winter with artificial wastewater through pH regulation by acetic acid[J]. Applied Energy, 2014, 128: 103-110.

[143] van der Steen P, Brenner A, van Buuren J. Post-treatment of UASB reactor effluent in an integrated duckweed and stabilization pond system[J]. Water Research, 1999, 33(3): 615-620.

[144] Körner S, Vermaatb J E, Veenstrac S. The capacity of duckweed to treat wastewater[J]. Journal of Environmental Quality, 2003, 32(5): 1583-1590.

[145] Riemer D N. Duckweed aquaculture: A new aquatic farming system for developing countries[J]. Soil Science, 1994, 157(3): 200-201.

[146] Farre M, Brix R, Kuster M, et al. Evaluation of commercial immunoassays for the detection of estrogens in water by comparison with high-performance liquid chromatography tandem mass spectrometry HPLC-MS/MS(QqQ)[J]. Analytical & Bioanalytical Chemistry, 2006, 385(6): 1001-1011.

[147] Goda Y, Kobayashi A, Fujimoto S, et al. Development of enzyme-linked immunosorbent assay for detection of alkylphenol polyethoxylates and their biodegradation products[J]. Water Research, 2004, 38(20): 4323-4330.

[148] Hintemann T, Schneider C, Scholer H F, et al. Field study using two immunoassays for the determination of estradiol and ethinylestradiol in the aquatic environment[J]. Water Research, 2006, 40(12): 2287-2294.

[149] Hirobe M, Goda Y, Okayasu Y, et al. The use of enzyme-linked immunosorbent assays(ELISA) for the determination of pollutants in environmental and industrial wastes[J]. Water Science Technology, 2006, 54(11-12): 1-9.

[150] Huang C H, Sedlak D L. Analysis of estrogenic hormones in municipal wastewater effluent and surface water using enzyme-linked immunosorbent assay and gas chromatography/tandem mass spectrometry[J]. Environmental Toxicology and Chemistry, 2001, 20(1): 133-139.

[151] Suzuki Y, Maruyama T. Fate of natural estrogens in batch mixing experiments using municipal sewage and activated sludge [J]. Water Research, 2006, 40(5): 1061-1069.

[152] Nair D G, Fraaij A, Klaassen A A K, et al. A structural investigation relating to the pozzolanic activity of rice husk ashes[J]. Cement and Concrete Research, 2008, 38(6): 861-869.

[153] 陈应泉，王贤华，钱柯贞，等. 热解和灼烧温度对稻壳灰特性的影响[J]. 华中科技大学学报，2011，39(5): 123-127.

[154] 肖益群，刘文娟，周彦同，等. 有机改性蛭石吸附U(VI)的行为及机理研究[J]. 原子能科学技术，2014, 48(12): 2787-2194.

[155] García-Mendieta A, Olguín M, Solache-Ríos M. Biosorption properties of green tomato husk (*Physalis philadelphica* Lam.) for iron, manganese and iron-manganese from aqueous systems[J]. Desalination, 2012, 284: 167-174.

[156] Masoud M S, El-Saraf W M, Abdel-Halim A M, et al. Rice husk and activated carbon for waste water treatment of El-Mex Bay, Alexandria Coast, Egypt[J]. Arabian Journal of Chemistry, 2012, 4: 1-7.

[157] Tavlieva M P, Genieva S D, Georgieva V G, et al. Thermodynamics and kinetics of the removal of manganese(II) ions from aqueous solutions by white rice husk ash[J]. Journal of Molecular Liquids, 2015, 211: 938-947.

[158] Funes A, Vicente J, Cruz-Pizarro L, et al. The influence of pH on manganese removal by magnetic microparticles in solution[J]. Water Research, 2014, 53: 110-122.

[159] Goher M E, Hassan A M, Abdel-Moniem I A, et al. Removal of aluminum, iron and manganese ions from industrial wastes using granular activated carbon and Amberlite IR-120H[J]. Egyptian Journal of Aquatic Research, 2015, 46(2): 155-164.

[160] 杨军, 张玉龙, 杨丹, 等. 稻秸对 Pb^{2+}的吸附特性[J]. 环境科学研究, 2012, 25(7): 815-819.

[161] Kan C, Aganon M C, Futalan M C, et al. Adsorption of Mn^{2+} from aqueous solution using Fe and Mn oxide-coated sand[J]. Journal of Environmental Sciences, 2013, 25(7): 1483-1491.

[162] Krishnani K K, Meng X, Christodoulatos C, et al. Biosorption mechanism of nine different heavy metals onto biomatrix from rice husk[J]. Journal of Hazardous Materials, 2008, 153(3): 1222-1234.

[163] Guzel F, Yakut H, Topal G. Determination of kinetic and equilibrium parameters of the batch adsorption of Mn(Ⅱ), Co(Ⅱ), Ni(Ⅱ) and Cu(Ⅱ) from aqueous solution by black carrot(*Daucus carota* L.)residues[J]. Journal of Hazardous Materials, 2008, 153: 1275-1287.

[164] Jusoh A, Cheng W H, Low W M, et al. Study on the removal of iron and manganese in groundwater by granular activated carbon[J]. Desalination, 2005, 182(1-3): 347-353.

[165] Mohan D, Chander S. Removal and recovery of metal ions from acid mine drainage using lignite: A low cost sorbent[J]. Journal of Hazardous Materials, 2006, B137(3): 1545-1553.

[166] Mall I D, Srivastava V C, Agarwal N K. Removal of orange-G and methyl violet dyes by adsorption onto bagasse fly ash-kinetic study and equilibrium isotherm analyses[J]. Dyes and Pigments, 2006, 69(3): 210-223.

[167] 刘斌, 顾洁, 邱盼, 等. 稻壳活性炭对水中染料的吸附特性及其回收利用[J]. 环境科学学报, 2014, 34(9): 2256-2264.

[168] Zhang G, Shi L, Zhang Y F, et al. Aerobic granular sludge-derived activated carbon: Mineral acid modification and superior dye adsorption capacity[J]. RSC Advances, 2015, 5(32): 25279-25286.

[169] Ferreiro E A, de Bussetti S G. Thermodynamic parameters of adsorption of 1,10-phenantroline and 2,2'-bipyridylon hematite, kaolinite and montmorillonites[J]. Colloids and Surfaces A: Physicochemical and Engineering Aspects, 2007, 301(1-3): 117-128.

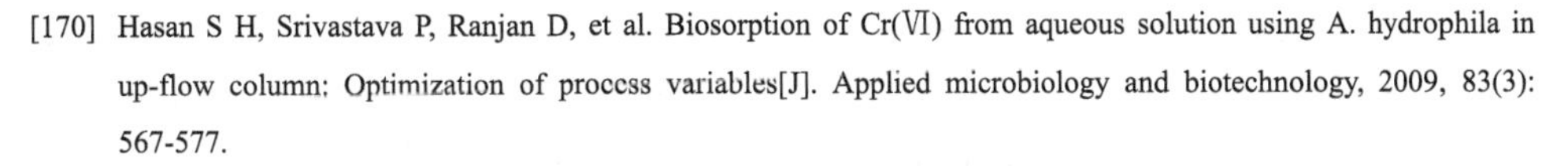

[170] Hasan S H, Srivastava P, Ranjan D, et al. Biosorption of Cr(Ⅵ) from aqueous solution using A. hydrophila in up-flow column: Optimization of process variables[J]. Applied microbiology and biotechnology, 2009, 83(3): 567-577.

[171] Maiti S K, Bera D, Chattopadhyay P, et al. Determination of kinetic parameters in the biosorption of Cr(VI) on immobilized Bacillus cereus M 161 in a continuous packed bed column reactor[J]. Applied Biochemistry and Biotechnology, 2009, 159: 488-504.

[172] Naja G, Volesky B. Optimization of a biosorption column performance[J]. Environmental Science & Technology, 2008, 42(15): 5622-5629.

[173] Fu J X, Shang J, Zhao Y H. Simultaneous removal of iron, manganese and ammonia from groundwater in single biofilter layer using BAF[J]. Advanced Materials Research, 2011, 183: 442-446.

[174] Phatai P, Wittayakun J, Chen W H, et al. Removal of manganese(Ⅱ) and iron(Ⅱ) from synthetic groundwater using potassium permanganate [J]. Desalination and Water Treatment, 2014, 52(31-33): 5942-5951.

[175] Dimitrakos M G, Martinez N J, Vayenas D V, et al. Removal of iron from potable water using a trickling filter[J]. Water Research, 2007, 31(5): 991-996.

[176] 董乐恒, 王旭刚, 陈曼佳, 等. 光照和避光条件下石灰性水稻土 Fe 氧化还原与 Cu 活性关系研究[J]. 生态环境学报, 2022, 31(7): 1448-1455.

[177] 杨柳. 生物滤池同步去除地下水中铁、锰、砷的工艺及机理研究[D]. 哈尔滨: 哈尔滨工业大学, 2014: 39-40.

[178] Pacini V A, Ingallinella A M, Sanguinetti G. Removal of iron and manganese using biological roughing upflow filtration technology[J]. Water Research, 2005, 39: 4463-4475.

[179] Nakbanpote W, Goodman B A, Thiravetyan P. Copper adsorption on rice husk derived materials studied by EPR and FTIR[J]. Colloids and Surfaces A: Physicochemical and Engineering Aspects, 2007, 304(1-3): 7-13.

[180] 翁诗甫. 傅里叶变换红外光谱分析[M]. 北京: 化学工业出版社, 2010.

[181] Burg P, Fydrych P, Cagniant D, et al. The characterization of nitrogen-enriched activated carbons by IR, XPS and LSER methods[J]. Carbon, 2002, 40(9): 1521-1531.

[182] Sogaard E G, Aruna R, Abraham-Peskir J, et al. Conditions for biological precipitation of iron by Gallionella ferruginea in a slightly polluted ground water[J]. Applied Geochemistry, 2001, 16(9): 1129-1137.

[183] Katsoyiannis I A, Zouboulis A I. Biological treatment of Mn(Ⅱ) and Fe(Ⅱ) containing groundwater: Kinetic considerations and product characterization[J]. Water Research, 2004, 38: 1922-1932.

[184] Ma S B, Ahn K Y, Lee E S, et al. Synthesis and characterization of manganese dioxide spontaneously coated on carbon nanotubes[J]. Carbon, 2007, 45: 375-382.

[185] Kim S S, Bargar J R, Nealson K H, et al. Searching for biosignatures using electron paramagnetic resonance(EPR) analysis of manganese oxides[J]. Astrobiology, 2011, 11(8): 775-786.

[186] Post J. Manganese oxide minerals: Crystal structures and economic and environmental significance[J]. Proceedings of the National Academy of Sciences of the United States of America. 1999, 96: 3447-3454.

[187] Sujith P P, Mourya B S, Krishnamurthi S, et al. Mobilization of manganese by basalt associated Mn(Ⅱ)-oxidizing bacteria from the Indian Ridge System[J]. Chemosphere, 2014, 95: 486-495.

[188] 严晓菊. PAC-MF 组合工艺处理微污染水源水的技术研究[D]. 哈尔滨: 哈尔滨工业大学, 2006, 32-36.

[189] Shi W X, Duan Y S, Yi X S, et al. Biological removal of nitrogen by a membrane bioreactor-attapulgite clay system in treating polluted water[J]. Desalination, 2013, 317: 41-47.

[190] Tadkaew N, Hai F I, McDonald J A, et al. Removal of trace organics by MBR treatment: The role of molecular properties[J]. Water Research, 2011, 45(8): 2439-2451.

[191] Yu Z, Peldszus S, Huck P M. Adsorption characteristics of selected pharmaceuticals and an endocrine disrupting compound naproxen, carbamazepine and nonylphenol on activated carbon[J]. Water Research, 2008, 42(12): 2873-2882.

[192] Third K A, Burnett N, Cord-Ruwisch R. Simultaneous nitrification and denitrification using stored substrate(PHB) as the electron donor in a SBR[J]. Biotechnology and Bioengineering, 2003, 83(6): 706-720.

[193] Gunder B, Krauth K. Replacement of secondary clarification by membrane separation-results with tubular, plate and hollow fibermodules[J]. Water science and technology, 1999, 40(4-5): 311-320.

[194] 孙楠. 改性凹凸棒土处理低温高色高氨氮水源水研究[D]. 哈尔滨: 哈尔滨工业大学, 2013.

[195] Seo G, Takizawa S, Ohgaki S. Ammonia oxidation at low temperature in a high concentration powdered activated carbon membrane bioreactor[J]. Water Science and Technology: Water Supply, 2002, 2(2): 169-176.

[196] Khan M M T, Kim H S, Katayama H. The effect of particulate material and the loading of bacteria on a high dose PAC-MF System[J]. Water Science and Technology: Water Supply, 2002, 2(5-6): 359-365.

[197] Monclús H, Sipma J, Ferrero G, et al. Optimization of biological nutrient removal in a pilot plant UCT-MBR treating municipal wastewater during start-up[J]. Desalination, 2010, 250(2): 592-597.

[198] Payne W J. Reduction of nitrogenous oxides by microorganisms[J]. Bacteriological Reviews, 1973, 37(4): 409-452.

[199] Mino T, van Loosdrecht M C M, Heijnen J J. Microbiology and biochemistry of the enhanced biological phosphate removal process[J]. Water Research, 1998, 32(11): 3193-3207.

[200] Fu Z M, Yang F L, An Y Y, et al. Simultaneous nitrification and denitrification coupled with phosphorus removal in a modified anoxic/oxic-membrane bioreactor(A/O-MBR)[J]. Biochemical Engineering Journal, 2009, 43(2): 191-196.

[201] Magra Y. The effects of operational factors on solid/liquid separation by ultra-membrane filtration in biological denitrification systems for collected human excreta treatment plant[J]. Water Science and Technology, 1991, 23(12): 1583-1590.

[202] Ahn Y T, Kang S T, Chae S R, et al. Simultaneous high-strength organic and nitrogen removal with combined anaerobic upflow bed filter and aerobic membrane bioreactor[J]. Desalination, 2007, 202(1-3): 114-121.

[203] Farizoglu B, Keskinler B, Yildiz E, et al. Simultaneous removal of C, N, P from cheese whey by jet loop membrane bioreactor(JLMBR)[J]. Journal of Hazardous Materials, 2007, 146(1-2): 399-407.

[204] Meng F, Yang F, Shi B, et al. A comprehensive study on membrane fouling in submerged membrane bioreactors operated under different aeration intensities[J]. Separation and Purification Technology, 2008, 59(1): 91-100.

[205] Bai R, Leow H F. Microfiltration of activated sludge wastewater: The effect of system operation parameters[J]. Separation and Purification Technology, 2002, 29(2): 189-198.

[206] Wilén B M, Jin B, Lant P. The influence of key chemical constituents in activated sludge on surface and flocculating properties[J]. Water Research, 2003, 37(2): 127-139.

[207] Shin H S, Kang S T. Characteristics and fates of soluble microbial products in ceramic membrane bioreactor at various sludge retention times[J]. Water Research, 2003, 37(1): 121-127.

[208] 孙赛玉. MBR 膜污染层胞外多糖性质分析、污染特征及膜污染防治研究[D]. 无锡: 江南大学, 2008.

[209] Sheng G P, Yu H Q. Characterization of extracellular polymeric substances of aerobic and anaerobic sludge using three-dimensional excitation and emission matrix fluorescence spectroscopy[J]. Water Research, 2006, 40(6): 1233-1239.

[210] Qin J J, Oo M H, Tao G H, et al. Feasibility study on petrochemical waste water treatment and reuse using submerged MBR[J]. Journal of Membrane Science, 2007, 293: 161-166.

[211] Chang J S, Chang C Y, Chen A C, et al. Long-term operation of submerged membrane bioreactor for the treatment of high strength acrylonitrile-butadiene-styrene(ABS) wastewater: Effect of hydraulic retention time[J]. Desalination, 2006, 191(1-3): 45-51.

[212] Chae S R, Ahna Y T, Kang S T, et al. Mitigated membrane fouling in a vertical submerged membrane bioreactor(VSMBR)[J]. Journal of Membrane Science, 2006, 280(1-2): 572-581.

[213] Huyskens C, Wever H D, Fovet Y, et al. Screening of novel MBR fouling reducers: Benchmarking with known fouling reducers and evaluation of their mechanism of action[J]. Separation and Purification Technology, 2012, 95: 49-57.

[214] Amamura H, Kimura K, Watanbe Y. Mechanism involved in the evolution of physically irreversible fouling in microfiltration and ultrafiltration membranes used for drinking water treatment[J]. Environmental Science and Technology, 2007, 41(19): 6789-6794.

[215] Seidel A, Elimelech M. Coupling between chemical and physical interactions in natural organic matter(NOM) fouling of nanofiltration membranes: Implication for fouling control[J]. Journal of Medicinal Chemistry, 2002, 203(1-2): 245-255.

[216] You H S, Huang C P, Pan J R, et al. Behavior of membrane scaling during cross flow filtration in the anaerobic MBR system[J]. Separation and Purification Technology, 2006, 41: 1265-1278.

[217] 李中兴，任珺，周怡蕾，等. 酸改性凹凸棒石对土壤 Cu-Zn 的钝化修复[J]. 环境工程学报，2022，16(10): 3381-3391.

[218] 陈崇亮，隗华. 凹凸棒石的改性及其在水处理中的应用[J]. 给水排水, 2009, 45(S2): 296-298.

[219] 袁大英，张红军，潘绪华，等. β-FeOOH 改性凹凸棒土的制备及其对单宁酸吸附性能研究[J]. 化学试剂，2022, 44(8): 1148-1156.

[220] 吴旻，王士龙，谢胜华，等. 热处理凹凸棒土对磷酸镁水泥性能的影响[J]. 非金属矿, 2023, 46(1): 28-31.

[221] Frost R L, Locos O B, Ruan H, et al. Near-infrared and mid-infrared spectroscopic study of sepiolites and paly gorskites[J]. Vibrational Spectroscopy, 2001, 27: 1-13.

[222] Frost R L, Cash G A, Kloprogge J T. “Rocky Mountain leather”, sepiolite and attapulgite: An infrared emission spectroscopic study[J]. Vibrational Spectroscopy, 1998, 16: 173-184.

[223] 毕浩然，张宇，黄玲玲，等. 金属盐改性凹土的制备及催化竹粉制备糠醛和 5-羟甲基糠醛的研究[J]. 现代化工, 2022, 42(10): 108-113.

[224] 褚子豪. 氨基酸诱导原位 SEI 膜的构筑及其在锂金属负极中的应用[D]. 扬州：扬州大学, 2022.

[225] 梁黎明，孟杰，刘经伟，等. MnxCoy /ATP 催化剂的制备及其催化氧化对二甲苯性能研究[J]. 现代化工, 2022, 42(9): 151-154.

[226] 黄健花，刘元法，金青哲，等. 加热影响凹凸棒土结构的光谱分析[J]. 光谱学与光谱分析，2007，27(2): 408-410.

[227] 杜娟，黄卓楠. 有机改性凹凸棒土/水基聚氨酯复合乳液的制备与性能[J]. 涂料工业, 2017, 47(10): 12-17.

[228] Huang J, Shao K, Sun J X, et al. Green synthesis of sorbus pohuashanensis/aronia melanocarpa extracts functionalized ZnO nanoclusters and their applications[J]. Materials Research Express, 2022, 9(5): 055005.

[229] 黄浩. 鲍鱼壳功能羟基磷灰石微球的制备及鲍鱼壳有机无机质应用探究[D]. 福州：福州大学, 2020.

[230] 史建设. 凹凸棒石表面改性及其在尼龙中的应用[D]. 南京：南京理工大学, 2010.

[231] 代伟伟，刘义新. 安徽明光凹凸棒土盐酸改性前后的矿物学特征及其孔结构[J]. 矿物学报，2005，25(4): 393-398.

[232] 张智宏，张少瑜，刘雪东，等. 不同活化条件对凹凸棒石黏土结构和特性的影响[J]. 精细化工，2010，27(8): 733-737.

[233] Ye H P, Chen F Z, Sheng Y Q, et al. Adsorption of phosphate from aqueous solution onto modified palygorskites[J]. Separation and Purification Technology, 2006, 50: 283-290.

[234] 陈天虎. 苏皖凹凸棒土粘土纳米尺度矿物学及地球化学[D]. 合肥: 合肥工业大学, 2003.

[235] Wang W J, Chen H, Wang A Q. Adsorption characteristics of Cd(Ⅱ) from aqueous solution onto activated palygorskite[J]. Separation and Purification Technology, 2007, 55(2): 157-164.

[236] Barrios M S, González L V F, Rodrí guez M A V, et al. Acid activation of a palygorskite with HCl: Development of physico-chemical, textural and surface properties[J]. Applied Clay Science, 1995, 10: 247-258.

[237] 何佳康, 王保明, 吴冰玉, 等. 凹凸棒土吸附 Pb(Ⅱ)的研究进展[J]. 工业水处理, 2020, 40(8): 11-16.

[238] 李秀玲, 莫焱玲, 关虹, 等. 锆-铈@凹凸棒土复合吸附剂的制备及其除磷性能试验研究[J]. 湿法冶金, 2022, 41(5): 444-451.

[239] 王家宏, 曹瑞华, 郭茹. 聚合氯化铝与凹凸棒土复配改性吸附水体中磷[J]. 水处理技术, 2019, 45(6): 66-69.

[240] 孙楠, 于水利, 吴冬冬, 等. 凹凸棒土对腐殖酸的低温吸附性能研究[J]. 环境工程学报, 2012, 6(2): 398-402.

[241] 彭书传, 王诗生, 陈天虎, 等. 凹凸棒石吸附水溶性染料的热力学研究[J]. 硅酸盐学报, 2005, 8: 1012-1017.

[242] Chang Y, Lü X Q, Zha F, et al. Sorption of p-nitrophenol by anion-cation modified palygorskite[J]. Journal of Hazardous Materials, 2009, 168: 826-831.

[243] Guerra D L, Silva E M, Airoldi C. Application of modified attapulgites as adsorbents for uranyl uptake from aqueous solution-thermodynamic approach[J]. Process Safety and Environmental Protection, 2010, 88: 53-61.

[244] Wang Y S, Zeng L, Ren X F, et al. Removal of Methyl Violet from aqueous solutions using poly(acrylic acid-co-acrylamide)/attapulgite composite[J]. Journal of Environmental Sciences, 2010, 22: 7-14.

[245] 刘曦. 吹脱-凹凸棒土强化高密度沉淀池去除水中异嗅试验研究[D]. 哈尔滨: 哈尔滨工业大学, 2012.

[246] 翠红. 分子筛吸附剂对甲醛分子吸附性能的研究[D]. 大连: 大连理工大学, 2005.

[247] 谷志攀, 阳季春, 张叶, 等. 市政污泥吸附等温线模型和热力学性质[J]. 化工进展, 2022, 41(2): 998-1008.

[248] Ng C, Losso J N, Marshall W E, et al. Freundlich adsorption isotherms of agricultural by-product-based powdered activated carbons in a geosmin-water system[J]. Bioresource Technology, 2002, 85: 131-135.

[249] Yu J W, Yang M, Lin T F, et al. Effects of surface characteristics of activated carbon on the adsorption of 2-methylisobornel(MIB) and geosmin from natural water[J]. Separation and Purification Technology, 2007, 56: 363-370.

[250] Srinivasan R, Sorial G A, Ononye G, et al. Elimination of persistent odorous compounds from drinking water[J]. Water Science and Technology, 2008, 8: 121-127.

[251] 林明利, 赵志伟, 崔福义. 粉末活性炭吸附水中氯苯的动力学研究[J]. 哈尔滨工业大学学报, 2010, 42(12): 1898-1901.

[252] Bellar T A, Lichtenberg J J, Kroner R C. The occurrence of organohalides in chlorinated drinking waters[J]. Journal American Water Works Association, 1974, 66912: 703-707.

[253] Arellano-Cardenas S, Gallardo-Velazquez T, Poumian-Gamboa G V, et al. Sorption of naringin from aqueous solution by modified clay[J]. Clays Clay Miner, 2012, 60: 153-161.

[254] Ioannidou O A, Zabaniotou A A, Stavropoulos G G, et al. Preparation of activated carbons from agricultural residues for pesticide adsorption[J]. Chemosphere, 2010, 80: 1328-1336.

[255] Zhang K J, Gao N Y, Deng Y, et al. Granular activated carbon(GAC) adsorption of two algal odorants, dimethyl trisulfide and b-cyclocitral[J]. Desalination, 2011, 266: 231-237.

[256] Vinitnantharat S, Rattansirisophon W, Ishibashi Y. Modification of granular activated carbon surface by chitosan coating for geosmin removal: Sorption performances[J]. Water Science and Technology, 2007, 55: 145-152.

[257] Traviesoa L, Sáncheza E, Borjaa R, et al. Evaluation of a laboratory-scale stabilization pond for tertiary treatment of distillery waste previously treated by a combined anaerobic filter-aerobic trickling system[J]. Ecological Engineering, 2006, 27(2): 100-108.

[258] 赵文斌, 迟光宇, 陈欣, 等. 低温条件下 MBBR 工艺处理农村厕所废水研究[J]. 水处理技术, 2022, 48(4): 119-123.

[259] 项磊, 杨黎彬, 陈家斌, 等. 碳中和背景下微藻技术对 PPCPs 的污染控制[J]. 净水技术, 2021, 40(11): 6-15, 27.

[260] 诸大宇. 不同曝气压力下 MABR 反应器污染物去除效率研究[J]. 水处理技术, 2023, 49(2): 117-121.

[261] 赵伦楷. 臭氧紫外联合反硝化生物滤池处理城市再生水厂反渗透浓水效能研究[D]. 北京: 北京林业大学, 2018.

[262] Zekker I, Rikmann E, Tenno T, et al. Modification of nitrifying biofilm into nitritating one by combination of increased free ammonia concentrations, lowered HRT and dissolved oxygen concentration[J]. Environmental Sciences, 2011, 23(7): 1113-1121.

[263] Kumari M, Tripathi B D. Effect of aeration and mixed culture of Eichhornia crassipes and Salvinia natans on removal of wastewater pollutants[J]. Ecological Engineering, 2014, 62: 48-53.

[264] 苏东霞, 李冬, 张肖静, 等. 曝停时间比对间歇曝气 SBR 短程硝化的影响[J]. 中国环境科学, 2014, 34(3): 1152-1158.

[265] 鲍晓伟, 赵智勇, 沙茜, 等. 不同间隔时间曝气处理畜禽养殖污水的效果试验[J]. 贵州畜牧兽医, 2021, 45(3): 66-68.

[266] 杨静超, 夏训峰, 席北斗, 等. 曝停比对两级 SBBR 处理猪场废水厌氧消化液的影响[J]. 生态与农村环境学报, 2013, 29(2): 248-252.

[267] Wang Y Y, Pan M L, Yan M, et al. Characteristics of anoxic phosphors removal in sequence batch reactor[J]. Environmental Sciences, 2007, 19(7): 776-782.

[268] 刘淑丽, 李建政, 金羽. 低温 SBR 系统活性污泥硝化效能的 pH 调控[J]. 哈尔滨工业大学学报, 2014, 46(6): 39-43.

[269] 郭尚黎, 田曦, 艾胜书, 等. 好氧条件下 pH 的变化与氨氮去除率相关性关系研究[J]. 长春工程学院学报(自然科学版), 2018, 19(1): 62-65.

[270] 覃岽益, 于金超, 彭志勤, 等. 魔芋葡甘聚糖/凹凸棒土复合膜的制备与表征[J]. 功能材料, 2012, 21(43): 2906-2911.

[271] 刘兴甜, 张桂芳, 赵义平, 等. PVDF/改性凹凸棒土复合膜及其 Ni(II)吸附性能研究[J]. 功能材料, 2013, 24(44): 3546-3549.

[272] Falayi T, Ntuli F. Remove of heavy metals and neutralization of acid mine drainage with un-activated attapulgite[J]. Journal of Industrial and Engineering Chemistry, 2014, 20(4): 1285-1292.

[273] 蔡徐依, 颜开, 田亚雄, 等. 凹凸棒土固定化微生物颗粒性能及处理效果影响因素分析[J]. 上海海洋大学学报, 2022, 31(5): 1136-1145.

[274] 杨慧. 添加吸附剂对包埋固定化微生物凝胶小球性能的影响研究[D]. 兰州: 兰州交通大学, 2007.

[275] 戚韩英, 汪文斌, 郑昱, 等. 生物膜形成机理及影响因素探究[J]. 微生物学通报, 2013, 40(4): 677-685.

[276] Lü G C, Wang X Y, Liao L B, et al. Simultaneous removal of low concentrations of ammonium and humic acid from simulated groundwater by vermiculite/palygorskite columns[J]. Applied Clay Science, 2013, 86: 119-124.

[277] Ma J F, Zou J, Li L Y, et al. Nanocomposite of attapulgite-Ag_3PO_4 for Orange Ⅱ photodegradation[J]. Applied Catalysis B: Environmental, 2014, 114: 36-40.

[278] Deng Y H, Gao Z Q, Liu B Z, et al. Selective removal of lead from aqueous solutions by ethylenediamine-modified attapulgite[J]. Chemical Engineering, 2013, 223: 91-98.

[279] Kong Y, Jia Y, Wang Z L, et al. Application of expanded graphite/attapulgite composite materials as electrode for treatment of textile wastewater[J]. Applied Clay Science, 2009, 46(4): 358-362.

[280] 张俊, 王冰莹, 曹建新. 改性凹凸棒土处理垃圾渗滤液中氨氮的实验研究[J]. 硅酸盐通报, 2012, 31(4): 861-864, 875.

[281] 王福禄, 张瑾. 凹凸棒土处理含酚废水及生物再生的研究[J]. 安徽农业科技, 2011, 39(14): 8567-8569, 8675.

[282] Yang Y Q, Zhang G K. Preparation and photocatalytic properties of visible light driven Ag-AgBr/attapulgite nanocomposite [J]. Applide Clay Science, 2012, 46-68: 11-17.

[283] 余荣台, 冯杰, 马湘, 等. 改性凹凸棒土对废水脱氮除磷研究[J]. 陶瓷学报, 2016, 37(5): 531-535.

[284] 李迎春，董良飞，仝驰，等. 稀土改性凹凸棒土对低浓度磷的吸附性能[J]. 环境工程学报，2021，15(10): 3214-3222.

[285] van der Steen P, Brenner A, van Buuren J, et al. Post-treatment of UASB reactor effluent in an integrated duckweed and stabilization pond system[J]. Water Research, 1999, 33(3): 615-620.

[286] Skillicorn P, Spira S, Journey W. Duckweed aquaculture: A new aquatic farming system for developing countries[M]. Washington: The World Bank, 1993.

[287] Al-Nozaily F, Alaerts G, Veenstra S. Performance of duckweed-covered sewage lagoons: II. Nitrogen and phosphorus balance and plant productivity[J]. Water Research, 2000, 34(10): 2734-2741.

[288] Zimmo O R, van der Steen N P, Gijzen H J. Comparison of ammonia volatilization rates in algae and duckweed-based waste stabilization ponds treating domestic wastewater[J]. Water Research, 2003, 37(19): 4587-4594.

[289] Dytczak M A, Londry K L, Oleszkiewicz J A. Biotransformation of estrogens in nitrifying activated sludge under aerobic and alternating anoxic/aerobic conditions[J]. Water Environment Research, 2008, 80(1): 47-52.

[290] Johnson A C, Sumpter J P. Removal of endocrine-disrupting chemicals in activated sludge treatment works[J]. Environmental Science & Technology, 2001, 35(24): 4697-4703.

[291] Hashimoto T, Onda K, Nakamura Y, et al. Comparison of natural estrogen removal efficiency in the conventional activated sludge process and the oxidation ditch process[J]. Water Research, 2007, 41(10): 2117-2126.

[292] Ye X, Guo X S, Cui X, et al. Occurrence and removal of endocrine-disrupting chemicals in wastewater treatment plants in the Three Gorges Reservoir area, Chongqing, China[J]. Journal of Environmental Monitoring, 2012, 14(8): 2204-2211.

[293] D'ascenzo G, Di Corcia A, Gentili A, et al. Fate of natural estrogen conjugates in municipal sewage transport and treatment facilities[J]. Science of the Total Environment, 2003, 302(1-3): 199-209.

[294] Onda K, Nakamura Y, Takatoh C, et al. The behavior of estrogenic substances in the biological treatment process of sewage[J]. Water Science and Technology, 2003, 47(9): 109-116.

[295] Johnson A C, Belfroid A, Di C A. Estimating steroid oestrogen inputs into activated sludge treatment works and observations on their removal from the effluent[J]. Science of the Total Environment, 2000, 256(2-3): 163-173.

[296] De Mes T, Zeeman G, Lettinga G. Occurrence and fate of estrone, 17β-estradiol and 17α-ethynylestradiol in STPs for domestic wastewater[J]. Reviews in Environmental Science and Bio/Technology, 2005, 4(4): 275-311.

[297] Gao X, Kang S, Xiong R, et al. Environment-friendly removal methods for endocrine disrupting chemicals[J]. Sustainability, 2020, 12(18): 7615-7630.

[298] Hamid H, Eskidoglu C. Fate of estrogenic hormones in wastewater and sludge treatment: A review of properties and analytical detection techniques in sludge matrix[J]. Water Research, 2012, 46(18): 5813-5833.

[299] Liu Z H, Kanjo Y, Mizutani S. Removal mechanisms for endocrine disrupting compounds(EDCs) in wastewater treatment-physical means, biodegradation, and chemical advanced oxidation: A review[J]. Science of the Total Environment, 2009, 407(2): 731-748.

[300] Chiang Y R, Wei S T S, Wang P H, et al. Microbial degradation of steroid sex hormones: Implications for environmental and ecological studies[J]. Microbial biotechnology, 2020, 13(4)： 926-949.

[301] Cajthaml T, Kresinova Z, Svobodova K, et al. Biodegradation of endocrine-disrupting compounds and suppression of estrogenic activity by ligninolytic fungi[J]. Chemosphere, 2009, 75(6): 745-750.

[302] 田克俭, 孟繁星, 霍洪亮. 环境雌激素的微生物降解[J]. 微生物学报, 2019, 59(3): 442-453.

[303] Nie Y C, Yu F, Wang L C, et al. Photocatalytic degradation of organic pollutants coupled with simultaneous photocatalytic H_2 evolution over Graphene quantum dots/Mn-N-TiO_2/g-C_3N_4 composite catalysts: Performance and mechanism[J]. Applied Catalysis B: Environmental, 2018: 312-321.

[304] Sun C Y, Chen C C, Ma W H, et al. Photodegradation of organic pollutants catalyzed by iron species under visible light irradiation[J]. Physical chemistry chemical physics: PCCP, 2011.

[305] Pawar R C, Pyo Y, Ahn S H, et al. Photoelectrochemical properties and photodegradation of organic pollutants using hematite hybrids modified by gold nanoparticles and graphitic carbon nitride[J]. Applied Catalysis B: Environmental, 2015, 176-177: 654-666.

[306] Coleman H M, Abdullah M I, Eggins B R, et al. Photocatalytic degradation of 17beta-oestradiol, oestriol and 17 alpha-ethynyloestradiol in water monitored using fluorescence spectroscopy[J]. Applied Catalysis B: Environmental, 2005, 55(1): 23-30.

[307] Layton A C, Gregory B W, Seward J R, et al. Mineralization of steroidal hormones by Biosolids in wastewater treatment systems in Tennessee USA[J]. Environmental Science Technology, 2000, 34(18): 3925-3931.

[308] Racz L A, Goel R K. Fate and removal of estrogens in municipal wastewater[J]. Journal of Environmental Monitoring Jem, 2010, 12.

[309] 冯义平, 毛亮, 董仕鹏, 等. 过氧化物酶催化去除水体中酚类内分泌干扰物的研究进展[J]. 环境化学, 2013, 32(7): 1218-1225.

[310] Fu X N, Yang R C, Zhou G Z. New progress in photocatalytic degradation of Bisphenol A as representative endocrine disrupting chemicals[J]. Current Opinion in Green and Sustainable Chemistry, 2022(35): 35.

[311] Zatloukalova K, Obalova L, Koci K, et al. Photocatalytic degradation of endocrine disruptor compounds in water over immobilized TiO_2 photocatalysts[J]. Iranlan Journal of Chemistry & Chemical Engineering-international English Edition, 2017, 36(2): 29-38.

[312] Ren Y X, Nakano K, Nomura M, et al. A thermodynamic analysis on adsorption of estrogens in activated sludge process[J]. Water Research, 2007, 41(11): 2341-2348.

[313] Johnson A C, Aerni H R, Gerritsen A, et al. Comparing steroid estrogen, and nonylphenol content across a range of European sewage plants with different treatment and management practices[J]. Water Research, 2005, 39(1): 47-58.

[314] Janeczko A, Skoczowski A. Mammalian sex hormones in plants[J]. Folia Histochemica Et Cytobiologica, 2005, 43(2): 71-79.

[315] Vader J S, van Ginkel C G, Sperling F, et al. Degradation of ethinyl estradiol by nitrifying activated sludge[J]. Chemosphere, 2000, 41(8): 1239-1243.

[316] Andersen H R, Hansen M, Kjølholt J, et al. Assessment of the importance of sorption for steroid estrogens removal during activated sludge treatment[J]. Chemosphere, 2005, 61(1): 139-146.

[317] Zhao B H, Sun Q, Chen J, et al. 17beta-estradiol biodegradation by anaerobic granular sludge: Effect of iron sources[J]. Scientific Reports, 2020, 10(1): 7777-7786.

[318] Komolafe O, Mrozik W, Dolfing J, et al. Fate of four different classes of chemicals under aerobic and anaerobic conditions in biological wastewater treatment[J]. Frontiers of Environmental Science & Engineering in China, 2021, 9: 1-14.

[319] Zhou Y Q, Zha J M, Wang Z J. Occurrence and fate of steroid estrogens in the largest wastewater treatment plant in Beijing, China[J]. Environmental Monitoring & Assessment, 2012, 184(11): 6799-6813.

[320] Joss A, Andersen H, Ternes T, et al. Removal of estrogens in municipal wastewater treatment under aerobic and anaerobic conditions: Consequences for plant optimization[J]. Environmental Science & Technology, 2004, 38(11): 3047-3055.

[321] Ternes T A, Kreckel P, Mueller J. Behaviour and occurrence of estrogens in municipal sewage treatment plants: II. Aerobic batch experiments with activated sludge[J]. Science of the Total Environment, 1999, 225(1-2): 91-99.

[322] Moorhead K K, Reddy K R. Oxygen transport through selected aquatic macrophytes[R]. American Society of Agronomy, Crop Science Society of America, and Soil Science Society of America, 1988.